高等职业教育集成电路类专业新形态教材

集成电路测试技术

（含实训任务单）

主　编　　林　洁

副主编　　张庆芳　　祝赛君

参　编　　王诗怡　　付　裕　　刘雨潇

机械工业出版社

CHINA MACHINE PRESS

本书基于职业岗位能力要求，立足新时代"中国芯"发展的战略需求，精心设计了6个项目，由浅入深、系统全面地介绍集成电路测试相关知识与技能。从搭建集成电路测试环境，到数字芯片和模拟芯片的典型参数测试，再到功能测试和综合电路测试，全方位训练学生的集成电路测试综合技能。在每个项目中都引导学生传承工匠精神，将个人理想与民族复兴结合起来，立志肩负时代重任。

本书在编写过程中，注重理论与实践相结合，强调学以致用、知行合一。每个项目都提供了详实的背景资料、详细的操作步骤和大量案例，引导学生从"要我学"变为"我要学"，带着问题学，及时巩固练习。同时，每个项目后还专门设置了拓展知识，进一步拓宽专业视野，为后续学习预留空间。

本书可作为职业本科、高职高专院校电子信息类相关专业的教材，尤其适合电子制造技术、集成电路等专业，也可供从事集成电路测试工作和对此感兴趣的工程技术人员参考。

本书配有微课视频，读者扫描书中二维码即可观看，另外，本书配有丰富的数字化教学资源，需要的教师可登录机械工业出版社教育服务网（www.cmpedu.com）免费注册，审核通过后下载，或联系编辑索取（微信：13261377872，电话：010-88379739）。

图书在版编目（CIP）数据

集成电路测试技术：含实训任务单／林洁主编.
北京：机械工业出版社，2025.7. --（高等职业教育集成电路类专业新形态教材）. --ISBN 978-7-111-78302-2

Ⅰ. TN407

中国国家版本馆 CIP 数据核字第 202564G6T8 号

机械工业出版社（北京市百万庄大街22号　邮政编码100037）
策划编辑：李培培　　　　　　　　　责任编辑：李培培　王　荣
责任校对：王文凭　马荣华　景　飞　封面设计：王　旭
责任印制：单爱军
保定市中画美凯印刷有限公司印刷
2025 年 7 月第 1 版第 1 次印刷
184mm×260mm · 16.25 印张 · 398 千字
标准书号：ISBN 978-7-111-78302-2
定价：69.00 元

电话服务　　　　　　　　　　　网络服务
客服电话：010-88361066　　　机　工　官　网：www.cmpbook.com
　　　　　010-88379833　　　机　工　官　博：weibo.com/cmp1952
　　　　　010-68326294　　　金　书　网：www.golden-book.com
封底无防伪标均为盗版　　　机工教育服务网：www.cmpedu.com

集成电路测试技术
实训任务单

姓　　　名: _____

专　　　业: _____

班　　　级: _____

任课教师: _____

机 械 工 业 出 版 社

目 录

实训任务 1　创建第一个集成电路测试工程文件

测试机工位号		万用表编号	
待测芯片		封装	
测试程序名	YYY_XXX（其中"YYY"为芯片型号，"XXX"为学号末尾 3 位）		
小组成员		组长姓名	
具体要求	请参考 1.2 节的案例练习利用 LK8820 测试机实现对待测芯片的测试。要求除对待测芯片的电源引脚以外的其他引脚进行对地测试开/短路，并设置测试电流为−100 μA。 　　1. 利用 LK8820 上位机软件完成测试程序项目文档的创建，要求项目文档的储存路径为"D:\exercise"，并以 YYY_XXX（其中"YYY"为芯片型号，"XXX"为学号末尾 3 位）命名。 　　2. 测试前先仔细阅读芯片数据手册，确认待测参数的测试条件。 　　3. 测试前先仔细阅读资料，了解创建集成电路测试工程文件的操作步骤。 　　4. 请根据待测芯片引脚特性及测试机接口特性进行 DUT 板接线设计。 　　5. 测试程序实现。 　　6. 记录测试结果。		
测试结果	测试结果参数名按照"OSTPINXX"的格式编写，其中"XX"为待测芯片引脚序号。 测试结果记录表如下： 表格见下方		

参数	单位	最小值	最大值	测试值
OSTPIN1	V	−1.5	−0.2	
OSTPIN2	V	−1.5	−0.2	
OSTPIN3	V	−1.5	−0.2	
……				

一、接受实训任务/角色分工　　　　　　成绩：

小组成员在接到实训任务后，先进行合理分工，明确各自职责

操作人		监护人	
记录员			

二、实验准备	成绩：

1. 根据任务，选择实验设备、工具、耗材

实验设备、工具、耗材

序号	名称	数量	清点
1	LK8820 集成电路开发教学平台	1	□已清点
2	数字万用表	1	□已清点

2. 根据任务，制定测试计划

操作流程

序号	操作内容	操作要点
1	利用 LK8820 上位机软件完成测试程序项目文档的创建，要求项目文档的储存路径为"D:\exercise"，并以 YYY_XXX（其中"YYY"为芯片型号，"XXX"为学号末尾 3 位）命名	
2	测试前先仔细阅读芯片数据手册，填写待测试参数的测试条件	
3	测试前先仔细阅读资料，了解创建集成电路测试工程文件的操作步骤	
4	请根据待测芯片引脚特性及测试机接口特性进行 DUT 板接线设计	
5	测试程序实现	
6	记录测试结果 | 参数	单位	最小值	最大值	测试值 | |---|---|---|---|---| | | | | | | | | | | | | | | | | | | | | | | | | | | | | | | | | | | | |	

三、计划实施	成绩：		
1. 创建测试程序模板		□是	□否
2. 完成测试程序		□是	□否
3. 生成解决方案		□是	□否
4. 测试工装准备		□是	□否
5. 载入程序		□是	□否
6. 测试设置		□是	□否
7. 程序测试		□是	□否
8. 软件停止		□是	□否

四、综合素养	成绩：		

请实训指导教师检查本组作业结果，并针对实训过程中出现的问题提出改进措施及建议

序号	评价标准	评价结果	
1	实训台是否清洁到位	□是	□否
2	是否做好防护	□是	□否
3	现场 8S 管理是否完成	□是	□否
4	实训记录表是否按时填写	□是	□否

五、评价反馈	成绩：

请根据自己在课堂中的实际表现，进行自我反思、自我评价及自我总结

自我反思：＿＿＿＿＿＿＿＿＿＿＿＿＿＿＿＿＿＿＿＿＿＿＿＿＿＿＿＿＿＿＿＿＿
＿＿＿＿＿＿＿＿＿＿＿＿＿＿＿＿＿＿＿＿＿＿＿＿＿＿＿＿＿＿＿＿＿＿＿＿＿＿＿
＿＿＿＿＿＿＿＿＿＿＿＿＿＿＿＿＿＿＿＿＿＿＿＿＿＿＿＿＿＿＿＿＿＿＿＿＿＿＿

自我评价：＿＿＿＿＿＿＿＿＿＿＿＿＿＿＿＿＿＿＿＿＿＿＿＿＿＿＿＿＿＿＿＿＿
＿＿＿＿＿＿＿＿＿＿＿＿＿＿＿＿＿＿＿＿＿＿＿＿＿＿＿＿＿＿＿＿＿＿＿＿＿＿＿

自我总结：_____

_____

_____

_____

_____

_____

实训成绩单

项目	评分标准	分值	得分
接受实训任务／角色分工	清楚本小组实训任务、小组内的实训分工、实训完成时间节点	5	
实验准备	根据任务正确选择实验设备、工具、耗材	10	
	实训计划制订得有效、完整	10	
计划实施	分工是否合理	5	
	团队沟通协作效果	15	
	接线是否正确	15	
	测量数据是否正确	20	
综合素养	实训台是否清洁到位；是否做好防护；现场是否按 8S 要求整理；实训记录表是否按时填写	10	
评价反馈	能对自身表现情况进行客观评价	5	
	在任务实施过程中能发现自身问题	5	
得分（满分 100）			

实训任务 2 对地开/短路测试

测试机工位号		万用表编号	
待测芯片		封装	
测试程序名	YYY_XXX（其中"YYY"为芯片型号，"XXX"为学号末尾3位）		
小组成员		组长姓名	
具体要求	要求利用LK8820测试机对待测芯片的除电源引脚以外的其他引脚进行对地测试开/短路，并设置测试电流为-100μA 1. 参考2.1.5小节74LS00芯片参数测试工装的内容焊接准备好本实训任务待测芯片的测试工装 2. 请根据待测芯片引脚特性及测试机接口特性进行DUT板接线设计 3. 参考2.2节74LS00芯片对地开/短路测试案例，熟悉开/短路测试所需的测试函数 4. 测试前先仔细阅读资料，了解创建集成电路测试工程文件的操作步骤 5. 利用LK8820上位机软件完成测试程序项目文档的创建，要求项目文档的储存路径为"D:\exercise"，并以YYY_XXX（其中"YYY"为芯片型号，"XXX"为学号末尾3位）命名 6. 测试程序实现，注意测试函数的引用 7. 记录测试结果		
测试结果	测试结果参数名按照"OSTXX"的格式编写，其中"XX"为待测芯片引脚序号 测试结果记录表参考如下：		

参数	单位	最小值	最大值	测试值
OST1	V	-1.5	-0.2	
OST2	V	-1.5	-0.2	
OST3	V	-1.5	-0.2	
……				

一、接受实训任务/角色分工		成绩：	
小组成员在接到实训任务后，先进行合理分工，明确各自职责			
操作人		监护人	
记录员			

二、实验准备	成绩：

1. 根据任务，选择实验设备、工具、耗材

实验设备、工具、耗材

序号	名称	数量	清点
1	LK8820 集成电路开发教学平台	1	□已清点
2	数字万用表	1	□已清点

2. 根据任务，制订测试计划

操作流程

序号	操作内容	操作要点
1	测试前先仔细阅读芯片数据手册	
2	仿真验证测试方案	
3	了解创建集成电路测试工程文件的操作步骤	
4	焊接完成测试工装	
5	请根据待测芯片引脚特性及测试机接口特性进行 DUT 板接线设计	
6	利用 LK8820 上位机软件完成测试程序项目文档的创建，要求项目文档的储存路径为 "D:\exercise"，并以 YYY_XXX（其中 "YYY" 为芯片型号，"XXX" 为学号末尾 3 位）命名	
7	测试程序实现	
8	运行程序测试，记录测试结果 | 参数	单位	最小值	最大值	测试值 | |---|---|---|---|---| | | | | | | | | | | | | | | | | | | | | | | | | | | | | | | | | | | | |	

三、计划实施	成绩：	
1. 测试工装准备		□是　　□否
2. 创建测试程序模板		□是　　□否
3. 完成测试程序		□是　　□否
4. 生成解决方案		□是　　□否
5. 载入程序		□是　　□否
6. 测试设置		□是　　□否
7. 程序测试		□是　　□否
8. 软件停止		□是　　□否

四、综合素养	成绩：	

请实训指导教师检查本组作业结果，并针对实训过程中出现的问题提出改进措施及建议

序号	评价标准	评价结果	
1	实训台是否清洁到位	□是	□否
2	是否做好防护	□是	□否
3	现场 8S 管理是否完成	□是	□否
4	实训记录表是否按时填写	□是	□否

五、评价反馈	成绩：	

请根据自己在课堂中的实际表现，进行自我反思、自我评价及自我总结

自我反思：＿＿＿＿＿＿＿＿＿＿＿＿＿＿＿＿＿＿＿＿＿＿＿＿＿＿＿＿＿＿＿＿＿＿

＿＿

＿＿

自我评价：＿＿＿＿＿＿＿＿＿＿＿＿＿＿＿＿＿＿＿＿＿＿＿＿＿＿＿＿＿＿＿＿＿＿

＿＿

＿＿

自我总结：_____

_____

_____

_____

_____

实训成绩单

项目	评分标准	分值	得分
接受实训任务/角色分工	清楚本小组实训任务、小组内的实训分工、实训完成时间节点	5	
实验准备	根据任务正确选择实验设备、工具、耗材	10	
	实训计划制订得有效、完整	10	
计划实施	分工是否合理	5	
	团队沟通协作效果	15	
	接线是否正确	15	
	测量数据是否正确	20	
综合素养	实训台是否清洁到位；是否做了防护；现场是否按 8S 要求整理；实训记录表是否按时填写	10	
评价反馈	能对自身表现情况进行客观评价	5	
	在任务实施过程中能发现自身问题	5	
得分（满分100）			

实训任务 3　对电源开/短路测试

直流稳压电源编号		万用表编号	
待测芯片		封装	
小组成员		组长姓名	
具体要求	要求利用通用仪器仪表对待测芯片的除电源引脚以外的其他引脚进行对电源测试开/短路，并设置测试电流为 100 μA 1. 参考 2.3.2 小节 74LS00 芯片对电源开/短路测试案例焊接准备好本实训任务待测芯片的测试工装 2. 参考 2.3 节 74LS00 芯片对电源开/短路测试案例，梳理本实训任务待测芯片的测试方案 3. 测试前先仔细阅读资料，熟悉通用仪器仪表的使用方法 4. 对测试工装提供电源，根据测试方案连接好测试线路，测量待测点的电压 5. 记录测试结果		
测试结果	测试结果参数名按照"OSTXX"的格式编写，其中"XX"为待测芯片引脚序号 测试结果记录表参考如下：		

参数	单位	最小值	最大值	测试值
OST1	V	0.2	1.5	
OST2	V	0.2	1.5	
OST3	V	0.2	1.5	
……				

一、接受实训任务/角色分工		成绩：	
小组成员在接到实训任务后，先进行合理分工，明确各自职责			
操作人		监护人	
记录员			

二、实验准备	成绩：
1. 根据任务，选择实验设备、工具、耗材	

实验设备、工具、耗材

序号	名称	数量	清点
1	直流稳压电源	1	□已清点
2	数字万用表	1	□已清点

2. 根据任务，制定测试计划

操作流程

序号	操作内容	操作要点
1	测试前先仔细阅读芯片数据手册	
2	仿真验证测试方案	
3	制作测试工装	
4	根据测试方案连接测试电路	
5	正确使用数字万用表进行测量	
6	记录测试结果 | 参数	单位	最小值	最大值	测试值
------	------	--------	--------	--------

三、计划实施	成绩：
1. 测试仪器仪表准备	□是　　□否
2. 测试工装准备	□是　　□否
3. 测试线路连接	□是　　□否
4. 各测试点依次测量	□是　　□否

四、综合素养	成绩：

请实训指导教师检查本组作业结果，并针对实训过程中出现的问题提出改进措施及建议

序号	评价标准	评价结果	
1	实训台是否清洁到位	□是	□否
2	是否做好防护	□是	□否
3	现场 8S 管理是否完成	□是	□否
4	实训记录表是否按时填写	□是	□否

五、评价反馈	成绩：

请根据自己在课堂中的实际表现，进行自我反思、自我评价及自我总结

自我反思：_____

_____

_____

_____

自我评价：_____

_____

_____

自我总结：_____

_____

_____

_____

_____

_____

实训成绩单

项目	评分标准	分值	得分
接受实训任务/角色分工	清楚本小组实训任务、小组内的实训分工、实训完成时间节点	5	
实验准备	根据任务正确选择实验设备、工具、耗材	10	
	实训计划制订得有效、完整	10	
计划实施	分工是否合理	5	
	团队沟通协作效果	15	
	接线是否正确	15	
	测量数据是否正确	20	
综合素养	实训台是否清洁到位；是否做了防护；现场是否按 8S 要求整理；实训记录表是否按时填写	10	
评价反馈	能对自身表现情况进行客观评价	5	
	在任务实施过程中能发现自身问题	5	
得分（满分 100）			

实训任务4 输入高电平漏电流测试

测试机工位号		万用表编号	
待测芯片		封装	
测试程序名	YYY_XXX（其中"YYY"为芯片型号，"XXX"为学号末尾3位）		
小组成员		组长姓名	
具体要求	要求结合待测芯片数据手册给出的输入高电平漏电流测试条件，利用LK8820测试机对待测芯片所有输入引脚进行输入高电平漏电流测试 　1. 参考2.1.5小节74LS00芯片参数测试工装的内容焊接准备好本实训任务待测芯片的测试工装 　2. 请根据待测芯片引脚特性及测试机接口特性进行DUT板接线设计 　3. 参考2.4节输入高电平漏电流测试案例，熟悉漏电流测试所需的测试函数 　4. 利用LK8820上位机软件完成测试程序项目文档的创建，要求项目文档的储存路径为"D：\exercise"，并以YYY_XXX（其中"YYY"为芯片型号，"XXX"为学号末尾3位）命名 　5. 测试程序实现，注意测试函数的引用 　6. 记录测试结果		
测试结果	测试结果参数名按照"IIHXX"的格式编写，其中"XX"为待测芯片引脚序号 测试结果记录表参考如下： 参见下表		

参数	单位	最小值	最大值	测试值
IIH1	μA	—	20	
IIH2	μA	—	20	
IIH4	μA	—	20	
……				

一、接受实训任务/角色分工		成绩：	
小组成员在接到实训任务后，先进行合理分工，明确各自职责			
操作人		监护人	
记录员			

二、实验准备	成绩：

1. 根据任务，选择实验设备、工具、耗材

实验设备、工具、耗材

序号	名称	数量	清点
1	LK8820 集成电路开发教学平台	1	□已清点
2	数字万用表	1	□已清点

2. 根据任务，制定测试计划

操作流程

序号	操作内容	操作要点
1	测试前先仔细阅读芯片数据手册	
2	仿真验证测试方案	
3	了解创建集成电路测试工程文件的操作步骤	
4	焊接完成测试工装	
5	请根据待测芯片引脚特性及测试机接口特性进行 DUT 板接线设计	
6	利用 LK8820 上位机软件完成测试程序项目文档的创建，要求项目文档的储存路径为"D:\exercise"，并以 YYY_XXX（其中"YYY"为芯片型号，"XXX"为学号末尾 3 位）命名	
7	测试程序实现	
8	运行程序测试，记录测试结果 | 参数	单位	最小值	最大值	测试值 | |---|---|---|---|---| | | | | | | | | | | | | | | | | | | | | | | | | | | | | | | | | | | | |	

三、计划实施	成绩：		
1. 查阅待测芯片数据手册，确定待测芯片输入高电平漏电流测试条件		□是	□否
2. 测试工装准备		□是	□否
3. 创建测试程序模板		□是	□否
4. 完成测试程序：除被测引脚外，对其他引脚施加低电平 $V_{IL}=0$；被测引脚用 PMU 施加高电平 V_{IH}（VDD$_{max}$），此时测得的电流为 I_{IH}，并输出测试结果		□是	□否
5. 生成解决方案		□是	□否
6. 载入程序		□是	□否
7. 测试设置		□是	□否
8. 程序测试		□是	□否
9. 测量电流与预设门限（Limit）做比较，确定通过或失效		□是	□否
10. 软件停止		□是	□否

四、综合素养	成绩：

请实训指导教师检查本组作业结果，并针对实训过程中出现的问题提出改进措施及建议

序号	评价标准	评价结果	
1	实训台是否清洁到位	□是	□否
2	是否做好防护	□是	□否
3	现场 8S 管理是否完成	□是	□否
4	实训记录表是否按时填写	□是	□否

五、评价反馈	成绩：

请根据自己在课堂中的实际表现，进行自我反思、自我评价及自我总结
自我反思：_____

_____

_____

自我评价：_____

_____

_____

自我总结：_____

_____

_____

_____

_____

实训成绩单

项目	评分标准	分值	得分
接受实训任务/ 角色分工	清楚本小组实训任务、小组内的实训分工、实训完成时间节点	5	
实验准备	根据任务正确选择实验设备、工具、耗材	10	
	实训计划制订得有效、完整	10	
计划实施	分工是否合理	5	
	团队沟通协作效果	15	
	接线是否正确	15	
	测量数据是否正确	20	
综合素养	实训台是否清洁到位；是否做好防护；现场是否按 8S 要求整理；实训记录表是否按时填写	10	
评价反馈	能对自身表现情况进行客观评价	5	
	在任务实施过程中能发现自身问题	5	
得分（满分100）			

实训任务 5　输入低电平漏电流测试

直流稳压电源编号		万用表编号		
待测芯片		封装		
小组成员		组长姓名		
具体要求	要求结合待测芯片数据手册给出的输入低电平漏电流测试条件，利用通用仪器仪表对待测芯片所有输入引脚进行输入低电平漏电流测试 　1. 参考 2.5 节 74LS00 芯片输入低电平漏电流测试案例焊接准备好本实训任务待测芯片的测试工装 　2. 参考 2.5 节 74LS00 芯片输入低电平漏电流测试案例，梳理本实训任务待测芯片的测试方案 　3. 测试前先仔细阅读资料，熟悉通用仪器仪表的使用方法 　4. 对测试工装提供电源，根据测试方案连接好测试线路，测量待测点的电流 　5. 记录测试结果			
测试结果	测试结果参数名按照"IILXX"的格式编写，其中"XX"为待测芯片引脚序号 测试结果记录表参考如下：			

参数	单位	最小值	最大值	测试值
IIL1	mA	—	-0.4	
IIL2	mA	—	-0.4	
IIL4	mA	—	-0.4	
……				

一、接受实训任务/角色分工		成绩：	
小组成员在接到实训任务后，先进行合理分工，明确各自职责			
操作人		监护人	
记录员			

二、实验准备	成绩：
1. 根据任务，选择实验设备、工具、耗材	

实验设备、工具、耗材			
序号	名称	数量	清点
1	直流稳压电源	1	□已清点
2	数字万用表	1	□已清点

2. 根据任务，制定测试计划

操作流程		
序号	操作内容	操作要点
1	测试前先仔细阅读芯片数据手册	
2	仿真验证测试方案	
3	制作测试工装	
4	根据测试方案连接测试电路	
5	正确使用数字万用表进行测量	
6	记录测试结果 | 参数	单位	最小值	最大值	测试值 | |---|---|---|---|---| |				| |				| |				| |				| |				| |				|	

三、计划实施	成绩：		
1. 测试仪器仪表准备		□是	□否
2. 测试工装准备		□是	□否
3. 测试线路连接		□是	□否
4. 各测试点依次测量		□是	□否

四、综合素养	成绩：
请实训指导教师检查本组作业结果，并针对实训过程中出现的问题提出改进措施及建议	

序号	评价标准	评价结果	
1	实训台是否清洁到位	□是	□否
2	是否做好防护	□是	□否
3	现场 8S 管理是否完成	□是	□否
4	实训记录表是否按时填写	□是	□否

五、评价反馈	成绩：

请根据自己在课堂中的实际表现，进行自我反思、自我评价及自我总结

自我反思：_____

_____

_____

_____

自我评价：_____

_____

_____

自我总结：_____

_____

_____

_____

_____

实训成绩单

项目	评分标准	分值	得分
接受实训任务/角色分工	清楚本小组实训任务、小组内的实训分工、实训完成时间节点	5	
实验准备	根据任务正确选择实验设备、工具、耗材	10	
	实训计划制订得有效、完整	10	
计划实施	分工是否合理	5	
	团队沟通协作效果	15	
	接线是否正确	15	
	测量数据是否正确	20	
综合素养	实训台是否清洁到位；是否做好防护；现场是否按 8S 要求整理；实训记录表是否按时填写	10	
评价反馈	能对自身表现情况进行客观评价	5	
	在任务实施过程中能发现自身问题	5	
得分（满分100）			

实训任务 6　输出高电平测试

测试机工位号		万用表编号	
待测芯片		封装	
测试程序名	YYY_XXX（其中"YYY"为芯片型号，"XXX"为学号末尾3位）		
小组成员		组长姓名	
具体要求	要求结合待测芯片数据手册给出的输出高电平测试条件，利用LK8820测试机对待测芯片所有输出引脚进行输出高电平测试 1. 参考2.1.5小节74LS00芯片参数测试工装的内容焊接准备好本实训任务待测芯片的测试工装 2. 请根据待测芯片引脚特性及测试机接口特性进行DUT板接线设计 3. 参考2.6节输出高电平测试案例，熟悉输出高电平测试所需的测试函数 4. 利用LK8820上位机软件完成测试程序项目文档的创建，要求项目文档的储存路径为"D：\exercise"，并以YYY_XXX（其中"YYY"为芯片型号，"XXX"为学号末尾3位）命名 5. 测试程序实现，注意测试函数的引用 6. 记录测试结果		
测试结果	测试结果参数名按照"VOH_PINXX"的格式编写，其中"XX"为待测芯片引脚序号 测试结果记录表参考如下： （见下表）		

参数	单位	最小值	最大值	测试值
VOH_PIN3	V	2.5	4.75	
VOH_PIN6	V	2.5	4.75	
VOH_PIN8	V	2.5	4.75	
……				

一、接受实训任务/角色分工		成绩：	

小组成员在接到实训任务后，先进行合理分工，明确各自职责

操作人		监护人	
记录员			

二、实验准备	成绩:

1. 根据任务，选择实验设备、工具、耗材

实验设备、工具、耗材

序号	名称	数量	清点
1	LK8820 集成电路开发教学平台	1	□已清点
2	数字万用表	1	□已清点

2. 根据任务，制定测试计划

操作流程

序号	操作内容	操作要点
1	测试前先仔细阅读芯片数据手册	
2	仿真验证测试方案	
3	了解创建集成电路测试工程文件的操作步骤	
4	焊接完成测试工装	
5	请根据待测芯片引脚特性及测试机接口特性进行 DUT 板接线设计	
6	利用 LK8820 上位机软件完成测试程序项目文档的创建，要求项目文档的储存路径为"D:\exercise"，并以 YYY_XXX（其中"YYY"为芯片型号，"XXX"为学号末尾 3 位）命名	
7	测试程序实现	
8	运行程序测试，记录测试结果 	参数	单位	最小值	最大值	测试值	 						 						 						 						 							

三、计划实施	成绩：		
1. 查阅待测芯片数据手册，确定待测芯片输出高电平测试条件		□是	□否
2. 测试工装准备		□是	□否
3. 创建测试程序模板		□是	□否
4. 完成测试程序：先把芯片的 VCC 引脚（电源引脚）接 FORCE 端，正常供电；依次满足待测芯片输出高电平测试条件，并输出测试结果		□是	□否
5. 生成解决方案		□是	□否
6. 载入程序		□是	□否
7. 测试设置		□是	□否
8. 程序测试		□是	□否
9. 测量电压与预设门限（Limit）做比较，确定通过或失效		□是	□否
10. 软件停止		□是	□否

四、综合素养	成绩：		

请实训指导教师检查本组作业结果，并针对实训过程中出现的问题提出改进措施及建议

序号	评价标准	评价结果	
1	实训台是否清洁到位	□是	□否
2	是否做好防护	□是	□否
3	现场 8S 管理是否完成	□是	□否
4	实训记录表是否按时填写	□是	□否

五、评价反馈	成绩：

请根据自己在课堂中的实际表现，进行自我反思、自我评价及自我总结

自我反思：＿＿＿＿＿＿＿＿＿＿＿＿＿＿＿＿＿＿＿＿＿＿＿＿＿＿＿＿

＿＿＿＿＿＿＿＿＿＿＿＿＿＿＿＿＿＿＿＿＿＿＿＿＿＿＿＿＿＿＿＿＿＿

＿＿＿＿＿＿＿＿＿＿＿＿＿＿＿＿＿＿＿＿＿＿＿＿＿＿＿＿＿＿＿＿＿＿

自我评价：＿＿＿＿＿＿＿＿＿＿＿＿＿＿＿＿＿＿＿＿＿＿＿＿＿＿＿＿

＿＿＿＿＿＿＿＿＿＿＿＿＿＿＿＿＿＿＿＿＿＿＿＿＿＿＿＿＿＿＿＿＿＿

自我总结：_____

_____

_____

_____

_____

_____

实训成绩单

项目	评分标准	分值	得分
接受实训任务/角色分工	清楚本小组实训任务、小组内的实训分工、实训完成时间节点	5	
实验准备	根据任务正确选择实验设备、工具、耗材	10	
	实训计划制订得有效、完整	10	
计划实施	分工是否合理	5	
	团队沟通协作效果	15	
	接线是否正确	15	
	测量数据是否正确	20	
综合素养	实训台是否清洁到位；是否做好防护；现场是否按 8S 要求整理；实训记录表是否按时填写	10	
评价反馈	能对自身表现情况进行客观评价	5	
	在任务实施过程中能发现自身问题	5	
得分（满分100）			

实训任务7　输出低电平测试

直流稳压电源编号		万用表编号	
待测芯片		封装	
小组成员		组长姓名	

具体要求	要求结合待测芯片数据手册给出的输出低电平测试条件，利用通用仪器仪表对待测芯片所有输出引脚进行输出低电平测试 　1. 参考2.7节74LS00芯片输出低电平测试案例焊接准备好本实训任务待测芯片的测试工装 　2. 参考2.5节74LS00芯片输出低电平测试案例，梳理本实训任务待测芯片的测试方案 　3. 测试前先仔细阅读资料，熟悉通用仪器仪表的使用方法 　4. 对测试工装提供电源，根据测试方案连接好测试线路，测量待测点的电流 　5. 记录测试结果
测试结果	测试结果参数名按照"VOL_PINXX"的格式编写，其中"XX"为待测芯片引脚序号 测试结果记录表参考如下：

参数	单位	最小值	最大值	测试值
VOH_PIN3	V		0.5	
VOH_PIN6	V		0.5	
VOH_PIN8	V		0.05	
……				

一、接受实训任务/角色分工		成绩：	

小组成员在接到实训任务后，先进行合理分工，明确各自职责

操作人		监护人	
记录员			

二、实验准备	成绩：

1. 根据任务，选择实验设备、工具、耗材

实验设备、工具、耗材

序号	名称	数量	清点
1	直流稳压电源	1	□已清点
2	数字万用表	1	□已清点

2. 根据任务，制定测试计划

操作流程

序号	操作内容	操作要点
1	测试前先仔细阅读芯片数据手册	
2	仿真验证测试方案	
3	制作测试工装	
4	根据测试方案连接测试电路	
5	正确使用数字万用表进行测量	
6	记录测试结果 | 参数	单位	最小值	最大值	测试值
---	---	---	---	---

三、计划实施	成绩：

1. 测试仪器仪表准备	□是　　□否
2. 测试工装准备	□是　　□否

3. 测试线路连接	□是　　□否
4. 各测试点依次测量	□是　　□否

四、综合素养	成绩：

请实训指导教师检查本组作业结果，并针对实训过程中出现的问题提出改进措施及建议

序号	评价标准	评价结果
1	实训台是否清洁到位	□是　　□否
2	是否做好防护	□是　　□否
3	现场 8S 管理是否完成	□是　　□否
4	实训记录表是否按时填写	□是　　□否

五、评价反馈	成绩：

请根据自己在课堂中的实际表现，进行自我反思、自我评价及自我总结

自我反思：＿＿＿＿＿＿＿＿＿＿＿＿＿＿＿＿＿＿＿＿＿＿＿＿＿＿＿＿＿

＿＿＿＿＿＿＿＿＿＿＿＿＿＿＿＿＿＿＿＿＿＿＿＿＿＿＿＿＿＿＿＿＿＿＿

＿＿＿＿＿＿＿＿＿＿＿＿＿＿＿＿＿＿＿＿＿＿＿＿＿＿＿＿＿＿＿＿＿＿＿

自我评价：＿＿＿＿＿＿＿＿＿＿＿＿＿＿＿＿＿＿＿＿＿＿＿＿＿＿＿＿＿

＿＿＿＿＿＿＿＿＿＿＿＿＿＿＿＿＿＿＿＿＿＿＿＿＿＿＿＿＿＿＿＿＿＿＿

自我总结：＿＿＿＿＿＿＿＿＿＿＿＿＿＿＿＿＿＿＿＿＿＿＿＿＿＿＿＿＿

＿＿＿＿＿＿＿＿＿＿＿＿＿＿＿＿＿＿＿＿＿＿＿＿＿＿＿＿＿＿＿＿＿＿＿

＿＿＿＿＿＿＿＿＿＿＿＿＿＿＿＿＿＿＿＿＿＿＿＿＿＿＿＿＿＿＿＿＿＿＿

＿＿＿＿＿＿＿＿＿＿＿＿＿＿＿＿＿＿＿＿＿＿＿＿＿＿＿＿＿＿＿＿＿＿＿

＿＿＿＿＿＿＿＿＿＿＿＿＿＿＿＿＿＿＿＿＿＿＿＿＿＿＿＿＿＿＿＿＿＿＿

实训成绩单

项目	评分标准	分值	得分
接受实训任务/ 角色分工	清楚本小组实训任务、小组内的实训分工、实训完成时间节点	5	

项目	评分标准	分值	得分
实验准备	根据任务正确选择实验设备、工具、耗材	10	
	实训计划制订得有效、完整	10	
计划实施	分工是否合理	5	
	团队沟通协作效果	15	
	接线是否正确	15	
	测量数据是否正确	20	
综合素养	实训台是否清洁到位；是否做好防护；现场是否按 8S 要求整理；实训记录表是否按时填写	10	
评价反馈	能对自身表现情况进行客观评价	5	
	在任务实施过程中能发现自身问题	5	
得分（满分 100）			

实训任务 8　电源供电电流测试

测试机工位号		万用表编号	
待测芯片		封装	
测试程序名	YYY_XXX（其中"YYY"为芯片型号，"XXX"为学号末尾3位）		
小组成员		组长姓名	
具体要求	要求结合待测芯片数据手册给出的电源供电电流测试条件，利用LK8820测试机对待测芯片的电源引脚进行电源供电电流测试 　1. 参考2.1.5小节74LS00芯片参数测试工装的内容焊接准备好本实训任务待测芯片的测试工装 　2. 请根据待测芯片引脚特性及测试机接口特性进行DUT板接线设计 　3. 参考2.8节电源供电电流测试案例，熟悉电源供电电流测试所需的测试函数 　4. 利用LK8820上位机软件完成测试程序项目文档的创建，要求项目文档的储存路径为"D:\exercise"，并以YYY_XXX（其中"YYY"为芯片型号，"XXX"为学号末尾3位）命名 　5. 测试程序实现，注意测试函数的引用 　6. 记录测试结果		
测试结果	测试结果参数名按照"ICCH"和"ICCL"的格式编写 测试结果记录表参考如下：<table><tr><th>参数</th><th>单位</th><th>最小值</th><th>最大值</th><th>测试值</th></tr><tr><td>ICCH</td><td>mA</td><td></td><td>1.6</td><td></td></tr><tr><td>ICCL</td><td>mA</td><td></td><td>4.4</td><td></td></tr></table>		

一、接受实训任务/角色分工		成绩：	

小组成员在接到实训任务后，先进行合理分工，明确各自职责

操作人		监护人	
记录员			

二、实验准备	成绩：

1. 根据任务，选择实验设备、工具、耗材

实验设备、工具、耗材

序号	名称	数量	清点
1	LK8820 集成电路开发教学平台	1	□已清点
2	数字万用表	1	□已清点

2. 根据任务，制定测试计划

操作流程

序号	操作内容	操作要点
1	测试前先仔细阅读芯片数据手册	
2	仿真验证测试方案	
3	了解创建集成电路测试工程文件的操作步骤	
4	焊接完成测试工装	
5	请根据待测芯片引脚特性及测试机接口特性进行 DUT 板接线设计	
6	利用 LK8820 上位机软件完成测试程序项目文档的创建，要求项目文档的储存路径为"D:\exercise"，并以 YYY_XXX（其中"YYY"为芯片型号，"XXX"为学号末尾 3 位）命名	
7	测试程序实现	
8	运行程序测试，记录测试结果 | 参数	单位	最小值	最大值	测试值 | |---|---|---|---|---| | | | | | | | | | | | | | | | | | | | | | | | | | | | | | |	

三、计划实施	成绩：		
1. 查阅待测芯片数据手册，确定待测芯片电源供电电流测试条件		□是	□否
2. 测试工装准备		□是	□否
3. 创建测试程序模板		□是	□否
4. 完成测试程序：针对两种不同的测试条件，分别测量流经电源端的电流，并输出测试结果		□是	□否
5. 生成解决方案		□是	□否
6. 载入程序		□是	□否
7. 测试设置		□是	□否
8. 程序测试		□是	□否
9. 测量电流与预设门限（Limit）做比较，确定通过或失效		□是	□否
10. 软件停止		□是	□否

四、综合素养	成绩：		

请实训指导教师检查本组作业结果，并针对实训过程中出现的问题提出改进措施及建议

序号	评价标准	评价结果	
1	实训台是否清洁到位	□是	□否
2	是否做好防护	□是	□否
3	现场 8S 管理是否完成	□是	□否
4	实训记录表是否按时填写	□是	□否

五、评价反馈	成绩：

请根据自己在课堂中的实际表现，进行自我反思、自我评价及自我总结

自我反思：_____

_____

_____

自我评价：_____

_____

_____

自我总结：

实训成绩单

项目	评分标准	分值	得分
接受实训任务/角色分工	清楚本小组实训任务、小组内的实训分工、实训完成时间节点	5	
实验准备	根据任务正确选择实验设备、工具、耗材	10	
	实训计划制订得有效、完整	10	
计划实施	分工是否合理	5	
	团队沟通协作效果	15	
	接线是否正确	15	
	测量数据是否正确	20	
综合素养	实训台是否清洁到位；是否做好防护；现场是否按8S要求整理；实训记录表是否按时填写	10	
评价反馈	能对自身表现情况进行客观评价	5	
	在任务实施过程中能发现自身问题	5	
得分（满分100）			

实训任务 9　CD4511 芯片功能测试

测试机工位号		万用表编号	
待测芯片		封装	
测试程序名	CD4511_XXX（"XXX"为学号末尾3位）		
小组成员		组长姓名	
具体要求	要求结合 CD4511 芯片数据手册，利用 LK8820 测试机对 CD4511 芯片进行功能测试，驱动数码管循环显示"0"~"9" 　1. 参考 3.2 节 74LS48 芯片功能测试案例焊接准备好本实训任务待测芯片的测试工装 　2. 请根据待测芯片引脚特性及测试机接口特性进行 DUT 板接线设计 　3. 利用 LK8820 上位机软件完成测试程序项目文档的创建，要求项目文档的储存路径为"D：\exercise"，并以 CD4511_XXX（其中"XXX"为学号末尾3位）命名 　4. 测试程序实现，注意测试函数的引用 　5. 记录测试结果		
测试结果	本实训项目的测试结果应该能在数码管上依次显示"0"~"9"。<table><tr><td>序号</td><td>数码管显示值</td><td>序号</td><td>数码管显示值</td></tr><tr><td>1</td><td></td><td>6</td><td></td></tr><tr><td>2</td><td></td><td>7</td><td></td></tr><tr><td>3</td><td></td><td>8</td><td></td></tr><tr><td>4</td><td></td><td>9</td><td></td></tr><tr><td>5</td><td></td><td>10</td><td></td></tr></table>		

一、接受实训任务/角色分工		成绩：	

小组成员在接到实训任务后，先进行合理分工，明确各自职责

操作人		监护人	
记录员			

二、实验准备	成绩：

1. 根据任务，选择实验设备、工具、耗材

实验设备、工具、耗材

序号	名称	数量	清点
1	LK8820 集成电路开发教学平台	1	□已清点
2	数字万用表	1	□已清点

2. 根据任务，制定测试计划

操作流程

序号	操作内容	操作要点
1	测试前先仔细阅读芯片数据手册	
2	仿真验证测试方案	
3	了解创建集成电路测试工程文件的操作步骤	
4	焊接完成测试工装	
5	请根据待测芯片引脚特性及测试机接口特性进行 DUT 板接线设计	
6	利用 LK8820 上位机软件完成测试程序项目文档的创建，要求项目文档的储存路径为"D：\exercise"，并以 CD4511_XXX（其中"XXX"为学号末尾 3 位）命名	
7	测试程序实现	
8	运行程序测试，记录测试结果	

三、计划实施	成绩：

1. 查阅待测芯片数据手册，确定待测芯片的功能	□是	□否
2. 测试工装准备	□是	□否
3. 创建测试程序模板	□是	□否
4. 完成测试程序	□是	□否
5. 生成解决方案	□是	□否
6. 载入程序	□是	□否
7. 测试设置	□是	□否

8. 程序测试	□是　　□否
9. 判断数码管是否循环显示"0"～"9"，确定通过或失效	□是　　□否
10. 软件停止	□是　　□否

四、综合素养	成绩：

请实训指导教师检查本组作业结果，并针对实训过程中出现的问题提出改进措施及建议

序号	评价标准	评价结果
1	实训台是否清洁到位	□是　　□否
2	是否做好防护	□是　　□否
3	现场 8S 管理是否完成	□是　　□否
4	实训记录表是否按时填写	□是　　□否

五、评价反馈	成绩：

请根据自己在课堂中的实际表现，进行自我反思、自我评价及自我总结

自我反思：

_____

_____

_____

自我评价：

_____

_____

自我总结：

_____

_____

_____

_____

_____

_____

实训成绩单

项目	评分标准	分值	得分
接受实训任务/ 角色分工	清楚本小组实训任务、小组内的实训分工、实训完成时间节点	5	

项目	评分标准	分值	得分
实验准备	根据任务正确选择实验设备、工具、耗材	10	
	实训计划制订得有效、完整	10	
计划实施	分工是否合理	5	
	团队沟通协作效果	15	
	接线是否正确	15	
	测量数据是否正确	20	
综合素养	实训台是否清洁到位；是否做好防护；现场是否按 8S 要求整理；实训记录表是否按时填写	10	
评价反馈	能对自身表现情况进行客观评价	5	
	在任务实施过程中能发现自身问题	5	
得分（满分100）			

实训任务 10 74HC138 芯片功能测试

测试机工位号		万用表编号	
待测芯片		封装	
测试程序名	74HC138_XXX（"XXX"为学号末尾 3 位）		
小组成员		组长姓名	
具体要求	要求结合 74HC138 芯片数据手册，利用 LK8820 测试机对 74HC138 芯片进行功能测试，驱动 8 个 LED 循环点亮 1. 参考 3.3 节 74HC157 芯片功能测试案例焊接准备好本实训任务待测芯片的测试工装 2. 请根据待测芯片引脚特性及测试机接口特性进行 DUT 板接线设计 3. 利用 LK8820 上位机软件完成测试程序项目文档的创建，要求项目文档的储存路径为 "D:\exercise"，并以 74HC138_XXX（其中"XXX"为学号末尾 3 位）命名 4. 测试程序实现，注意测试函数的引用 5. 记录测试结果		
测试结果	本实训项目的测试结果可看见 8 个 LED 循环点亮 序号 / LED 显示状态 表格见下		

本实训项目的测试结果可看见 8 个 LED 循环点亮

序号	LED 显示状态	序号	LED 显示状态
1		6	
2		7	
3		8	
4		9	
5		10	

一、接受实训任务/角色分工	成绩：

小组成员在接到实训任务后，先进行合理分工，明确各自职责

操作人		监护人	
记录员			

二、实验准备	成绩：

1. 根据任务，选择实验设备、工具、耗材

实验设备、工具、耗材

序号	名称	数量	清点
1	LK8820 集成电路开发教学平台	1	□已清点
2	数字万用表	1	□已清点

2. 根据任务，制定测试计划

操作流程

序号	操作内容	操作要点
1	测试前仔细阅读芯片数据手册	
2	仿真验证测试方案	
3	了解创建集成电路测试工程文件的操作步骤	
4	焊接完成测试工装	
5	请根据待测芯片引脚特性及测试机接口特性进行 DUT 板接线设计	
6	利用 LK8820 上位机软件完成测试程序项目文档的创建，要求项目文档的储存路径为"D:\exercise"，并以 74HC138_XXX（其中"XXX"为学号末尾 3 位）命名	
7	测试程序实现	
8	运行程序测试，记录测试结果	

三、计划实施	成绩：

1. 查阅待测芯片数据手册，确定待测芯片的功能	□是	□否
2. 测试工装准备	□是	□否
3. 创建测试程序模板	□是	□否
4. 完成测试程序	□是	□否
5. 生成解决方案	□是	□否
6. 载入程序	□是	□否
7. 测试设置	□是	□否

8. 程序测试	□是　　□否
9. 判断 8 个 LED 是否循环点亮，确定通过或失效	□是　　□否
10. 软件停止	□是　　□否

四、综合素养	成绩：

请实训指导教师检查本组作业结果，并针对实训过程中出现的问题提出改进措施及建议

序号	评价标准	评价结果
1	实训台是否清洁到位	□是　　□否
2	是否做好防护	□是　　□否
3	现场 8S 管理是否完成	□是　　□否
4	实训记录表是否按时填写	□是　　□否

五、评价反馈	成绩：

请根据自己在课堂中的实际表现，进行自我反思、自我评价及自我总结

自我反思：_____

_____

自我评价：_____

_____

自我总结：_____

_____

实训成绩单

项目	评分标准	分值	得分
接受实训任务/角色分工	清楚本小组实训任务、小组内的实训分工、实训完成时间节点	5	
实验准备	根据任务正确选择实验设备、工具、耗材	10	
	实训计划制订得有效、完整	10	
计划实施	分工是否合理	5	
	团队沟通协作效果	15	
	接线是否正确	15	
	测量数据是否正确	20	
综合素养	实训台是否清洁到位；是否做好防护；现场是否按 8S 要求整理；实训记录表是否按时填写	10	
评价反馈	能对自身表现情况进行客观评价	5	
	在任务实施过程中能发现自身问题	5	
得分（满分 100）			

实训任务 11 74HC191 芯片功能测试

测试机工位号		万用表编号	
待测芯片		封装	
测试程序名	74HC191_XXX（"XXX"为学号末尾3位）		
小组成员		组长姓名	
具体要求	要求结合 74HC191 芯片数据手册，利用 LK8820 测试机对 74HC191 芯片进行功能测试，实现十进制可逆循环计数，计数值利用单个数码管显示 1. 参考 3.5 节 74HC283 芯片功能测试案例焊接准备好本实训任务待测芯片的测试工装 2. 请根据待测芯片引脚特性及测试机接口特性进行 DUT 板接线设计 3. 利用 LK8820 上位机软件完成测试程序项目文档的创建，要求项目文档的储存路径为"D：\exercise"，并以 74HC191_XXX（其中"XXX"为学号末尾3位）命名 4. 测试程序实现，注意测试函数的引用 5. 记录测试结果		
测试结果	本实训项目的测试结果可看见数码管循环加计数，即"0"～"9"；也可以循环减计数，即"9"～"0"		

序号	数码管显示值	序号	数码管显示值
1		6	
2		7	
3		8	
4		9	
5		10	

一、接受实训任务/角色分工		成绩：	

小组成员在接到实训任务后，先进行合理分工，明确各自职责

操作人		监护人	
记录员			

二、实验准备	成绩：

1. 根据任务，选择实验设备、工具、耗材

实验设备、工具、耗材

序号	名称	数量	清点
1	LK8820集成电路开发教学平台	1	□已清点
2	数字万用表	1	□已清点

2. 根据任务，制定测试计划

操作流程

序号	操作内容	操作要点
1	测试前仔细阅读芯片数据手册	
2	仿真验证测试方案	
3	了解创建集成电路测试工程文件的操作步骤	
4	焊接完成测试工装	
5	请根据待测芯片引脚特性及测试机接口特性进行DUT板接线设计	
6	利用LK8820上位机软件完成测试程序项目文档的创建，要求项目文档的储存路径为"D:\exercise"，并以74HC191_XXX（其中"XXX"为学号末尾3位）命名	
7	测试程序实现	
8	运行程序测试，记录测试结果	

三、计划实施	成绩：

1. 查阅待测芯片数据手册，确定待测芯片的功能	□是　　□否
2. 测试工装准备	□是　　□否
3. 创建测试程序模板	□是　　□否
4. 完成测试程序	□是　　□否
5. 生成解决方案	□是　　□否
6. 载入程序	□是　　□否
7. 测试设置	□是　　□否

8. 程序测试	□是　　□否
9. 判断数码管可循环计数，确定通过或失效	□是　　□否
10. 软件停止	□是　　□否

四、综合素养	成绩：

请实训指导教师检查本组作业结果，并针对实训过程中出现的问题提出改进措施及建议

序号	评价标准	评价结果	
1	实训台是否清洁到位	□是	□否
2	是否做好防护	□是	□否
3	现场 8S 管理是否完成	□是	□否
4	实训记录表是否按时填写	□是	□否

五、评价反馈	成绩：

请根据自己在课堂中的实际表现，进行自我反思、自我评价及自我总结

自我反思：_____

_____

_____

自我评价：_____

_____

自我总结：_____

_____

_____

_____

_____

实训成绩单

项目	评分标准	分值	得分
接受实训任务/角色分工	清楚本小组实训任务、小组内的实训分工、实训完成时间节点	5	

项目	评分标准	分值	得分
实验准备	根据任务正确选择实验设备、工具、耗材	10	
	实训计划制订得有效、完整	10	
计划实施	分工是否合理	5	
	团队沟通协作效果	15	
	接线是否正确	15	
	测量数据是否正确	20	
综合素养	实训台是否清洁到位；是否做好防护；现场是否按8S要求整理；实训记录表是否按时填写	10	
评价反馈	能对自身表现情况进行客观评价	5	
	在任务实施过程中能发现自身问题	5	
得分（满分100）			

实训任务 12　74HC74 芯片功能测试

直流稳压电源编号		万用表编号	
信号发生器编号		示波器编号	
待测芯片		封装	
小组成员		组长姓名	
具体要求	要求结合 74HC74 芯片数据手册，利用 74LS74 芯片的两个 D 触发器构建一个 4 分频电路，利用通用仪器仪表对 74HC74 芯片进行功能测试。芯片的工作电压为 5 V，由信号发生器提供频率为 1 kHz、正占空比 50%、高电平为 5 V、低电平为 0 V 的方波信号。利用示波器观测波形，并测量其频率 1. 参考 3.4 节 74HC393 芯片功能测试案例焊接准备好本实训任务待测芯片的测试工装 2. 请根据待测芯片引脚特性进行 DUT 板接线设计 3. 利用通用仪器仪表进行 74HC74 芯片的功能测试 4. 记录测试结果		
测试结果	用示波器观测测试工装的输出信号，并记录结果		

一、接受实训任务/角色分工	成绩：

小组成员在接到实训任务后，先进行合理分工，明确各自职责

操作人		监护人	
记录员			

二、实验准备	成绩：

1. 根据任务，选择实验设备、工具、耗材

<table>
<tr><td colspan="5" align="center">实验设备、工具、耗材</td></tr>
<tr><td>序号</td><td>名称</td><td>数量</td><td>清点</td></tr>
<tr><td>1</td><td>直流稳压电源</td><td>1</td><td>□已清点</td></tr>
</table>

序号	名称	数量	清点
2	数字万用表	1	□已清点
3	信号发生器	1	□已清点
4	示波器	1	□已清点

2. 根据任务，制定测试计划

操作流程

序号	操作内容	操作要点
1	测试前先仔细阅读芯片数据手册	
2	仿真验证测试方案	
3	制作测试工装	
4	根据测试方案连接测试电路	
5	正确使用信号发生器、数字万用表、示波器进行测量	
6	记录测试结果	

三、计划实施	成绩：

1. 查阅待测芯片数据手册，确定待测芯片的功能	□是 □否
2. 测试仪器仪表准备	□是 □否
3. 测试工装准备	□是 □否
4. 测试线路连接	□是 □否
5. 用示波器观测波形，并测量数据	□是 □否

四、综合素养	成绩：

请实训指导教师检查本组作业结果，并针对实训过程中出现的问题提出改进措施及建议

序号	评价标准	评价结果
1	实训台是否清洁到位	□是　　□否
2	是否做好防护	□是　　□否
3	现场 8S 管理是否完成	□是　　□否
4	实训记录表是否按时填写	□是　　□否

五、评价反馈	成绩：

请根据自己在课堂中的实际表现，进行自我反思、自我评价及自我总结

自我反思：＿＿＿＿＿＿＿＿＿＿＿＿＿＿＿＿＿＿＿＿＿＿＿＿＿＿＿＿＿＿＿＿＿＿＿
＿＿
＿＿
＿＿

自我评价：＿＿＿＿＿＿＿＿＿＿＿＿＿＿＿＿＿＿＿＿＿＿＿＿＿＿＿＿＿＿＿＿＿＿＿
＿＿
＿＿

自我总结：＿＿＿＿＿＿＿＿＿＿＿＿＿＿＿＿＿＿＿＿＿＿＿＿＿＿＿＿＿＿＿＿＿＿＿

实训成绩单

项目	评分标准	分值	得分
接受实训任务/角色分工	清楚本小组实训任务、小组内的实训分工、实训完成时间节点	5	
实验准备	根据任务正确选择实验设备、工具、耗材	10	
	实训计划制订得有效、完整	10	

项目	评分标准	分值	得分
计划实施	分工是否合理	5	
	团队沟通协作效果	15	
	接线是否正确	15	
	测量数据是否正确	20	
综合素养	实训台是否清洁到位；是否做好防护；现场是否按 8S 要求整理；实训记录表是否按时填写	10	
评价反馈	能对自身表现情况进行客观评价	5	
	在任务实施过程中能发现自身问题	5	
得分（满分100）			

实训任务 13 输入失调电压测试

直流稳压电源编号		万用表编号	
待测芯片		封装	
小组成员		组长姓名	
具体要求	要求结合待测芯片数据手册给出的输入失调电压测试条件，利用通用仪器仪表对待测芯片进行输入失调电压测试 1. 参考 4.2 节 LM358 芯片输入失调电压测试案例焊接准备好本实训任务待测芯片的测试工装 2. 梳理本实训任务待测芯片的测试方案 3. 测试前先仔细阅读资料，熟悉通用仪器仪表的使用方法 4. 对测试工装提供电源，根据测试方案连接好测试线路，测量待测点的电压 5. 记录测试结果，并完成计算		
测试结果	利用仪器仪表测得输出端电压大小，再通过公式计算输入失调电压值。测试结果参数名按照"Vos"的格式编写，测试结果记录表参考如下： 下表		

参数	单位	测量值	理论值
Vos	V		

一、接受实训任务/角色分工	成绩：

小组成员在接到实训任务后，先进行合理分工，明确各自职责

操作人		监护人	
记录员			

二、实验准备	成绩：

1. 根据任务，选择实验设备、工具、耗材

实验设备、工具、耗材

序号	名称	数量	清点
1	直流稳压电源	1	□已清点
2	数字万用表	1	□已清点

2. 根据任务，制定测试计划

操作流程

序号	操作内容	操作要点
1	测试前先仔细阅读芯片数据手册，明确输入失调电压测试条件	
2	仿真验证测试方案	
3	制作测试工装	
4	根据测试方案连接测试电路	
5	正确使用数字万用表进行测量	
6	记录测试结果 | 参数	单位	测量值	理论值 | |------|------|--------|--------| | V_{os}	V				

三、计划实施	成绩：
1. 测试仪器仪表准备	□是　　□否
2. 测试工装准备	□是　　□否
3. 测试线路连接	□是　　□否
4. 测试点测量及计算	□是　　□否

四、综合素养	成绩：

请实训指导教师检查本组作业结果，并针对实训过程中出现的问题提出改进措施及建议

序号	评价标准	评价结果
1	实训台是否清洁到位	□是　　□否
2	是否做好防护	□是　　□否
3	现场 8S 管理是否完成	□是　　□否
4	实训记录表是否按时填写	□是　　□否

五、评价反馈	成绩：

请根据自己在课堂中的实际表现，进行自我反思、自我评价及自我总结

自我反思：_____

_____

_____

自我评价：_____

_____

自我总结：_____

_____

_____

_____

_____

_____

_____

_____

_____

_____

实训成绩单

项目	评分标准	分值	得分
接受实训任务/角色分工	清楚本小组实训任务、小组内的实训分工、实训完成时间节点	5	
实验准备	根据任务正确选择实验设备、工具、耗材	10	
	实训计划制订得有效、完整	10	

项目	评分标准	分值	得分
计划实施	分工是否合理	5	
	团队沟通协作效果	15	
	接线是否正确	15	
	测量数据是否正确	20	
综合素养	实训台是否清洁到位；是否做好防护；现场是否按 8S 要求整理；实训记录表是否按时填写	10	
评价反馈	能对自身表现情况进行客观评价	5	
	在任务实施过程中能发现自身问题	5	
得分（满分 100）			

实训任务 14　输出短路电流测试

测试机工位号		万用表编号	
待测芯片		封装	
测试程序名	YYY_XXX（其中"YYY"为芯片型号，"XXX"为学号末尾3位）		
小组成员		组长姓名	
具体要求	要求结合待测芯片数据手册给出的输出短路电流测试条件，利用 LK8820 测试机对待测芯片的输出引脚进行输出短路电流测试，即设置输出端接地或者对输出端提供0V的电压 1. 参考4.3节 LM358 芯片输出短路电流测试工装的内容焊接准备好本实训任务待测芯片的测试工装 2. 请根据待测芯片引脚特性及测试机接口特性进行 DUT 板接线设计 3. 参考4.3节 LM358 芯片输出短路电流测试案例，熟悉输出短路电流测试所需的测试函数 4. 利用 LK8820 上位机软件完成测试程序项目文档的创建，要求项目文档的储存路径为"D：\exercise"，并以 YYY_XXX（其中"YYY"为芯片型号，"XXX"为学号末尾3位）命名 5. 测试程序实现，注意测试函数的引用 6. 记录测试结果		
测试结果	测试结果参数名命名为"ISC_XX"，其中"XX"为待测芯片引脚序号 测试结果记录表参考如下		

参数	单位	最小值	最大值	测试值
ISC_PIN1	mA	−60	60	

一、接受实训任务/角色分工		成绩：	

小组成员在接到实训任务后，先进行合理分工，明确各自职责

操作人		监护人	
记录员			

二、实验准备	成绩：

1. 根据任务，选择实验设备、工具、耗材

实验设备、工具、耗材

序号	名称	数量	清点
1	LK8820 集成电路开发教学平台	1	□已清点
2	数字万用表	1	□已清点

2. 根据任务，制定测试计划

操作流程

序号	操作内容	操作要点
1	测试前先仔细阅读芯片数据手册，明确输出短路电流测试条件	
2	仿真验证测试方案	
3	了解创建集成电路测试工程文件的操作步骤	
4	焊接完成测试工装	
5	请根据待测芯片引脚特性及测试机接口特性进行 DUT 板接线设计	
6	利用 LK8820 上位机软件完成测试程序项目文档的创建，要求项目文档的储存路径为"D:\exercise"，并以 YYY_XXX（其中"YYY"为芯片型号，"XXX"为学号末尾 3 位）命名	
7	测试程序实现	
8	运行程序测试，记录测试结果 参数 / 单位 / 最小值 / 最大值 / 测试值	

三、计划实施	成绩：	
1. 查阅待测芯片数据手册，确定待测芯片输出短路电流测试条件	□是	□否
2. 测试工装准备	□是	□否
3. 创建测试程序模板	□是	□否
4. 完成测试程序：芯片的同相输入端和反相输入端提供合适的信号，可以选择输入端接地。设置输出端接地或者对输出端提供 0 V 的电压，测量输出端电流	□是	□否
5. 生成解决方案	□是	□否
6. 载入程序	□是	□否

7. 测试设置	□是　　□否
8. 程序测试	□是　　□否
9. 测量电流与预设门限（Limit）做比较，确定通过或失效	□是　　□否
10. 软件停止	□是　　□否

四、综合素养	成绩：

请实训指导教师检查本组作业结果，并针对实训过程中出现的问题提出改进措施及建议

序号	评价标准	评价结果
1	实训台是否清洁到位	□是　　□否
2	是否做好防护	□是　　□否
3	现场 8S 管理是否完成	□是　　□否
4	实训记录表是否按时填写	□是　　□否

五、评价反馈	成绩：

请根据自己在课堂中的实际表现，进行自我反思、自我评价及自我总结

自我反思：＿＿＿＿＿＿＿＿＿＿＿＿＿＿＿＿＿＿＿＿＿＿＿＿＿＿＿＿＿＿＿＿＿

＿＿＿＿＿＿＿＿＿＿＿＿＿＿＿＿＿＿＿＿＿＿＿＿＿＿＿＿＿＿＿＿＿＿＿＿＿＿＿

＿＿＿＿＿＿＿＿＿＿＿＿＿＿＿＿＿＿＿＿＿＿＿＿＿＿＿＿＿＿＿＿＿＿＿＿＿＿＿

自我评价：＿＿＿＿＿＿＿＿＿＿＿＿＿＿＿＿＿＿＿＿＿＿＿＿＿＿＿＿＿＿＿＿＿

＿＿＿＿＿＿＿＿＿＿＿＿＿＿＿＿＿＿＿＿＿＿＿＿＿＿＿＿＿＿＿＿＿＿＿＿＿＿＿

自我总结：＿＿＿＿＿＿＿＿＿＿＿＿＿＿＿＿＿＿＿＿＿＿＿＿＿＿＿＿＿＿＿＿＿

＿＿＿＿＿＿＿＿＿＿＿＿＿＿＿＿＿＿＿＿＿＿＿＿＿＿＿＿＿＿＿＿＿＿＿＿＿＿＿

＿＿＿＿＿＿＿＿＿＿＿＿＿＿＿＿＿＿＿＿＿＿＿＿＿＿＿＿＿＿＿＿＿＿＿＿＿＿＿

＿＿＿＿＿＿＿＿＿＿＿＿＿＿＿＿＿＿＿＿＿＿＿＿＿＿＿＿＿＿＿＿＿＿＿＿＿＿＿

实训成绩单

项目	评分标准	分值	得分
接受实训任务/角色分工	清楚本小组实训任务、小组内的实训分工、实训完成时间节点	5	
实验准备	根据任务正确选择实验设备、工具、耗材	10	
	实训计划制订得有效、完整	10	

项目	评分标准	分值	得分
计划实施	分工是否合理	5	
	团队沟通协作效果	15	
	接线是否正确	15	
	测量数据是否正确	20	
综合素养	实训台是否清洁到位；是否做好防护；现场是否按 8S 要求整理；实训记录表是否按时填写	10	
评价反馈	能对自身表现情况进行客观评价	5	
	在任务实施过程中能发现自身问题	5	
得分（满分100）			

实训任务 15　共模抑制比测试

测试机工位号		万用表编号	
待测芯片		封装	
测试程序名	YYY_XXX（其中"YYY"为芯片型号，"XXX"为学号末尾 3 位）		
小组成员		组长姓名	
具体要求	要求结合待测芯片数据手册给出的共模抑制比测试条件，利用 LK8820 测试机对待测芯片进行共模抑制比测试 　1. 参考 4.4 节 OP07 芯片共模抑制比测试工装的内容焊接准备好本实训任务待测芯片的测试工装 　2. 请根据待测芯片引脚特性及测试机接口特性进行 DUT 板接线设计 　3. 参考 4.4 节 OP07 芯片共模抑制比测试案例，熟悉共模抑制比测试所需的测试函数 　4. 利用 LK8820 上位机软件完成测试程序项目文档的创建，要求项目文档的储存路径为"D:\exercise"，并以 YYY_XXX（其中"YYY"为芯片型号，"XXX"为学号末尾 3 位）命名 　5. 测试程序实现，注意测试函数的引用 　6. 记录测试结果		
测试结果	测试结果参数名按照"CMRR"的格式编写 测试结果记录表参考如下		

参数	单位	最小值	最大值	测试值
CMRR	dB	94		

一、接受实训任务/角色分工		成绩：	

小组成员在接到实训任务后，先进行合理分工，明确各自职责

操作人		监护人	
记录员			

二、实验准备	成绩：

1. 根据任务，选择实验设备、工具、耗材

实验设备、工具、耗材

序号	名称	数量	清点
1	LK8820 集成电路开发教学平台	1	□已清点
2	数字万用表	1	□已清点

2. 根据任务，制定测试计划

操作流程

序号	操作内容	操作要点
1	测试前先仔细阅读芯片数据手册，明确共模抑制比测试条件	
2	仿真验证测试方案	
3	了解创建集成电路测试工程文件的操作步骤	
4	焊接完成测试工装	
5	请根据待测芯片引脚特性及测试机接口特性进行 DUT 板接线设计	
6	利用 LK8820 上位机软件完成测试程序项目文档的创建，要求项目文档的储存路径为"D:\exercise"，并以 YYY_XXX（其中"YYY"为芯片型号，"XXX"为学号末尾 3 位）命名	
7	测试程序实现	
8	运行程序测试，记录测试结果 表格：参数 | 单位 | 最小值 | 最大值 | 测试值	

三、计划实施	成绩：

1. 查阅待测芯片数据手册，确定待测芯片共模抑制比测试条件	□是 □否
2. 测试工装准备	□是 □否
3. 创建测试程序模板	□是 □否

4. 完成测试程序	□是	□否
5. 生成解决方案	□是	□否
6. 载入程序	□是	□否
7. 测试设置	□是	□否
8. 程序测试	□是	□否
9. 测量共模抑制比与预设门限（Limit）做比较，确定通过或失效	□是	□否
10. 软件停止	□是	□否

四、综合素养	成绩：

请实训指导教师检查本组作业结果，并针对实训过程中出现的问题提出改进措施及建议

序号	评价标准	评价结果	
1	实训台是否清洁到位	□是	□否
2	是否做好防护	□是	□否
3	现场 8S 管理是否完成	□是	□否
4	实训记录表是否按时填写	□是	□否

五、评价反馈	成绩：

请根据自己在课堂中的实际表现，进行自我反思、自我评价及自我总结

自我反思：

_____

_____

_____

自我评价：

_____

_____

自我总结：

_____

_____

_____

_____

_____

实训成绩单

项目	评分标准	分值	得分
接受实训任务/角色分工	清楚本小组实训任务、小组内的实训分工、实训完成时间节点	5	
实验准备	根据任务正确选择实验设备、工具、耗材	10	
	实训计划制订得有效、完整	10	
计划实施	分工是否合理	5	
	团队沟通协作效果	15	
	接线是否正确	15	
	测量数据是否正确	20	
综合素养	实训台是否清洁到位；是否做好防护；现场是否按 8S 要求整理；实训记录表是否按时填写	10	
评价反馈	能对自身表现情况进行客观评价	5	
	在任务实施过程中能发现自身问题	5	
得分（满分 100）			

实训任务 16 开环增益测试

测试机工位号		万用表编号	
待测芯片		封装	
测试程序名	YYY_XXX（其中"YYY"为芯片型号，"XXX"为学号末尾3位）		
小组成员		组长姓名	
具体要求	要求结合待测芯片数据手册给出的开环增益测试条件，利用 LK8820 测试机对待测芯片进行开环增益测试 1. 参考 4.5 节 OP07 芯片开环增益测试工装的内容焊接准备好本实训任务待测芯片的测试工装 2. 请根据待测芯片引脚特性及测试机接口特性进行 DUT 板接线设计 3. 参考 4.5 节 OP07 芯片开环增益测试案例，熟悉开环增益测试所需的测试函数 4. 利用 LK8820 上位机软件完成测试程序项目文档的创建，要求项目文档的储存路径为"D:\exercise"，并以 YYY_XXX（其中"YYY"为芯片型号，"XXX"为学号末尾3位）命名 5. 测试程序实现，注意测试函数的引用 6. 完成测量并计算，记录测试结果		
测试结果	测试结果参数名按照"AVD"的格式编写 测试结果记录表参考如下 表格如下		

测试结果记录表：

参数	单位	最小值	最大值	测试值
AVD	dB	100		

一、接受实训任务/角色分工	成绩：

小组成员在接到实训任务后，先进行合理分工，明确各自职责

操作人		监护人	
记录员			

二、实验准备	成绩：

1. 根据任务，选择实验设备、工具、耗材

实验设备、工具、耗材

序号	名称	数量	清点
1	LK8820 集成电路开发教学平台	1	□已清点
2	数字万用表	1	□已清点

2. 根据任务，制定测试计划

操作流程

序号	操作内容	操作要点
1	测试前先仔细阅读芯片数据手册，明确开环增益测试条件	
2	仿真验证测试方案	
3	了解创建集成电路测试工程文件的操作步骤	
4	焊接完成测试工装	
5	请根据待测芯片引脚特性及测试机接口特性进行 DUT 板接线设计	
6	利用 LK8820 上位机软件完成测试程序项目文档的创建，要求项目文档的储存路径为"D：\exercise"，并以 YYY_XXX（其中"YYY"为芯片型号，"XXX"为学号末尾 3 位）命名	
7	测试程序实现	
8	运行程序测试，记录测试结果 | 参数	单位	最小值	最大值	测试值 | |---|---|---|---|---| | | | | | | | | | | | |	

三、计划实施	成绩：

1. 查阅待测芯片数据手册，确定待测芯片开环增益测试条件	□是 □否
2. 测试工装准备	□是 □否

3. 创建测试程序模板	□是	□否
4. 完成测试程序	□是	□否
5. 生成解决方案	□是	□否
6. 载入程序	□是	□否
7. 测试设置	□是	□否
8. 程序测试	□是	□否
9. 测量开环增益与预设门限（Limit）做比较，确定通过或失效	□是	□否
10. 软件停止	□是	□否

四、综合素养	成绩：

请实训指导教师检查本组作业结果，并针对实训过程中出现的问题提出改进措施及建议

序号	评价标准	评价结果	
1	实训台是否清洁到位	□是	□否
2	是否做好防护	□是	□否
3	现场 8S 管理是否完成	□是	□否
4	实训记录表是否按时填写	□是	□否

五、评价反馈	成绩：

请根据自己在课堂中的实际表现，进行自我反思、自我评价及自我总结

自我反思：_____

_____

_____

自我评价：_____

_____

自我总结：_____

_____

_____

_____

_____

_____

实训成绩单

项目	评分标准	分值	得分
接受实训任务/ 角色分工	清楚本小组实训任务、小组内的实训分工、实训完成时间节点	5	
实验准备	根据任务正确选择实验设备、工具、耗材	10	
	实训计划制订得有效、完整	10	
计划实施	分工是否合理	5	
	团队沟通协作效果	15	
	接线是否正确	15	
	测量数据是否正确	20	
综合素养	实训台是否清洁到位；是否做好防护；现场是否按 8S 要求整理；实训记录表是否按时填写	10	
评价反馈	能对自身表现情况进行客观评价	5	
	在任务实施过程中能发现自身问题	5	
得分（满分100）			

实训任务 17　同相比例放大电路测试

直流稳压电源编号		万用表编号	
待测芯片		封装	
小组成员		组长姓名	
具体要求	要求结合待测芯片数据手册，利用通用仪器仪表对待测芯片进行同相比例放大电路测试，即根据电路原理图焊接电路，焊接完成后利用仪器仪表测得输出端电压大小，并与理论电压值进行比较 1. 参考 5.2 节 LM358 芯片同相比例放大电路测试案例焊接准备好本实训任务待测芯片的测试工装 2. 请根据待测芯片引脚特性进行 DUT 板接线设计 3. 利用通用仪器仪表进行待测芯片的同相比例放大电路测试 4. 记录测试结果		
测试结果	测试结果参数名按照"Vout"格式编写 测试结果记录表参考如下 | 参数	单位	测量值	理论值 | |---|---|---|---| | Vout | V | | |		

一、接受实训任务/角色分工	成绩：

小组成员在接到实训任务后，先进行合理分工，明确各自职责

操作人		监护人	
记录员			

二、实验准备	成绩：

1. 根据任务，选择实验设备、工具、耗材

实验设备、工具、耗材

序号	名称	数量	清点
1	直流稳压电源	1	□已清点
2	数字万用表	1	□已清点

2. 根据任务，制定测试计划

操作流程

序号	操作内容	操作要点
1	测试前先仔细阅读芯片数据手册	
2	仿真验证测试方案	
3	制作测试工装	
4	根据测试方案连接测试电路	
5	正确使用数字万用表进行测量	
6	记录测试结果	

三、计划实施	成绩：

1. 查阅待测芯片数据手册，确定待测芯片的功能	□是 □否
2. 测试仪器仪表准备	□是 □否
3. 测试工装准备	□是 □否
4. 测试线路连接	□是 □否
5. 利用数字万用表进行测量，并记录测量数据	□是 □否

四、综合素养	成绩：

请实训指导教师检查本组作业结果，并针对实训过程中出现的问题提出改进措施及建议

序号	评价标准	评价结果
1	实训台是否清洁到位	□是　　□否
2	是否做好防护	□是　　□否
3	现场 8S 管理是否完成	□是　　□否
4	实训记录表是否按时填写	□是　　□否

五、评价反馈	成绩：

请根据自己在课堂中的实际表现，进行自我反思、自我评价及自我总结

自我反思：_____

_____

_____

自我评价：_____

_____

自我总结：_____

_____

_____

_____

_____

_____

_____

_____

_____

_____

实训成绩单

项目	评分标准	分值	得分
接受实训任务/ 角色分工	清楚本小组实训任务、小组内的实训分工、实训完成时间节点	5	
实验准备	根据任务正确选择实验设备、工具、耗材	10	
	实训计划制订得有效、完整	10	

项目	评分标准	分值	得分
计划实施	分工是否合理	5	
	团队沟通协作效果	15	
	接线是否正确	15	
	测量数据是否正确	20	
综合素养	实训台是否清洁到位；是否做好防护；现场是否按 8S 要求整理；实训记录表是否按时填写	10	
评价反馈	能对自身表现情况进行客观评价	5	
	在任务实施过程中能发现自身问题	5	
得分（满分 100）			

实训任务 18 反相比例放大电路测试

测试机工位号		万用表编号	
待测芯片		封装	
测试程序名	YYY_XXX（其中"YYY"为芯片型号，"XXX"为学号末尾 3 位）		
小组成员		组长姓名	
具体要求	要求结合待测芯片数据手册，利用 LK8820 测试机对待测芯片进行反相比例放大电路测试，即根据电路原理图焊接电路 1. 参考 5.3 节 LM358 芯片反相比例放大电路测试工装的内容焊接准备好本实训任务待测芯片的测试工装 2. 请根据待测芯片引脚特性及测试机接口特性进行 DUT 板接线设计 3. 参考 5.3 节 LM358 芯片反相比例放大电路测试案例，熟悉反相比例放大电路测试所需的测试函数 4. 利用 LK8820 上位机软件完成测试程序项目文档的创建，要求项目文档的储存路径为"D:\exercise"，并以 YYY_XXX（其中"YYY"为芯片型号，"XXX"为学号末尾 3 位）命名 5. 测试程序实现，注意测试函数的引用 6. 完成测量并计算，记录测试结果		
测试结果	测试结果参数名按照"Vout"的格式编写 测试结果记录表参考如下		

参数	单位	测量值	理论值
Vout	V		

一、接受实训任务/角色分工	成绩：

小组成员在接到实训任务后，先进行合理分工，明确各自职责

操作人		监护人	
记录员			

二、实验准备	成绩：

1. 根据任务，选择实验设备、工具、耗材

实验设备、工具、耗材

序号	名称	数量	清点
1	LK8820 集成电路开发教学平台	1	□已清点
2	数字万用表	1	□已清点

2. 根据任务，制定测试计划

操作流程

序号	操作内容	操作要点
1	测试前先仔细阅读芯片数据手册，明确反相比例放大电路测试条件	
2	仿真验证测试方案	
3	了解创建集成电路测试工程文件的操作步骤	
4	焊接完成测试工装	
5	请根据待测芯片引脚特性及测试机接口特性进行 DUT 板接线设计	
6	利用 LK8820 上位机软件完成测试程序项目文档的创建，要求项目文档的储存路径为"D：\exercise"，并以 YYY_XXX（其中"YYY"为芯片型号，"XXX"为学号末尾 3 位）命名	
7	测试程序实现	
8	运行程序测试，记录测试结果 | 参数	单位	测量值	理论值 | |---|---|---|---| |			| |			|	

三、计划实施	成绩：

1. 查阅待测芯片数据手册，确定待测芯片反相比例放大电路测试条件	□是　□否
2. 测试工装准备	□是　□否
3. 创建测试程序模板	□是　□否
4. 完成测试程序	□是　□否

5. 生成解决方案	□是	□否
6. 载入程序	□是	□否
7. 测试设置	□是	□否
8. 程序测试	□是	□否
9. 若测量输出电压与理论推导值基本相等，则芯片为良品，否则为非良品	□是	□否
10. 软件停止	□是	□否

四、综合素养	成绩：

请实训指导教师检查本组作业结果，并针对实训过程中出现的问题提出改进措施及建议

序号	评价标准	评价结果	
1	实训台是否清洁到位	□是	□否
2	是否做好防护	□是	□否
3	现场 8S 管理是否完成	□是	□否
4	实训记录表是否按时填写	□是	□否

五、评价反馈	成绩：

请根据自己在课堂中的实际表现，进行自我反思、自我评价及自我总结

自我反思：_____

_____

_____

自我评价：_____

_____

_____

自我总结：_____

_____

_____

_____

_____

_____

_____

	实训成绩单		
项目	评分标准	分值	得分
接受实训任务／角色分工	清楚本小组实训任务、小组内的实训分工、实训完成时间节点	5	
实验准备	根据任务正确选择实验设备、工具、耗材	10	
	实训计划制订得有效、完整	10	
计划实施	分工是否合理	5	
	团队沟通协作效果	15	
	接线是否正确	15	
	测量数据是否正确	20	
综合素养	实训台是否清洁到位；是否做好防护；现场是否按 8S 要求整理；实训记录表是否按时填写	10	
评价反馈	能对自身表现情况进行客观评价	5	
	在任务实施过程中能发现自身问题	5	
得分（满分100）			

实训任务 19　加法运算电路测试

直流稳压电源编号		万用表编号	
信号发生器编号		示波器编号	
待测芯片		封装	
小组成员		组长姓名	
具体要求	要求结合待测芯片数据手册，搭建同相加法运算电路，并利用通用仪器仪表对待测芯片进行功能测试。其输入信号可以选直流信号，也可以选择交流信号 　1. 参考 5.4 节 LM358 芯片加法运算电路测试案例及 5.7 节拓展知识焊接准备好本实训任务待测芯片的测试工装 　2. 请根据待测芯片引脚特性进行 DUT 板接线设计 　3. 利用通用仪器仪表进行待测芯片的加法运算电路测试 　4. 记录测试结果		
测试结果	测试结果参数名按照"Vout"的格式编写 测试结果记录表参考如下 {表} 若使用交流输入信号，则还需记录输入输出信号的波形		

测试结果记录表：

参数	单位	测量值	理论值
Vout	V		

一、接受实训任务/角色分工	成绩：

小组成员在接到实训任务后，先进行合理分工，明确各自职责

操作人		监护人	
记录员			

二、实验准备	成绩：

1. 根据任务，选择实验设备、工具、耗材

实验设备、工具、耗材

序号	名称	数量	清点
1	直流稳压电源	1	□已清点
2	数字万用表	1	□已清点
3	信号发生器	1	□已清点
4	示波器	1	□已清点

2. 根据任务，制定测试计划

操作流程

序号	操作内容	操作要点
1	测试前先仔细阅读芯片数据手册	
2	仿真验证测试方案	
3	制作测试工装	
4	根据测试方案连接测试电路	
5	正确使用信号发生器、数字万用表、示波器进行测量	
6	记录测试结果	

三、计划实施	成绩：

1. 查阅待测芯片数据手册，确定待测芯片的加法运算电路功能	□是	□否
2. 测试仪器仪表准备	□是	□否
3. 测试工装准备	□是	□否
4. 测试线路连接	□是	□否
5. 用数字万用表测量输出数据，或示波器观测波形，并测量数据	□是	□否

四、综合素养	成绩：

请实训指导教师检查本组作业结果，并针对实训过程中出现的问题提出改进措施及建议

序号	评价标准	评价结果	
1	实训台是否清洁到位	□是	□否
2	是否做好防护	□是	□否
3	现场 8S 管理是否完成	□是	□否
4	实训记录表是否按时填写	□是	□否

五、评价反馈	成绩：

请根据自己在课堂中的实际表现，进行自我反思、自我评价及自我总结

自我反思： _____

_____

_____

_____

自我评价： _____

_____

_____

自我总结： _____

_____

_____

_____

_____

_____

_____

_____

_____

_____

实训成绩单

项目	评分标准	分值	得分
接受实训任务/ 角色分工	清楚本小组实训任务、小组内的实训分工、实训完成时间节点	5	
实验准备	根据任务正确选择实验设备、工具、耗材	10	
	实训计划制订得有效、完整	10	

项目	评分标准	分值	得分
计划实施	分工是否合理	5	
	团队沟通协作效果	15	
	接线是否正确	15	
	测量数据是否正确	20	
综合素养	实训台是否清洁到位；是否做好防护；现场是否按 8S 要求整理；实训记录表是否按时填写	10	
评价反馈	能对自身表现情况进行客观评价	5	
	在任务实施过程中能发现自身问题	5	
得分（满分 100）			

实训任务 20 电压采集显示电路测试

测试机工位号		万用表编号	
待测芯片		封装	
测试程序名	ZH_XXX（"XXX"为学号末尾3位）		
小组成员		组长姓名	

具体要求	要求结合 TLC1549、74LS48、74HC595 等芯片数据手册，理解其工作原理及工作时序，搭建电压采集显示电路待测工装（最好是能搭建与 6.3 节电压采集显示电路案例不同的方案），利用 LK8820 测试机对待测工装进行测试 1. 参考 6.3 节电压采集显示电路测试工装的内容焊接准备好本实训任务待测芯片的测试工装 2. 请根据待测芯片引脚特性及测试机接口特性进行 DUT 板接线设计 3. 参考 6.3 节电压采集显示电路测试案例，熟悉测试所需的测试函数 4. 利用 LK8820 上位机软件完成测试程序项目文档的创建，要求项目文档的储存路径为"D:\exercise"，并以 ZH_XXX（"XXX"为学号末尾3位）命名 5. 测试程序实现，注意测试函数的引用 6. 完成测量，并记录测试结果

测试结果	测试结果记录表参考如下

模拟输入电压值	测试机实际输出值 VALUE	DS1 显示	DS2 显示
1 V			
4 V			

一、接受实训任务/角色分工	成绩：

小组成员在接到实训任务后，先进行合理分工，明确各自职责

操作人		监护人	
记录员			

二、实验准备			成绩：	

1. 根据任务，选择实验设备、工具、耗材

实验设备、工具、耗材

序号	名称	数量	清点
1	LK8820集成电路开发教学平台	1	□已清点
2	数字万用表	1	□已清点
3	信号发生器	1	□已清点
4	示波器	1	□已清点

2. 根据任务，制定测试计划

操作流程

序号	操作内容	操作要点
1	测试前先仔细阅读芯片数据手册	
2	仿真验证测试方案	
3	了解创建集成电路测试工程文件的操作步骤	
4	焊接完成测试工装	
5	请根据待测芯片引脚特性及测试机接口特性进行DUT板接线设计	
6	利用LK8820上位机软件完成测试程序项目文档的创建，要求项目文档的储存路径为"D:\exercise"，并以ZH_XXX（"XXX"为学号末尾3位）命名	
7	测试程序实现	
8	运行程序测试，记录测试结果 | 模拟输入电压值	测试机实际输出值VALUE	DS1显示	DS2显示 | |---|---|---|---|
1 V			
4 V					

三、计划实施	成绩：		
1. 查阅待测芯片数据手册，了解各芯片功能		□是	□否
2. 测试工装准备		□是	□否
3. 创建测试程序模板		□是	□否
4. 完成测试程序：初始化，包括引脚定义、设置参考电压等；对电压进行 A/D 转换；测试机读取 A/D 转换器输出引脚的逻辑值后将每位逻辑值对应的数值相加获取采样值。将采样值转换为对应电压值；将得到的个位和小数位转换为 8421BCD 码驱动显示电路显示		□是	□否
5. 生成解决方案		□是	□否
6. 载入程序		□是	□否
7. 测试设置		□是	□否
8. 程序测试		□是	□否
9. 测试机测量结果与理论计算做比较，确定通过或失效		□是	□否
10. 软件停止		□是	□否

四、综合素养	成绩：

请实训指导教师检查本组作业结果，并针对实训过程中出现的问题提出改进措施及建议

序号	评价标准	评价结果	
1	实训台是否清洁到位	□是	□否
2	是否做好防护	□是	□否
3	现场 8S 管理是否完成	□是	□否
4	实训记录表是否按时填写	□是	□否

五、评价反馈	成绩：

请根据自己在课堂中的实际表现，进行自我反思、自我评价及自我总结

自我反思：_____

_____

_____

_____

_____

（续）

自我评价：_____

_____

_____

自我总结：_____

_____

_____

_____

_____

实训成绩单

项目	评分标准	分值	得分
接受实训任务/角色分工	清楚本小组实训任务、小组内的实训分工、实训完成时间节点	5	
实验准备	根据任务正确选择实验设备、工具、耗材	10	
	实训计划制订得有效、完整	10	
计划实施	分工是否合理	5	
	团队沟通协作效果	15	
	接线是否正确	15	
	测量数据是否正确	20	
综合素养	实训台是否清洁到位；是否做好防护；现场是否按 8S 要求整理；实训记录表是否按时填写	10	
评价反馈	能对自身表现情况进行客观评价	5	
	在任务实施过程中能发现自身问题	5	
得分（满分 100）			

集成电路是信息技术的核心，其质量和可靠性直接关系到电子设备乃至重大工程系统的安全运行。然而，随着制造工艺和芯片设计的日益复杂，集成电路的生产过程中不可避免地存在着各种缺陷和故障风险，给测试验证工作带来巨大挑战。集成电路测试是现代电子信息产业的重要环节，对保证集成电路产品质量、提升产业竞争力至关重要。芯片制造从原料到成品，要经过上百道工序，每个环节都可能引入缺陷或故障，只有通过严格、全面、精准的测试，层层把关，才能将有问题的芯片筛选出来，确保最终交付用户的每一颗芯片都是合格品。

测试既是芯片实现产品化的"最后一公里"，也是保障电子整机和系统可靠运行的"第一道防线"。集成电路测试工程师肩负着这一关键职责，必须具备扎实的专业知识和过硬的实践技能。工匠精神体现在每一个细节中，体现在每一件产品中，体现在每一位工人的认真态度和精湛技艺中。这种精神，同样适用于集成电路测试领域。

本书依据"项目驱动、做中学"的编写思路，以解决实际芯片测试的思路和操作为编写主线，以典型数字芯片参数及功能测试、典型模拟芯片参数及功能测试和综合测试为案例，在每个项目中都融入思政元素，引导学生传承工匠精神，将个人理想与民族复兴结合起来，立志肩负时代重任。本书的一大特色是将思政教育与专业教学深度融合，将习近平新时代中国特色社会主义思想及社会主义核心价值观贯穿教学全过程。每个项目又将相关知识和职业岗位基本技能结合在一起，把知识、技能的学习融入测试项目完成过程中。本书重点突出技能培养在课程中的主体地位，采用通用仪器仪表测试方案及专用测试平台测试方案并行的教学模式，配有丰富的微课视频和教学资源。读者可以直接登录"学银在线"（https：//www. xueyinonline. com/detail/241352538）加入在线课程学习。

本书采用"教、学、做一体化"教学模式，可作为职业本科、高职高专院校微电子、电子信息、集成电路等相关专业集成电路测试课程的教材，也可作为从事集成电路测试工作和对此感兴趣的工程技术人员的参考书。设计学时为 48～64 学时。参考学时分配：项目 1 为 4 学时、项目 2 为 8～12 学时、项目 3 为 12～16 学时、项目 4 为 12～16 学时、项目 5 为 9～12 学时、项目 6 为 3～4 学时。

本书作者团队中既有学校的骨干教师，又有项目研发人员和高新企业的工程师。金华职业技术大学林洁担任主编，并对本书的编写思路与大纲进行了总体规划，指导全书的编写，承担全书的统稿工作；苏州经贸职业技术学院张庆芳、杭州朗迅科技股份有限公司祝赛君担任副主编；金华职业技术大学王诗怡、刘雨潇和江西机电职业技术学院付裕参编。杭州朗迅科技股份有限公司提供本书配套的专用测试平台、典型应用项目以及集成电路测试相关岗位的课程资源。项目 1~项目 3 由林洁编写，项目 4 和项目 5 由祝赛君编写，思政设计、项目 6 案例一由张庆芳编写，项目 6 案例二由付裕编写，项目 2 部分案例和实训任务单由王诗怡编写。全书配套的教学微课、实操演示视频主要由林洁、祝赛君、王诗怡、刘雨潇完成。参加本书电路调试、程序调试、测试验证、素材收集、校对等工作的还有王天阳、麻洲豪、林树田、金礼鹏、黄崇轲、叶文强、刘洋、王江浩、赵进、尚琴、余超、王嘉靖等，在此一并表示衷心感谢。

　　集成电路测试既需要扎实的理论基础知识，又需要缜密的逻辑思维能力和娴熟的动手实践技能。测试工程师必须精通芯片的工作原理和接口定义，熟练操作各类测试仪器设备，制定科学高效的测试方案，精准分析海量的测试数据。同时，在日益激烈的市场竞争中，测试效率和成本控制也至关重要。这些都对测试工程师的综合素质提出了更高要求。站在"两个一百年"的历史交汇点，面对日趋复杂的国际形势和日益激烈的科技竞争，唯有锚定"建设制造强国、实现高水平科技自立自强"的战略目标，才能在集成电路等关键领域补短板、强弱项。集成电路测试虽默默无闻，却是这场接力跑中不可或缺的一棒。让我们秉持对科学的严谨和对技术的精益求精，脚踏实地，久久为功，在平凡的测试工作中践行初心使命，在攻坚克难中诠释青春价值，用执着和坚守铸就大国工匠的时代荣光！

　　由于编者水平有限，书中难免会有不妥之处，敬请广大读者和专家批评指正。书中的器件引脚图统一用立创 EDA 绘制，仿真图统一用 Multisim 绘制，图中个别器件的符号与国标不符，请读者注意。

编　者

目　录 Contents

前言

项目 1　搭建集成电路测试环境

项目导读

时下，我国自主研制的新一代全球天气数值预报模式正式亮相，这款被称为"中国芯"的全球预报系统让世界瞩目。它的问世离不开集成电路技术的巨大进步和创新应用。

集成电路是现代信息技术的核心，它在超级计算机、大数据处理、人工智能等领域发挥着关键作用。但集成电路优异性能的背后是严苛的测试和品控把关。只有经过层层测试验证，才能保证芯片的可靠性和稳定性。

在本项目中，将深入集成电路测试技术，学习如何搭建一个高效、可靠、智能的集成电路测试环境。通过理论学习和动手实践相结合，掌握测试平台的选型、搭建、调试、优化等关键技术，并运用自动化、智能化手段提升测试效率和覆盖度。站在新时代的起点，集成电路产业迎来广阔前景。愿本项目成为读者登堂入室、追求卓越的新起点，为国家集成电路事业和科技强国梦贡献青春力量！

知识目标	1. 了解什么是集成电路测试 2. 了解集成电路测试分类 3. 掌握 FT 测试原理、流程及测试设备 4. 掌握一种集成电路开发教学平台的基本应用
技能目标	能应用一种集成电路开发教学平台完成集成电路测试工程文件的创建
素质目标	1. 培养严谨细致的工作态度，养成一丝不苟、严谨细致的工作作风，力求精益求精 2. 增强责任心和工程职业素养，树立强烈的质量意识和责任感 3. 具备良好的沟通和协作能力，以便有效地共享信息和协调任务
教学重点	1. FT 测试流程及测试设备 2. 集成电路开发教学平台的基本应用
教学难点	集成电路开发教学平台的基本应用
建议学时	4 学时

CD4511芯片测试任务描述
CD4511数据手册阅读
认识集成电路测试系统 —— 创建第一个集成电路测试工程文件
创建集成电路测试工程文件
测试程序编写说明

知识储备：初识集成电路测试 —— 集成电路测试分类 / FT原理及流程 / FT常用设备

CD4511芯片测试实践

明确测试类型与流程

搭建集成电路测试环境

掌握进阶技能 · 提高开发效率

测试机编程手册
测试机使用注意事项 —— 拓展知识

创建集成电路测试工程文件常见错误 —— 程序名中添加空格 / 杜邦线接线错误 / GND和VCC漏接

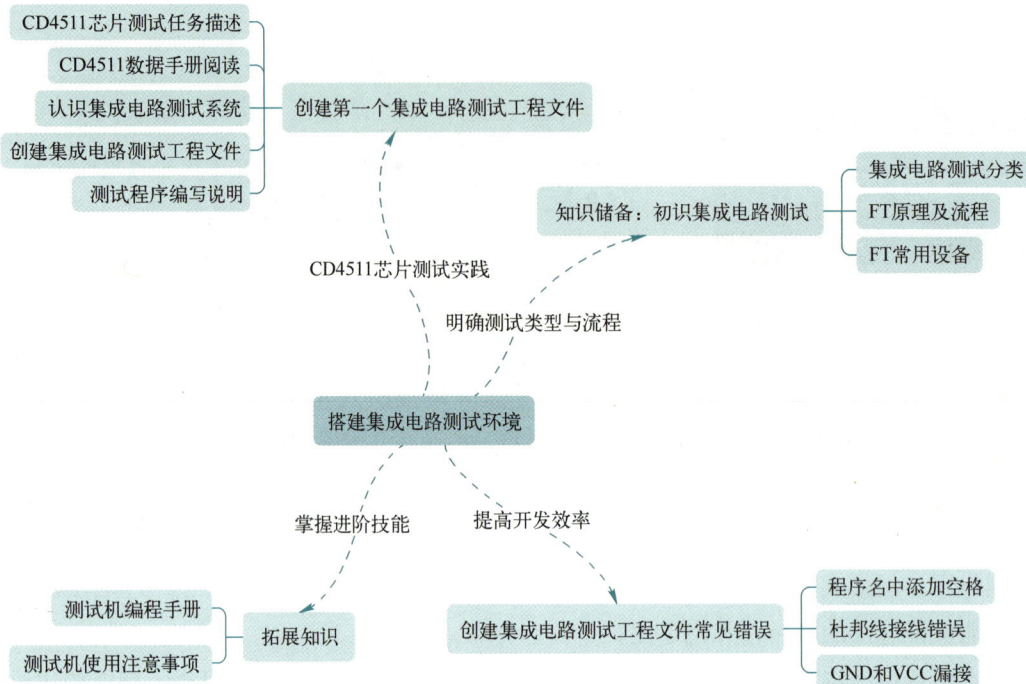

1.1 知识储备：初识集成电路测试

集成电路（Integrated Circuit，IC）是指采用一定的工艺，将一个电路中所需的晶体管、电阻、电容和电感等元件及布线互连一起，制作在小块基板上，然后封装在一个管壳内，成为具有所需电路功能的微型结构。封装后的集成电路通常称为芯片。芯片是集成电路的载体，是集成电路向微型化发展的产物，也是集成电路经过设计、制造、封装、测试后的结果，通常是一个可以立即使用的独立器件。

初识集成电路测试

一款集成电路芯片从开始设计到成品出货，整个流程可分为电路设计、晶圆制造、晶圆测试、IC 封装、封装后测试和包装出货这 6 个主要环节，如图 1-1 所示。

电路设计 → 晶圆制造 → 晶圆测试 → IC封装 → 封装后测试 → 包装出货

图 1-1 集成电路生成流程

晶圆制造的主要过程是将硅锭切成硅片，然后经过氧化、光刻、刻蚀等 20~30 道工艺步骤进行流片，再对流片进行晶圆测试，测试合格后对晶圆进行划片，然后封装，封装后需进行成品测试，如图 1-2 所示。

随着技术及工艺的发展，集成电路的密度及复杂程度也呈指数级增长，晶圆制造采用微观的印制蚀刻技术，工艺上难以避免瑕疵及工艺偏差，这会导致电路参数变化，轻则影响性能，重则导致整个系统崩溃。而且封装过程中的晶圆切割、引线键合、塑封等工序也都无法

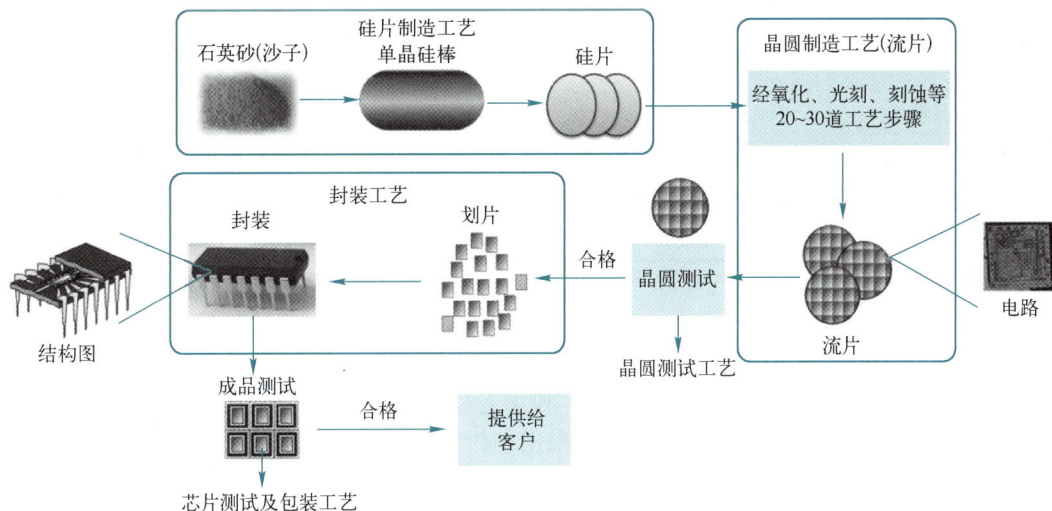

图 1-2　集成电路生成细化流程

保证 100% 的良品率。所以，在芯片出货前必须经过测试，以避免瑕疵芯片的流出，提升出货质量。测试是把有缺陷的和没有缺陷的产品分离的过程。测试的价值就在于保证使用芯片时，芯片性能是稳定可靠的。

1.1.1　集成电路测试分类

集成电路测试的目的主要有两个方面：一是通过测试测量，确定芯片可以正常工作的边界条件，即对芯片进行特性化分析；二是确认被测芯片是否符合产品手册上所定义的规范。

1. 特性化分析

特性化（Characterization）分析通常在芯片设计阶段进行，是为了确定产品规格，明确产品正常工作的条件而进行的测试。这种测试可以通过仪器/仪表进行，也可以借助自动测试设备（Automatic Test Equipment，ATE）来实现。比如借助自动测试设备的扫描测试可以实现对不同参数变化的扫描，以确定产品工作的边界条件。

2. 量产测试

为了避免因单颗 IC 芯片不良而导致的缺陷，需要对批量生产出的每一颗 IC 芯片进行测试，即量产测试，其目的是保证发给客户的每一颗 IC 芯片都符合产品规范。

量产测试基本有两种，分别为芯片探针（CP 也称晶圆测试）和最终成品测试（FT 也称芯片测试）。二者的测试原理一样，都是通过自动测试设备连接 IC 中集成的测试点，运行自动测试软件进行测试；区别是使用的测试设备和连接方式不同。CP 与 FT 的区别见表 1-1，本书将以案例学习的方式主要介绍集成电路的最终成品测试。

表 1-1　CP 与 FT 的区别

对比项	CP	FT
测试目的	验证测试结果，剔除制造缺陷管芯	剔除封装不良芯片，发货前最后一次测试
测试环境	万级及以下洁净室，温度为 22±3℃	10 万级以下洁净室，常温 25℃，湿度 50%

（续）

对比项	CP	FT
测试对象	晶圆（5 in、6 in、8 in、12 in）	塑封后的芯片（DIP、SOP、BGA 等）
测试载体	探针台	Socket（金手指+Pogo pin+Cpin 等）
测试精度	低，很少支持大电流、大电压	高，支持所有极限参数
重要性	中等，CP 良率高时可以减少或省略 CP 测试	高，直接出给客户

3. 老化测试

老化测试（Burn-in Test）是为了预测产品的使用寿命，剔除早期失效的产品。基于 ATE 的老化测试通常是把产品放在温箱里，利用老化设备将芯片置于高温、高压、通电的环境下，一般持续 2~3 h，然后进行测试，根据老化结果推算出芯片使用寿命的上限。

1.1.2 FT 原理及流程

1. FT 原理

FT 原理如图 1-3 所示，针对每一种待测电路（Device Under Test，DUT）都要制定相应的测试规范，从而形成一组测试输入，测试输入也称为测试码或者测试生成（Test Generation）；测试系统根据测试输入生成输入定时波形，并施加到待测电路的输入引脚上，然后从待测电路的输出引脚上采样得到相应的输出波形，形成一组测试输出（或者称为测试响应），并分析该测试

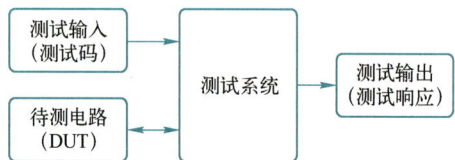

图 1-3　FT 测试原理

响应是否完整、正确地显示了待测电路的实际输出。FT 主要考虑 DUT 的技术规范，如电路最高时钟频率、测试服务能力、软件编程难易程度等。

2. FT 流程

进行 FT 时使用的设备是分选机（Handler）。根据测试需求的不同，可以选择分体式分选机或者一体式分选机，其测试流程也不尽相同，如图 1-4 所示。

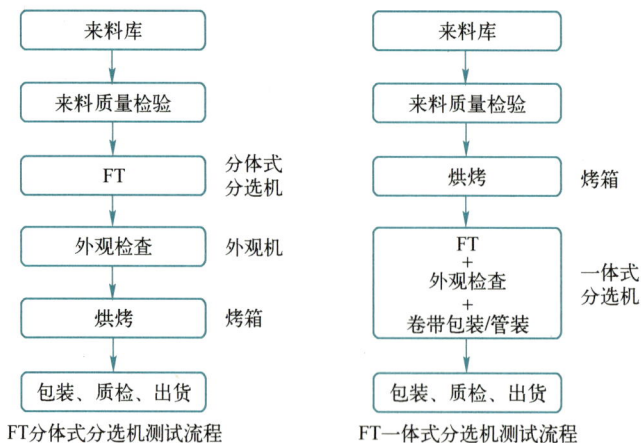

图 1-4　FT 流程图

（1）来料库

从客户手中接收的待测料进行相应的除尘、除静电处理，然后拆包装、扫描标签输入信息，根据随件单核对产品型号、批号、数量等信息。

（2）来料质量检验

对经过初步处理的待测料进行简单的人工检验并登记，依据情况为待测料分配测试工位，进行生产安排。

（3）FT测试

根据客户需求进行相应的测试。

（4）外观检查

完成 FT 的芯片，进行外观检查时，简单的芯片可人工目检，复杂芯片需经过人工目检和机器外检双重检查。所有 BGA（球栅阵列）封装和 QFN（方形扁平无引脚）封装产品需100% 外观检查。针对 PBGA（塑胶球栅阵列）封装产品，若目检发现基板崩缺，需用 25～50 倍显微镜检查 10ea（10 颗样品）基板崩缺 IC 的合模线周围是否有裂痕，若有裂痕，需暂留该批芯片并通知产品工程师。工程师针对基板崩缺的产品在 200 倍显微镜下分析确认后反馈客户。

（5）烘烤

对于托盘（料盘）装的产品需要烘烤，起到除湿防腐的作用，而编带盘装的无须此操作。将产品置于 125℃ 左右的高温烘箱内，烘烤 8 h，烘烤去湿的次数最多不超过 5 次。

（6）包装

将测试并检查完成的芯片包装并装箱后，存入库房，等待交货。

根据客户需求的不同，FT 测试流程也略有不同：一般客户自己设计的芯片，会给出具体测试要求，产品开发工程师根据客户要求编写测试程序；而针对一些常规通用芯片的测试，产品开发工程师根据通用的数据手册制订测试计划，编写测试程序。

集成电路测试工程师岗位职责主要有下面几点：

1）根据产品规格说明对芯片的功能及性能进行测试，制订测试及测试计划。

2）搭建芯片测试平台，进行芯片产品测试方案、测试工具及测试用例的准备。

3）负责芯片功能、性能及可靠性的测试所需的软件及硬件的设计及调试。

4）协助芯片设计工程师对芯片问题进行分析定位，并进行解决方案的有效性验证。

待测芯片来料先由质检员（PTE）制表，操作员根据质检员分配的来料、数量、设备机台等具体要求完成电性能测试任务。1 个操作员大致管理 4～5 台集成电路测试设备。他主要负责监测设备运行状态及测试结果，如果有误则及时联系设备技术员（ME）或产品开发工程师。

操作员在加载完程序后，会先有检查人员核对签字后，才开始测试。

测试结果主要分为通过和未通过，未通过会根据测试不同参数进行分组。

测试环境的温湿度条件，一般为 22±3℃，55±5%；当有高、低温要求时（客户需求），可利用密闭的高温测试专用设备完成测试。温湿度监测由系统自动监测、调节、报警。

1.1.3　FT 常用设备

FT 设备主要包括 ATE 测试机、分选机和编带机等。下面介绍几种典型的分选机。

平移式分选机如图 1-5 所示。

图 1-5　平移式分选机

平移式分选机适合 QFN、QFP、LGA、BGA 等封装形式的芯片，IC 封装尺寸为 3 mm×3 mm~40 mm×40 mm、2 mm×2 mm（可选）。

其工作原理是通过机械手平移来拾取和放置芯片，分选机以真空方式吸取，依靠传动臂的水平方向移动来完成产品在测试工位之间的传递，进而完成整个测试流程。该类设备的优点是结构相对简单、可靠性高、对重量较重和外形较大的产品尤为合适；缺点是工作效率比较低，对于体积较小的产品操作性能不佳。

图 1-6 为重力式分选机，它以半导体器件自身的重力和外部的压缩空气作为器件运动的驱动力，器件自上而下沿着分选机的轨道运动，在半导体运动的同时分选机的各部件会完成整个测试过程。该类分选机的优点是设备结构简单，易于维护和操作，生产性能稳定，故障率低；缺点是因为器件由重力驱动，所以设备的工作效率较低；而且该类分选机的硬件结构也导致了设备不能支持体积比较小的产品和球栅阵列封装等特殊封装类型产品的测试。其中芯片正面朝下，从进料轨滑下进入测试区，测试完成进行分选，分为良品和非良品两个料管进行收集。

转塔式分选机是以直驱电动机为中心，各工位模块在旁协助运行的分选机，如图 1-7 所示。

它通过吸嘴实现芯片的吸取与释放，利用主转塔旋转实现芯片在各个工位间的转移，使得芯片依次完成光检、测试与分选等操作，最后将合格芯片放入载带进行编带包装。转塔式分选设备的特点是上料方便，无须将芯片放置在标准容器中，将其倒入上料盒内即可完成上料，工作效率较高，适合小体积或者不规则封装的芯片。

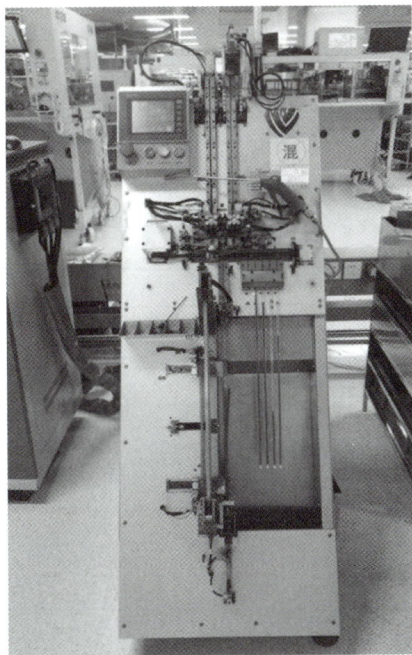

图 1-6　重力式分选机

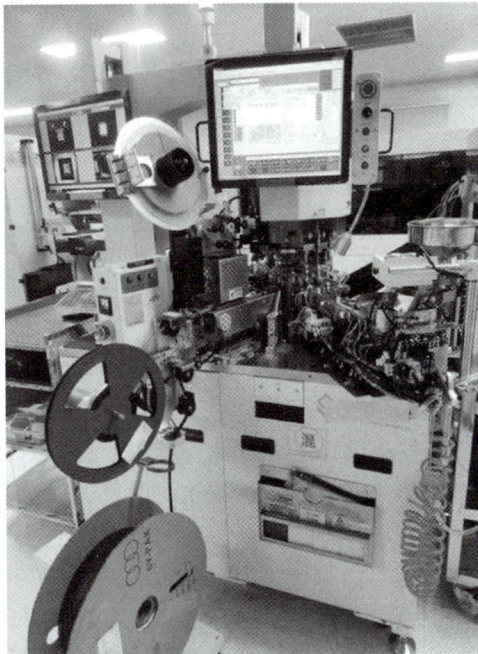

图 1-7　转塔式分选机

1.2　创建第一个集成电路测试工程文件

由于工业级的集成电路测试设备价格昂贵，本书将以教学版的集成电路测试设备和通用仪器仪表为例，为读者介绍有关集成电路芯片测试的一些基础知识。首先，以 CD4511 芯片的对地开/短路测试为例，介绍教学版的集成电路测试设备的使用方法。

1.2.1　CD4511 芯片测试任务描述

本小节将以 CD4511 芯片的开/短路测试为例，为读者讲解利用教学版的集成电路测试设备如何进行测试，创建第一个集成电路测试工程文件。

1. 具体测试要求

要求对 CD4511 芯片除电源引脚以外的其他引脚进行对地开/短路测试，设置测试电流为 $-100\ \mu A$。

1）请利用 LK8820 上位机软件完成测试程序项目文档的创建，要求项目文档的储存路径为"D:\exercise"，并以"CD4511_XXX"（其中"XXX"为学号末尾 3 位）命名。

2）测试前先仔细阅读芯片数据手册，确认待测试参数的测试条件。

3）测试前先仔细阅读资料，了解创建集成电路测试工程文件的操作步骤。

4）请根据待测芯片引脚特性及测试机接口特性进行 DUT 板接线设计。

5）编写测试程序，并加载代码，记录测试结果。

6）测试结果参数名按照"OSTXX"格式编写，其中"XX"为待测芯片引脚序号。例如：对 A 引脚进行开/短路测试，A 为被测芯片的第一个引脚，参数名为 OST1，其他引脚依此类推，见表 1-2。

表 1-2　CD4511 芯片的开/短路测试结果记录

参数名	单　位	最　小　值	最　大　值	测　试　值
OST1	V	−1.5	−0.2	
OST2	V	−1.5	−0.2	
OST3	V	−1.5	−0.2	

表 1-2 只是给出的样例，请读者自行完善测试值的记录表格。

2. 任务分析

本小节测试任务的重点是了解教学版的集成电路测试设备的使用方法，对于数字芯片对地开/短路参数测试的原理及方法等内容的具体分析，将在项目 2 详细介绍。

因此，对于本次测试任务，读者需掌握以下几点：

1）获取芯片数据手册。

2）阅读芯片数据手册，重点是芯片的特性参数及功能。

3）操作 LK8820 测试平台，注意正确的开机和关机的方法。

4）软件平台创建集成电路测试工程文件。

5）软件平台编辑测试程序。

6）加载测试可执行文件，并进行测试。

7）测试结果获取。

1.2.2　CD4511 数据手册阅读

读者可以通过 TI 官网 http://www.ti.com/或立创商城官网 https://www.szlcsc.com/等网页，搜索获取芯片的数据手册，通过阅读 CD4511 芯片手册，详细了解 CD4511 的具体功能、引脚图、真值表等信息。

CD4511 是一片用于驱动共阴极 LED（数码管）显示器的 BCD 码-七段译码器。具有 BCD 转换、消隐和锁存控制、七段译码及驱动功能的 CMOS 电路，能提供较大的拉电流，可直接驱动共阴极 LED 数码管。

CD4511 引脚图和实物图如图 1-8 所示。

图 1-8　CD4511 引脚图和实物图（"#"表示逻辑非）
a）引脚图　b）实物图

CD4511 各引脚说明见表 1-3。

表 1-3 CD4511 引脚说明

引 脚 名 称	引 脚 编 号	功　　能
A	7	
B	1	二进制数据输入端
C	2	
D	6	
$\overline{\text{BI}}$	4	输出消隐控制端
LE	5	数据锁定控制端
$\overline{\text{LT}}$	3	灯测试端
e	9	
d	10	
c	11	
b	12	数据输出端
a	13	
g	14	
f	15	
VDD	16	电源正
VSS	8	接地

CD4511 的真值表见表 1-4。根据真值表可知 $\overline{\text{BI}}$（4 脚）是消隐输入控制端，当 $\overline{\text{BI}}=0$ 时，无论其他输入端状态如何，七段数码管均处于熄灭（消隐）状态，不显示数字。$\overline{\text{LT}}$（3 脚）是测试输入端，当 $\overline{\text{BI}}=1$，$\overline{\text{LT}}=0$ 时，译码输出全为 1，无论输入 DCBA 状态如何，七段均发亮，显示 "8"。它主要用来检测数码管是否损坏。LE（5 脚）是数据锁定控制端，当 LE=0 时，允许译码输出。LE=1 时译码器是锁定保持状态，译码器输出被保持在 LE=0 时的数值。D、C、B、A 为 8421BCD 码输入端。a、b、c、d、e、f、g 为译码输出端，输出为高电平（1）有效。

表 1-4 CD4511 的真值表

输　　　　入							输　　　　出							
LE	$\overline{\text{BI}}$	$\overline{\text{LT}}$	D	C	B	A	a	b	c	d	e	f	g	显示
×	1	0	×	×	×	×	1	1	1	1	1	1	1	8
×	0	1	×	×	×	×	0	0	0	0	0	0	0	
0	1	1	0	0	0	0	1	1	1	1	1	1	0	0
0	1	1	0	0	0	1	0	1	1	0	0	0	0	1
0	1	1	0	0	1	0	1	1	0	1	1	0	1	2
0	1	1	0	0	1	1	1	1	1	1	0	0	1	3
0	1	1	0	1	0	0	0	1	1	0	0	1	1	4
0	1	1	0	1	0	1	1	0	1	1	0	1	1	5

（续）

输入							输出							显示
LE	$\overline{BI}$	$\overline{LT}$	D	C	B	A	a	b	c	d	e	f	g	
0	1	1	0	1	1	0	0	0	1	1	1	1	1	6
0	1	1	0	1	1	1	1	1	1	0	0	0	0	7
0	1	1	1	0	0	0	1	1	1	1	1	1	1	8
0	1	1	1	0	0	1	1	1	1	0	0	1	1	9
0	1	1	1	0	1	0	0	0	0	0	0	0	0	
0	1	1	1	0	1	1	0	0	0	0	0	0	0	
0	1	1	1	1	0	0	0	0	0	0	0	0	0	
0	1	1	1	1	0	1	0	0	0	0	0	0	0	
0	1	1	1	1	1	0	0	0	0	0	0	0	0	
0	1	1	1	1	1	1	0	0	0	0	0	0	0	
1	1	1	×	×	×	×	*							*

1.2.3　认识集成电路测试系统

市面上的集成电路测试系统有很多，一般工业级的集成电路测试系统都比较昂贵，不便于教学推广，本书选取了教学版的 LK8820 集成电路开发教学平台作为介绍对象，它整体采用智能化、模块化、工业化设计，主要由工控机、触控显示器、测试主机、专用电源、测试软件、测试终端接口等部分组成，如图 1-9 所示。随着设备及技术的不断迭代更新，集成电路测试系统也在不断完善，读者需要随时跟进新推出的设备配套使用说明等资料。

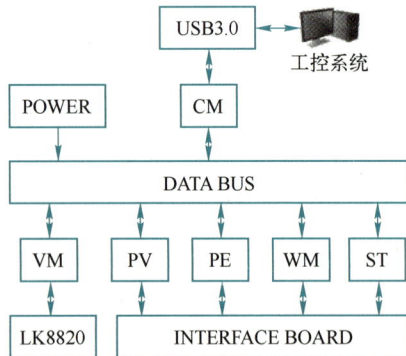

LK8820 集成电路开发教学平台系统结构如图 1-10 所示，由控制系统、接口与通信模块、参考电压与电压测量模块、四象限电源模块、数字功能引脚模块、模拟功能模块、模拟开关与时间测量模块组成，可实现集成电路芯片测试、板级电路测试、电子技术学习与电路辅助设计。通过该平台进行典型集成电路芯片测试以及应用电路的设计，电路板的焊接和调试，培养学生的实践应用能力。

图 1-9　LK8820 集成电路开发教学平台　　　图 1-10　开发教学平台系统结构

LK8820 集成电路开发教学平台的主要特点如下：

1）测试主机通过 USB3.0 接口与工控机进行数据交换。

2）采用双层机架，最多可以配 12 块测试模块。

3）测试总线一体化设计，挂载测试模块更方便。

4）高精度电源由软件控制，测试主机具有自我保护功能。

5）最多可扩展到 64 个功能测试引脚，8 个电压电流源通道。

6）最多可扩展到 256 个光继电器矩阵开关、32 个用户继电器。

7）配备 TTL 接口，可连接智能芯片分选机进行芯片测试。

8）支持 TMU 功能，能测量数字芯片上升沿、下降沿、建立时间等参数。

9）提供高精度的交流信号源，支持正弦波、三角波和锯齿波输出。

10）提供低速/高速、高精度交流信号测量功能。

LK8820 集成电路开发教学平台的规格如下：

1）供电电源：AC 220 V/5 A。

2）对外接口：USB2.0/USB3.0/AC 220 V/测试接口。

3）工控机：8 GB 内存/500 GB 硬盘/19 in（1 in = 2.54 cm）触控显示器/Windows 10 操作系统。

4）工业级配置：工业机柜、触控显示屏、高精度电源、软启动装置、安全指纹门锁、人体工学模组、漏电保护装置、静音直流风扇、工作照明装置。

5）测试主机：CM 测试模块、VM 测试模块、PV 测试模块、PE 测试模块、WM 测试模块、ST 测试模块。

6）配套资料：产品使用说明书、安装维护手册、实验指导书、实验例程。

7）配套软件：LK8820-SP 集成电路开发教学软件。

LK8820 芯片测试管理系统是专为 LK8820 测试系统配套的专用测试系统软件，通过测试系统软件，用户可有效组织系统构架，方便进行多种芯片的参数测试。LK8820 测试软件运行于 64 位 Windows 10 环境，基于系统软件，用户可方便地新建、打开、修改用户测试程序，并为用户建立完全独立的 C/C++编程环境，用户通过使用测试机专用函数，可以有效地使用和控制测试机硬件资源，在 VS 2013 C/C++编程环境中编写出属于自己的测试程序。集成电路开发教学平台的使用流程如图 1-11 所示。

图 1-11 集成电路开发教学平台的使用流程

1.2.4 创建集成电路测试工程文件

利用 LK8820 芯片测试管理系统完成集成电路测试项目主要分为创建测试程序模板、程序编写、生成解决方案、测试工装准备、载入程序、测试设置和程序测试 7 个步骤。下面以

CD4511 的开/短路测试为例分别进行各步骤的详细阐述。

1. 创建测试程序模板

双击计算机桌面上集成电路芯片测试管理系统的启动快捷方式，如图 1-12 所示，打开测试管理系统软件。

测试管理系统软件启动后，如图 1-13 所示。用户在相应的编辑框中输入对应的用户名和密码，单击"登录"按钮，进入集成电路芯片测试管理系统界面，如图 1-14 所示。图中左侧为功能栏，5 个功能按钮分别对应"设备设置""芯片测试""波形分析""分选机"和"云平台"等功能。然后参照图 1-15~图 1-19 所示，完成创建测试模板工程。

图 1-12　集成电路芯片测试管理系统启动快捷方式　　图 1-13　登录集成电路芯片测试管理系统

图 1-14　集成电路芯片测试管理系统

图 1-15 选择"芯片测试"按钮

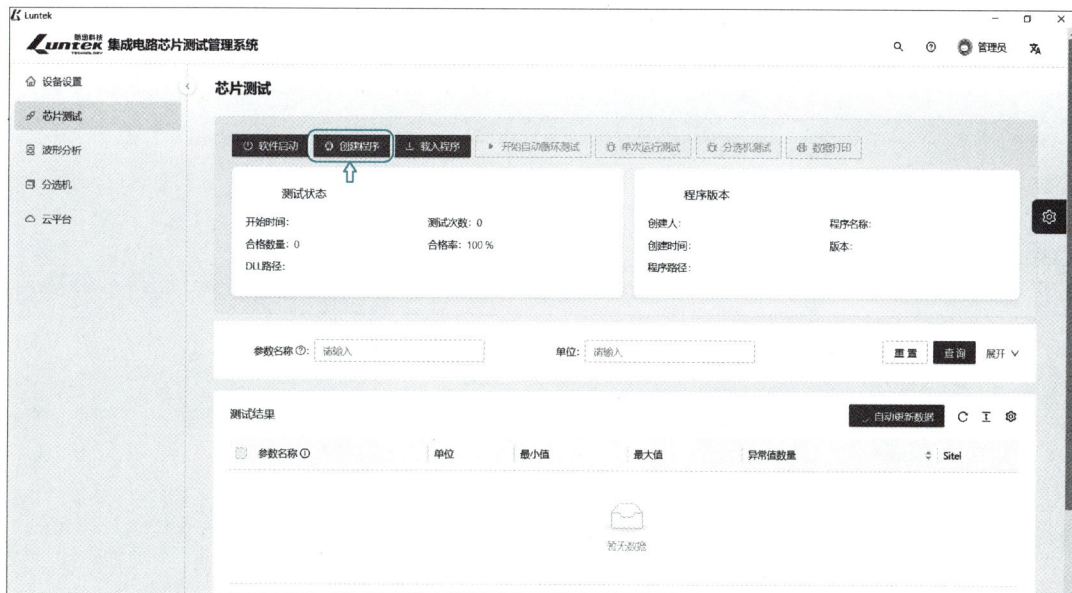

图 1-16 单击"创建程序"按钮

2. 程序编写

测试模板工程创建成功后，找到工程文件存放位置，如图 1-20 所示，双击 CD4511_001.sln 文件，打开"Visual Studio"编辑界面，默认的颜色主题是黑色的，这里为了更清楚地展示，选择了浅色主题，如图 1-21 所示。然后双击 J8820_luntek.cpp 文件，在主程序函数 J8820_luntek 中完成代码的编写，如图 1-22 所示。然后双击 ParameterList.xlsx 文件，完成输出显示配置文件的编辑，如图 1-23 所示。

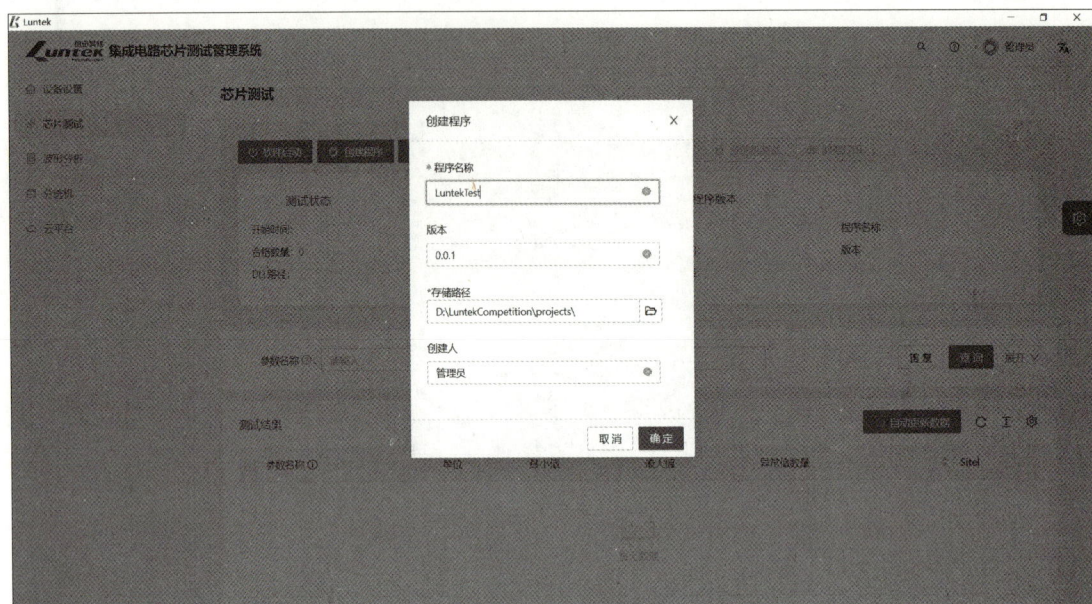

图 1-17　打开"创建程序"窗口

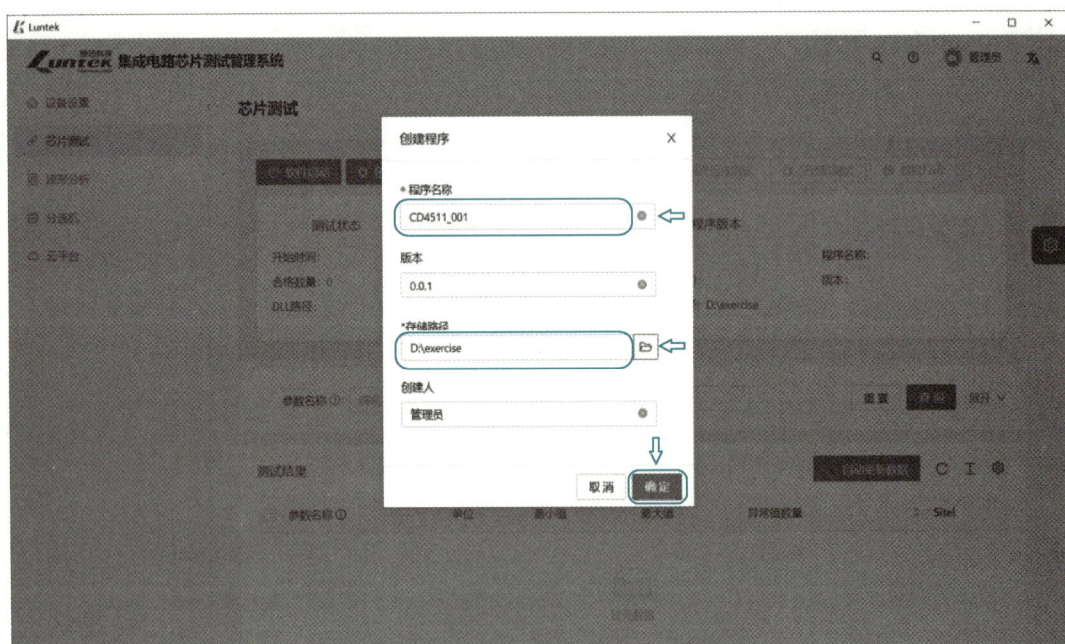

图 1-18　输入工程名并选择存储路径

测试案例的工程文件中包括很多文件，限于篇幅，书中只给出一些关键代码的说明。读者可以从本书配套资源中获取完整的测试工程文件，后面所有采用测试机验证的案例均是如此，不再赘述。

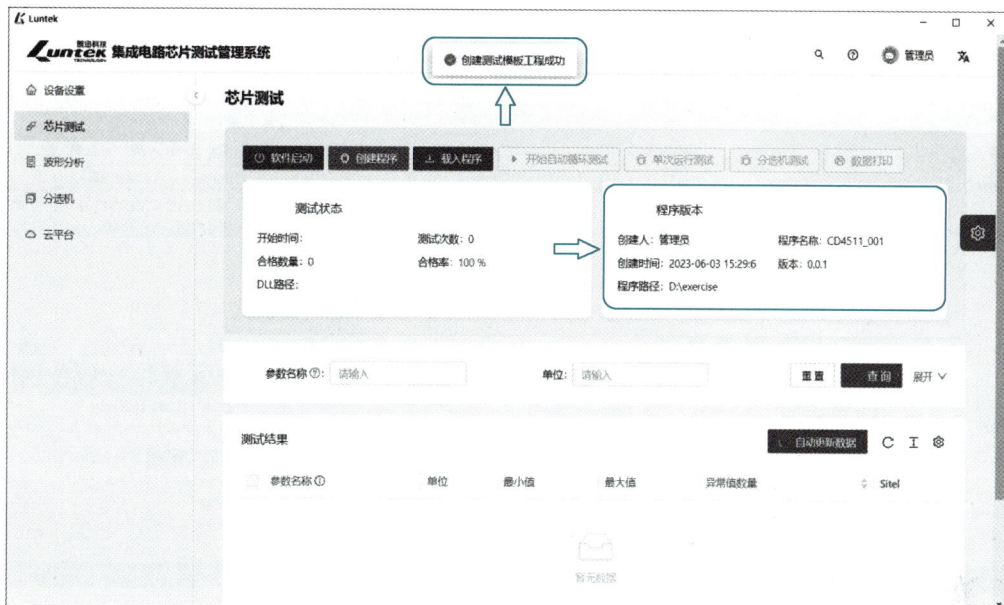

图 1-19　创建测试模板工程成功

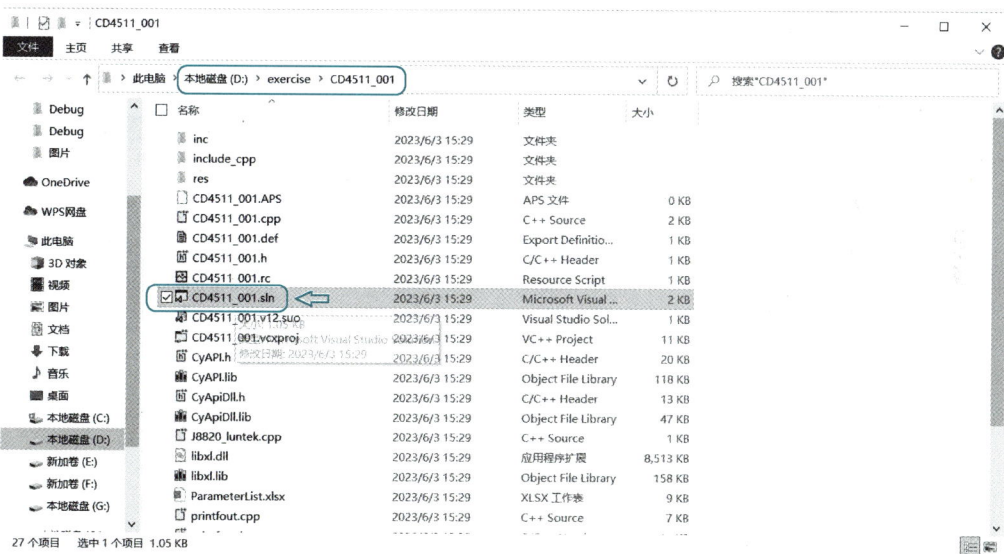

图 1-20　启动工程文件编辑代码

代码编写完成后继续进行下面的操作。

3. 生成解决方案

参考如图 1-24 所示，单击"生成"→"重新生成解决方案"完成代码的编译后，会成功生成一个可执行的".dll"文件。

图 1-25 所示即为编译成功，在测试机软件中载入该".dll"文件便可运行。

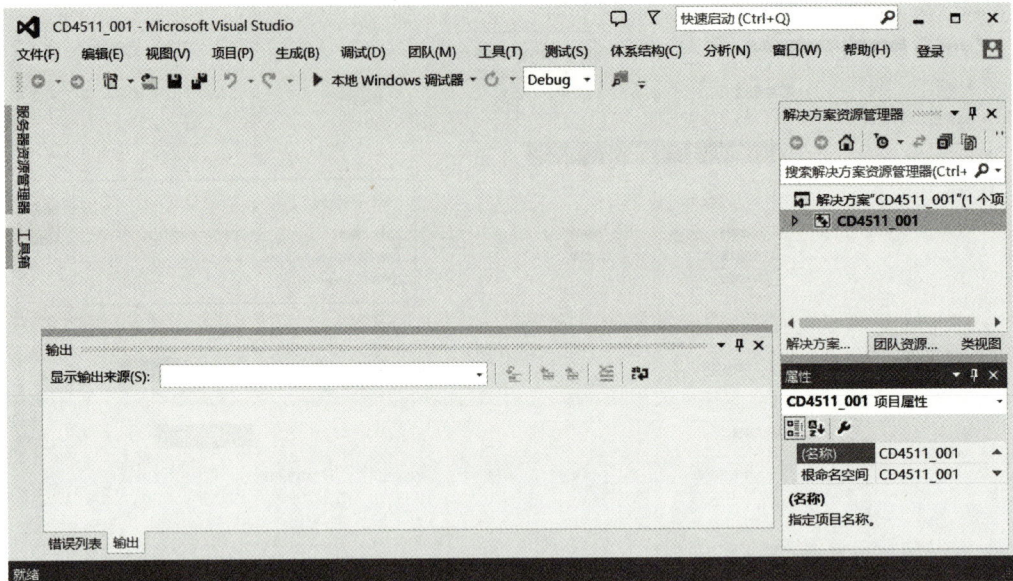

图 1-21　启动"Visual Studio"编辑界面

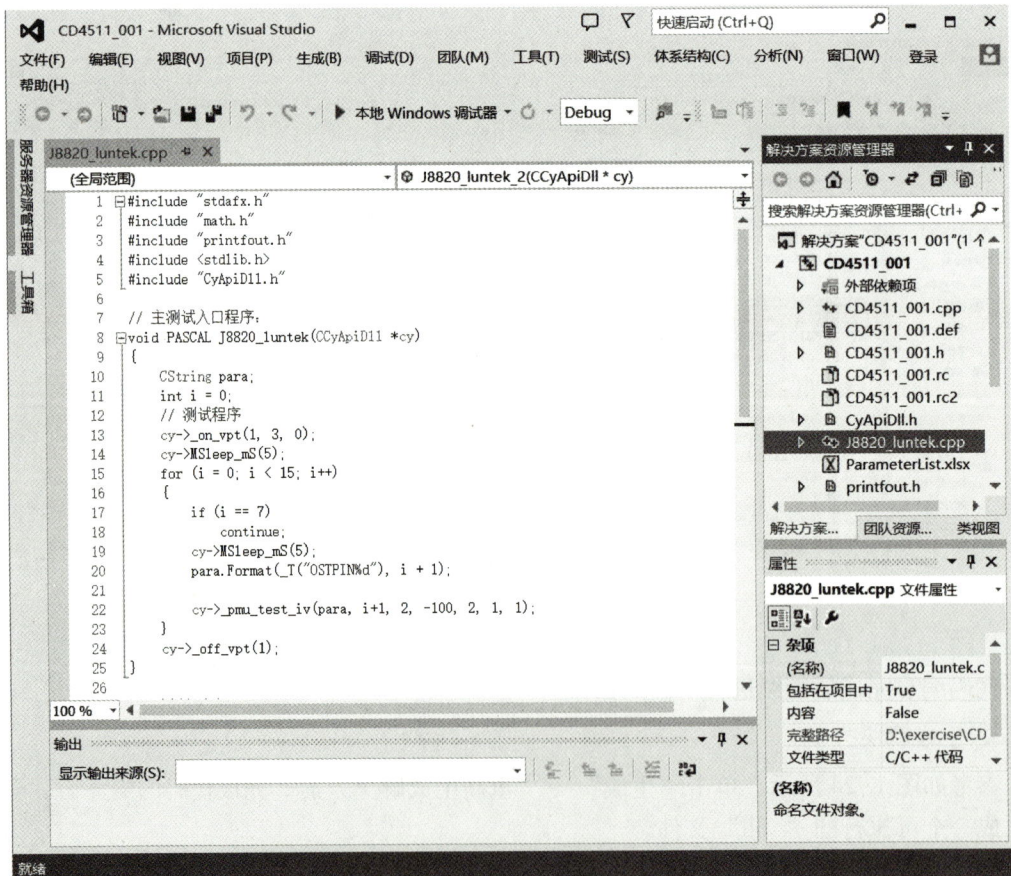

图 1-22　编辑 J8820_luntek. cpp 文件

图 1-23　编辑输出显示配置文件

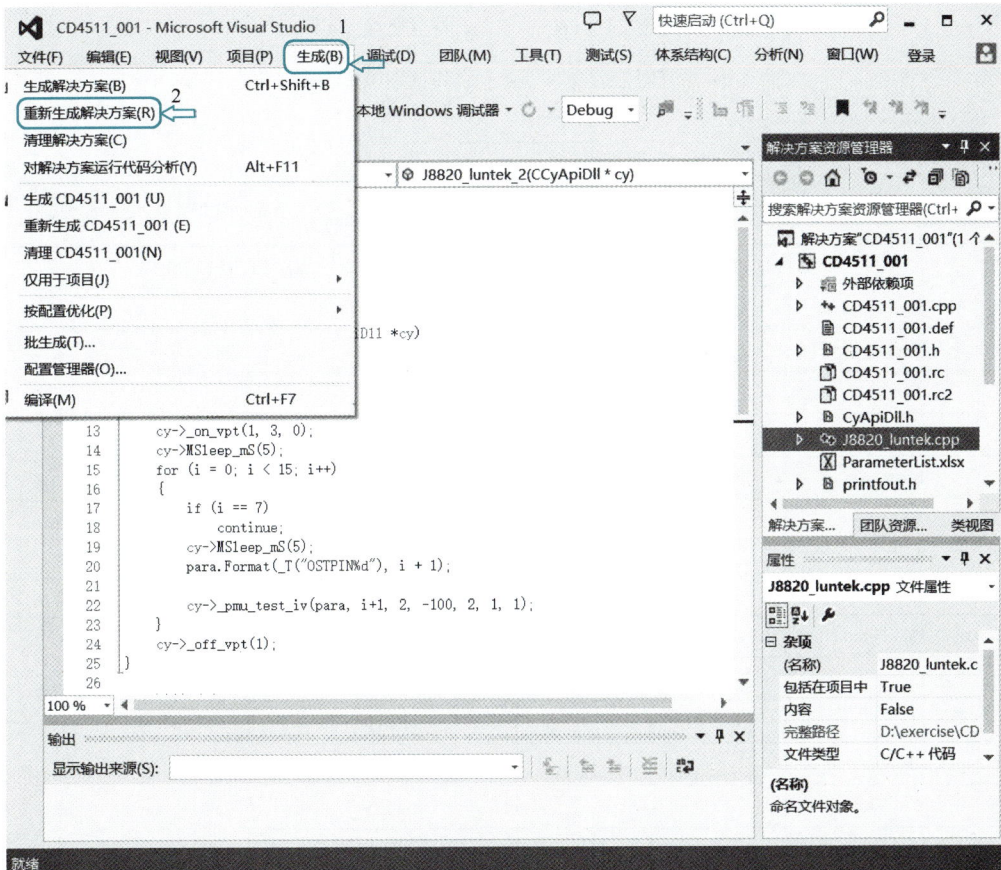

图 1-24　重新生成解决方案步骤

```
输出
显示输出来源(S): 生成                    ▼  | ☰ ☰ ☰ ☰ | ☷ ☷
1> J8820_luntek.cpp
1> CD4511_001.cpp
1> 正在生成代码...
1> 正在创建库 D:\exercise\CD4511_001\x64\Debug\CD4511_001.lib 和对象 D:\exercise\CD4511_001\x64\Debug\CD4511_001.exp
1> CD4511_001.vcxproj -> D:\exercise\CD4511_001\x64\Debug\CD4511_001.dll
========== 全部重新生成: 成功 1 个, 失败 0 个, 跳过 0 个 ==========
```

图 1-25　编译完成的提示

4. 测试工装准备

成功生成测试代码的解决方案后，将待测芯片的测试工装安装于测试机的外挂盒上。CD4511 测试可以使用 LK8820 测试机配套的测试板卡，也可以利用通用测试工装板卡（DUT）、自制小的测试板卡（MiniDUT）和杜邦线搭建测试工装，这里使用了 LK8820 测试机配套的测试板卡。CD4511 测试工装的引脚接线图如图 1-26 所示，CD4511 测试工装端口功能见表 1-5，测试工装实物图如图 1-27 所示。

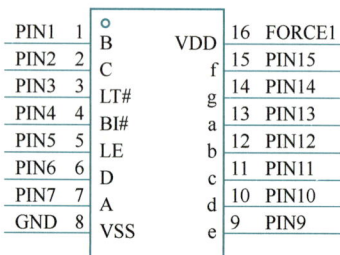

图 1-26　CD4511 测试工装的引脚接线图（#表示逻辑非）

表 1-5　CD4511 测试工装端口功能

CD4511 芯片		LK8820 测试端口	
引　脚　号	引　脚　符　号	IO 引脚	功　　能
7	A	PIN7	数据输入端
1	B	PIN1	
2	C	PIN2	
6	D	PIN6	
5	LE	PIN5	锁定控制端
4	$\overline{BI}$	PIN4	消隐控制端
3	$\overline{LT}$	PIN3	测试控制端
13	a	PIN13	数据输出端
12	b	PIN12	
11	c	PIN11	
10	d	PIN10	
9	e	PIN9	
15	f	PIN15	
14	g	PIN14	
16	VCC	FORCE1	电源端
8	GND	GND	接地端

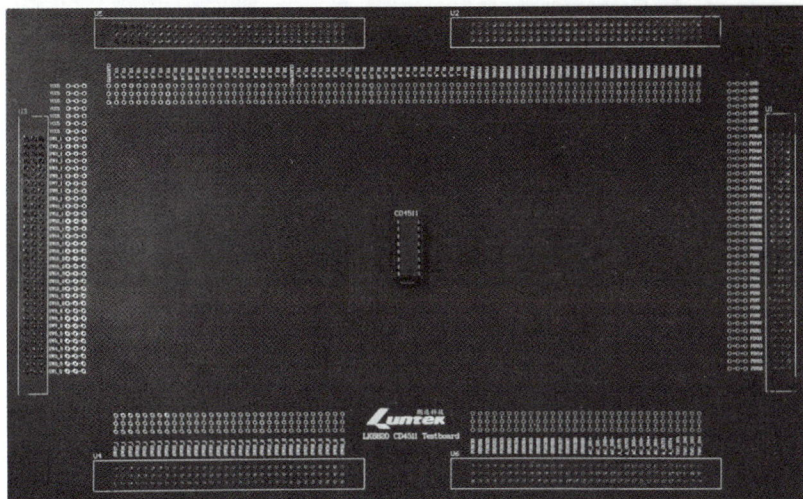

图 1-27　测试工装实物图

5. 载入程序

1）在"芯片测试"界面单击"载入程序"按钮，进入载入程序窗口，如图 1-28 所示，在用户完成测试程序的编写和编译后会生成一个可链接的".dll"文件，在已建立的测试程序路径下找到该文件。

图 1-28　单击"载入程序"按钮

2）如图 1-29 所示，进入"D:\exercise"文件夹中，找到刚刚建的工程，此处工程名为"CD4511_001"，选择该目录下，"CD4511_001"→"x64"→"Debug"→"CD4511_001.dll"文件（注意路径的选择）。

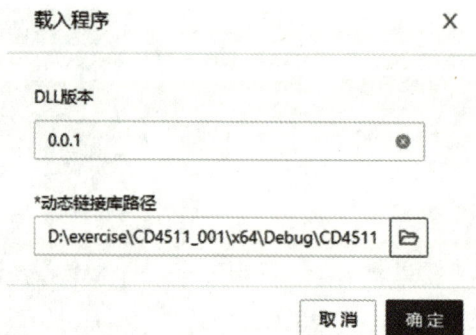

图 1-29　载入程序

3）单击"确定"按钮完成载入程序操作，如图 1-30 所示，系统会提示"测试程序加载成功"。

图 1-30　载入程序界面

6. 测试设置

完成程序载入后，在"芯片测试"功能栏中选择"软件启动"。"单次运行测试"按钮每次只测试一遍。"开始自动循环测试"按钮按下后就能连续测试。每一次测试完成后，会将打印屏幕刷新，显示出当前新一轮的测试结果。右侧测试信息栏会相应地刷新数据。

7. 程序测试

一般的验证性测试选择单次运行即可，单击"单次运行测试"按钮进行测试，如图 1-31 所示，结束此次测试后会将结果输出到屏幕中，如图 1-32 所示。

8. 软件停止

测试完成后，单击"卸载退出"按钮，结束本次测试任务，操作如图 1-33 所示。

1.2.5　测试程序编写说明

系统自动创建的工程模板中会生成很多文件，其中需要重点关注的几个文件，具体如下：

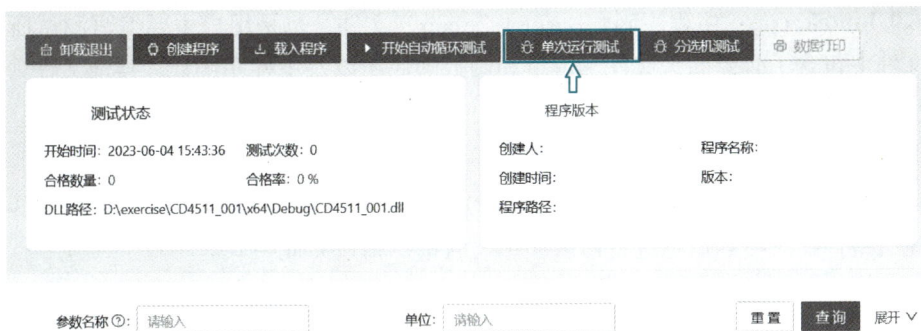

图 1-31 单次运行测试

图 1-32 测试结果

图 1-33 卸载退出

1. 工程相关文件说明

printfout. h：包含了编写程序需要的头文件、函数声明及功能实现的方式，仅供用户参考，避免进行修改或删除等操作。

CD4511. def：声明 DLL 的模块参数，无须用户编辑。

CyApiDll. h：该".h"文件对所有用户底层函数进行了声明，用户可在此文件中查看所有底层函数的函数名、参数、返回值及对应的功能注释，在编写测试程序时，用户便是以该文件中的函数为基础进行编写的。

J8820_luntek. cpp：主程序函数所在的".cpp"文件，也是用户主要编写测试所在的文件，该文件中包含了必要的头文件、变量和函数的声明以及主程序函数。其他文件为工程文件，用户可不参考。

2. ParameterList. xlsx 文件的编写步骤

首先在 ParameterList. xlsx 中要对测试芯片的基本参数进行配置和编写，如图 1-34 所示。为了避免出错，在对参数信息进行修改和编写时请严格按照此格式。

	A	B	C	D	E	F	G
1	参数名称	单位	最小值	最大值	失效数（编辑无效）	当前值（编辑无效）	
2	OSTPIN1	V	-1.5	-0.2	0		
3	OSTPIN2	V	-1.5	-0.2	0		
4	OSTPIN3	V	-1.5	-0.2	0		
5	OSTPIN4	V	-1.5	-0.2	0		
6	OSTPIN5	V	-1.5	-0.2	0		
7	OSTPIN6	V	-1.5	-0.2	0		
8	OSTPIN7	V	-1.5	-0.2	0		
9	OSTPIN9	V	-1.5	-0.2	0		
10	OSTPIN10	V	-1.5	-0.2	0		
11	OSTPIN11	V	-1.5	-0.2	0		
12	OSTPIN12	V	-1.5	-0.2	0		
13	OSTPIN13	V	-1.5	-0.2	0		
14	OSTPIN14	V	-1.5	-0.2	0		
15	OSTPIN15	V	-1.5	-0.2	0		
16							

图 1-34　ParameterList. xlsx 文件

图 1-34 中有若干列，每一列对应着芯片的某一种参数，例如第一列为所要测试的参数名称，第二列为参数单位（V/MA 等），第三列为参数值的最小值，第四列为参数值的最大值。

在编写测试程序前，在该文件中按照上面的步骤，对自己所要测试参数的信息进行编写，主要对前四列进行修改即可，其他列可以默认。

在 ParameterList. xlsx 文件中完成相应参数信息编写后，打开 J8820_luntek. cpp，编写实际的测试程序。

3. 主测试程序编写

测试程序入口主函数 J8820_luntek( )，函数中程序分区如图 1-35 所示。

方框 1 区：定义参数名，此处企业提供案例中命名为 para，无须修改。

方框 2 区：用户编写测试程序区域，在该区域完成测试程序的编写，相关代码编写格式和要求下面有说明。

在需要输出打印时，调用 para. Format 函数，如图 1-35 中的箭头①所示。

其中参数 1 为参数名称，就是在 ParameterList. xlsx 文件中，第一列中用户所定义的参数名称，如图 1-34 所示。读者可以通过修改 para. Format( )函数引号中的内容，来修改将要显示的测试结果中的参数名称的内容。

参数 2 为与引号中的%d 所对应的值，一般用于表示待测引脚编号。

用户调用底层函数如图 1-35 中的箭头②所示，利用 cy->底层函数的形式进行调用，具体底层函数的内容读者可以查阅 1.5.1 的内容。

```
1   #include  stdafx.h
2   #include "math.h"
3   #include "printfout.h"          ⟸ 头文件，一般不修改
4   #include <stdlib.h>
5   #include "CyApiD11.h"
6
7   // 主测试入口程序；
8   void PASCAL J8820_luntek(CCyApiD11 *cy)
9   {
10      CString para;      1
11      int i = 0;
12      // 测试程序
13      cy->_on_vpt(1, 3, 0);
14      cy->MSleep_mS(5);
15      for (i = 0; i < 15; i++)              2
16      {
17          if (i == 7)
18              continue;
19          cy->MSleep_mS(5);         ①
20          para.Format(_T("OSTPIN%d"), i + 1);    ②
21
22          cy->_pmu_test_iv(para, i+1, 2, -100, 2, 1, 1);
23
24      cy->_off_vpt(1);      3
25  }
26
27      // 分析程序入口
28  void PASCAL J8820_luntek_2(CCyApiD11 *cy)
29  {
30      cy->MathCaculateTotal();
31
32      // 添加用户程序
33      // ...
34
35      cy->ExcelDataShow();
36  }
```

图 1-35　入口主函数程序分区

方框 3 区：进行芯片测试通常都需要打开电源通道，因此在结束测试时务必关闭之前打开的相关电源通道，以便正常完成测试。

4. C/C++编写测试程序要点

LK8820 测试程序编写对用户有较高的要求，其中就包括对 C/C++语言的熟悉和使用。

在编写测试程序过程中，会用到各种数据变量类型，包括 int（整型）、float（单精度浮点型）、double（双精度浮点型）、CString（字符串）、数组（int［］或 float［］）等，其中还有对 C++指针的简单使用等（即用户在调用用户底层函数时）。

在针对某个芯片或者某个案例编写测试程序时，可能在测试程序的实现或者程序逻辑方面对编程有着一定的要求，用户在完成测试程序时需要多加思考，完善测试程序，实现所需的功能测试。

1.3　创建集成电路测试工程文件常见错误

对于初学者来说，即使是跟着案例做练习，也可能会因为粗心、误操作等因素导致练习失败，故这里展示了一些读者在练习时可能会出现的常见错误，以期初学者尽量避免犯相同或类似的错误。读者也可以扫描右侧的二维码查看教学视频。

常见错误与总结

错误 1：在程序名中添加空格，如图 1-36 所示。这会造成运行代码时在 XXX.cpp 和 XXX.h 文件出现错误，错误现象如图 1-37 所示。（XXX 为程序名）

图 1-36　程序名称错误

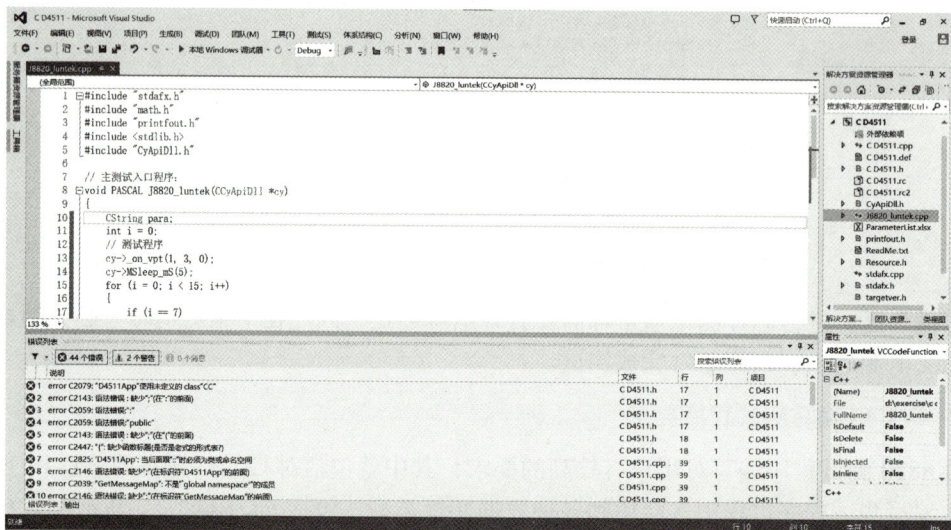

图 1-37　文件名中有空格的错误

错误 2：杜邦线接线错误，导致无法正常测量，如图 1-38 所示。

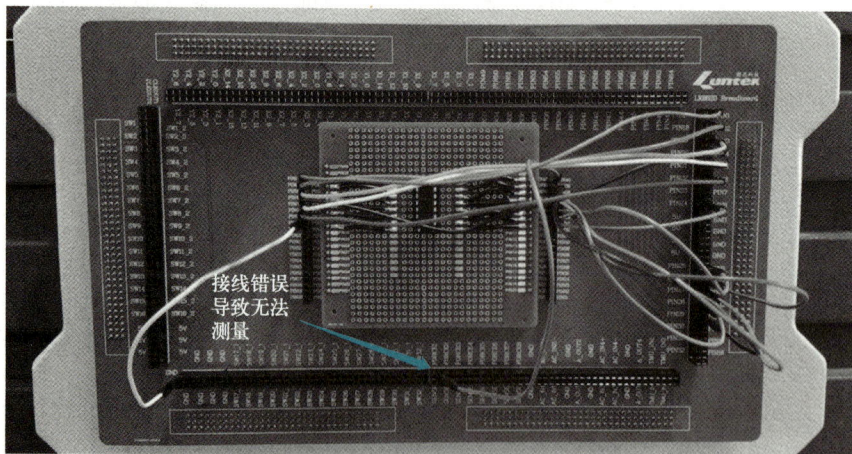

图 1-38　杜邦线接线错误

错误 3：GND 和 VCC 漏接，导致无法正常测量，如图 1-39 所示。

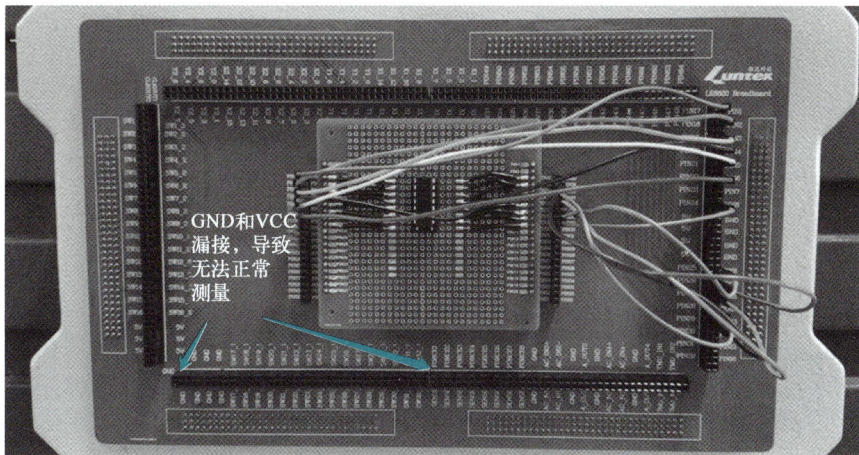

图 1-39　GND 和 VCC 漏接错误

1.4　练一练

　　请参考创建第一个集成电路测试工程文件的案例完成 **LK8820** 测试机实体操作练习。在搭建 **LK8820** 测试机的测试环境时，可以选择与 **CD4511** 类似的数字芯片进行实际测试，例如 **74LS32**、**CD4015** 等。高度重视每一个实操环节，发扬严谨细致、一丝不苟的工匠精神。工匠精神不仅要体现在每个产品上，更要体现在产品生产的每道工序、每个细节中。

　　在选择测试芯片、自制测试工装时，严格把关芯片质量，精心设计制作测试工装，确保万无一失。在焊接和接线环节，必须精益求精，认认真真对待每一个焊点、每一根导线，避免因粗心大意造成的连接错误。

　　通过这个实操练习，不仅要掌握集成电路测试的基本方法和技能，更要锤炼"宝剑锋从磨砺出，梅花香自苦寒来"的意志品质。面对测试环境搭建中的重重困难，要发扬愈挫愈勇的拼搏精神，在困难面前百折不挠、勇往直前，以"越是艰险越向前"的斗争意志攻坚克难、披荆斩棘。

1.5　拓展知识

　　本项目主要以 CD4511 的开/短路测试为例，引导读者了解 LK8820 测试机的基本使用情况，案例中只涉及了很少的几个函数的应用，故在本小节中将完整的测试机编程手册及使用注意事项作为拓展资料提供给读者。由于测试机一直在迭代更新中，所以读者需注意同步专用测试机的最新资料。

1.5.1 测试机编程手册

1. _reset( )

函数原型：void_reset( )。

函数功能：复位所有板卡。

参数说明：无。

2. MSleep_μs( )

函数原型：void MSleep_μs(long lTime)。

函数功能：测试过程中的延时等待。

参数说明：lTime——延时时间，即 1~65536（单位：μs）。

3. MSleep_mS( )

函数原型：void MSleep_mS(long lTime)。

函数功能：测试过程中的延时等待。

参数说明：lTime——延时时间即 1~65536（单位：ms）。

4. _on_vpt( )

函数原型：void_on_vpt(unsigned int channel,unsigned int current_stat,float voltage)。

函数功能：电源通道配置为电压源输出。

参数说明：channel——电源通道号，即 1，2，3，…，8；current_stat——电流测量（限流）档位，7，6，5，…，1，即 1 μA，10 μA，100 μA，1 mA，10 mA，100 mA，500 mA；voltage——输出电压值，即 -30.00~30.00 V。

5. _off_vpt( )

函数原型：void_off_vpt(unsigned int channel)。

函数功能：关闭电源通道。

参数说明：channel——电源通道号，即 1，2，3，…，8。

6. _set_logic_level( )

函数原型：void_set_logic_level(float vih,float vil,float voh,float vol)。

函数功能：设置参考电压。

参数说明：vih——驱动高电平，-10.0~10.0 V；vil——驱动低电平，-10.0~10.0 V；voh——比较高电平，-10.0~10.0 V；vol——比较高电平，-10.0~10.0 V。

7. _on_fun_pin( )

函数原型：void_on_fun_pin(unsigned int pin,…)。

函数功能：接通功能引脚输出继电器。

参数说明：pin——引脚号：1，2，3，…，n（以 0 结尾）。

8. _off_fun_pin( )

函数原型：void_off_fun_pin(unsigned int pin,…)。

函数功能：断开功能引脚输出继电器。

参数说明：pin——引脚号：1，2，3，…，n（以 0 结尾）。

9. _sel_drv_pin( )

函数原型：void_sel_drv_pin（unsigned int pin，…）。

函数功能：设定驱动引脚闭合功能引脚继电器。

参数说明：pin——引脚号：1，2，3，…，n（以 0 结尾）。

10. _set_drvpin( )

函数原型：void_set_drvpin（char ＊logic，unsigned int pin，…）。

函数功能：设置并输出驱动引脚的逻辑状态，H：高电平，L：低电平。

参数说明：＊logic——逻辑标志，"H"，"L"；pin，…——引脚序列，即 1，2，3，…，16（参数以 0 结尾）。

11. _set_drvpin( )

函数原型：void_set_drvpin（int board，unsigned int logic）。

函数功能：设置并输出驱动引脚的逻辑状态。

参数说明：board——板卡编号；logic——逻辑值，例如 0x0000。

12. _sel_comp_pin( )

函数原型：void_sel_comp_pin（unsigned int pin，…）。

函数功能：设定比较引脚。

参数说明：pin，…——引脚序列，即 1，2，3，…，16（参数以 0 结尾）。

13. _read_comppin( )

函数原型：void_read_comppin（CString ParameterName，unsigned int module，string logic）。

函数功能：读取并比较引脚逻辑值返回结果。

参数说明：ParameterName——参数名；module——板卡编号，即 1，2，3，4；logic——待比较的逻辑值，"xxxxxxxxxxxxxxxx"。

14. _read_comppin( )

函数原型：void_read_comppin（CString ParameterName，unsigned int module）。

函数功能：读取引脚逻辑值返回结果。

参数说明：ParameterName——参数名；module——板卡编号，即 1，2，3，4。

15. _read_comppin( )

函数原型：DWORD_read_comppin（unsigned int module）。

函数功能：读取比较引脚逻辑值。

参数说明：module——板卡编号，即 1，2，3，4。

16. _pmu_test_vi( )

函数原型：_pmu_test_vi（CString ParameterName，unsigned int pin，unsigned int channel，unsigned int state，float voltage，unsigned int mul，float time）。

函数功能：对 PIN 脚施加电压，测量电流并保存结果。

参数说明：ParameterName——参数名；pin——引脚号 1，2，3，…，64；channel——

被选 PMU 通道 1，2，3，…，8；state——被选 PMU 通道电流测量档位状态 7，6，5，…，1，即 1 μA，10 μA，100 μA，1 mA，10 mA，100 mA，500 mA；voltage——输出电压值±30 V；mul——测量结果的单位，1，2，3，即 μA，mA，A；time——施加电压至测量电流之间的时间，默认 0（ms）。

17. _pmu_test_vi（）

函数原型：float_pmu_test_vi（unsigned int pin，unsigned int channel，unsigned int state，float voltage，unsigned int gain，float time）。

函数功能：对 PIN 脚施加电压，测量电流并返回结果。

参数说明：pin——引脚号 1，2，3，…，64；channel——被选 PMU 通道 1，2，3，…，8；state——被选 PMU 通道电流测量档位状态 7，6，5，…，1，即 1 μA，10 μA，100 μA，1 mA，10 mA，100 mA，500 mA；voltage——输出电压值±30 V；gain——测量范围 1，2，3，即测量范围±2 V，±10 V，±30 V；time——施加电压至测量电流之间的时间，默认 0 ms。

18. _pmu_test_iv（）

函数原型：void_pmu_test_iv（CString ParameterName，unsigned int pin，unsigned int channel，float souce，unsigned int gain，unsigned int mul，float time）。

函数功能：对 PIN 脚施加电流，测量电压并保存结果。

参数说明：ParameterName——参数名；pin——引脚号 1，2，3，…，64；channel——被选 PMU 通道 1，2，3，…，8；souce——输出电流值，−500000.0～500000.0 μA；gain——测量电压 1，2，3，即测量范围±2 V，±10 V，±30 V；mul——测量结果的单位，1，2，即 V，mV；time——施加电流至测量电压之间的时间，默认 0（ms）。

19. _pmu_test_iv（）

函数原型：float_pmu_test_iv（unsigned int pin，unsigned int channel，float souce，unsigned int gain，float time）。

函数功能：对 PIN 脚施加电流，测量电压并保存结果。

参数说明：pin——引脚号 1，2，3，…，64；channel——被选 PMU 通道 1，2，3，…，8；souce——输出电流值，−500000.0～500000.0 μA；gain——测量电压 1，2，3，即测量范围±2 V，±10 V，±30 V；time——施加电流至测量电压之间的时间，默认 0（ms）延时。

20. _read_pin_voltage（）

函数原型：void_read_pin_voltage（CString ParameterName，unsigned int pin，unsigned int channel，unsigned int gain，unsigned int mul）。

函数功能：读取引脚电压。

参数说明：ParameterName——参数名；pin——引脚号 1，2，3，…，64；channel——被选 PMU 通道 1，2，3，…，8；gain——测量电压 1，2，3，即测量范围±2 V，±10 V，±30 V；mul——测量结果的单位，1，2，即 V，mV。

21. _turn_switch（）

函数原型：void_turn_switch（char ∗state，unsigned int n，…）。

函数功能：接通或断开用户继电器。

参数说明：*state——状态："on"：接通；"off"：断开；n，…——继电器编号 1，2，3，…，32。

22. MyPrintfExcel( )

函数原型：void MyPrintfExcel（CString ParameterName，float data）。

函数功能：将数据打印到表格。

参数说明：ParameterName——参数名；data——数据。

23. ParameterNameToData( )

函数原型：float ParameterNameToData （CString ParameterName）。

函数功能：根据参数名将结果存储区域中的对应结果返回，本函数只能在 J8820_luntek_2( ) 函数中，cy->MathCaculateTotal( )后，且 cy->ExcelDataShow( )前使用。

参数说明：无。

1.5.2　测试机使用注意事项

初学者由于对测试机不熟悉，常常会因为不当操作导致测试机的损坏。下面总结了一些测试机使用注意事项，希望读者在使用测试机之前认真阅读，以便延长测试机的使用寿命。

1.　开关机

开机时应该先将急停开关按下，在设备完全启动后再将急停开关复位，以防止上电冲击损坏 DUT 板上的被测电路。

在设备使用完毕后需要按照先关工控机再断电的要求完成设备关机操作。严禁通过直接断电的方式关闭设备，以免造成数据丢失、工控机宕机或其他不可逆的损失。

2.　测试前检查

在测试前应该确认被测电路及其辅助电路不存在电源短路、反接、漏接等错误。编写程序时应仔细阅读测试说明和被测电路规格书，避免因为向测试电路施加超过规格书规范的电压或电流造成被测芯片损坏或设备故障。例如：超过被测电路规范要求的电源电压；超过被测电路规范要求的逻辑电平电压。

在设计方案时应该注意如下参数：

测试机 pin 脚逻辑电平的最大值为±10 V，向被测芯片的逻辑电平输出超过±10 V 可能会造成 pin 脚数字功能模块损坏。

测试机电源通道的输出电压范围为±30 V，最大电流为 500 mA。

继电器可控制通断的电流最大 500 mA。

波形输出通道输出范围为 20 V（±10 V）峰峰值。

波形测量通道输入幅值依靠相关函数设置，必须依据被测型号的幅值选择相应的档位。

在使用 PMU 函数时需要断开对应引脚的功能引脚继电器，以免影响测试结果或电流倒灌损坏通道。本测试机所有端口具有短路保护功能，但不能长时间工作在短路状态，否则会对设备造成不可逆的损伤。在测试程序末尾添加 "**cy->reset( )；**"，可以在每次测试完成后对所有板卡复位并断开内部通道与被测电路的连接，**避免设备长时间工作在短路状态**。

3.　电源通道的使用

使用电源通道为芯片供电一般选用一档或二档，即 500 mA 档或 100 mA 档。使用电源通道作为基准电压输出，例如作为运放的偏置电压、ADC 和 DAC 的基准电压、LDO 芯片使能等输入时一般选用三档或三档以下。具体档位要以能提供足够的电流使输出不被限幅且档位尽量小为原则。

4. 安装或更换 DUT 板

在安装 DUT 板前应该在软件上完成板卡上电和初始化，在更换 DUT 时应该保证在上电状态且已经通过"cy->reset( );"函数复位或上电复位，避免带电插拔 DUT 板造成损坏。

项目 2　数字芯片典型参数测试

项目导读

习近平总书记指出，核心技术是国之重器，要下定决心、保持恒心、找准重心，加速推动信息领域核心技术突破。微电子与集成电路作为信息技术的核心，其发展水平已成为衡量一个国家科技实力的重要标志。

集成电路的功能、性能、可靠性，归根结底取决于芯片的质量。数字芯片是集成电路的重要组成部分，其参数指标直接影响整机系统的速度、功耗、稳定性。因此，高质量的数字芯片参数测试技术，是保证芯片性能和整机质量的关键。

本项目以习近平总书记关于科技创新的重要论述为指导，聚焦数字芯片典型参数测试。通过系统学习数字芯片的基本原理和关键参数，深入研究测试方法和技术指标，掌握芯片数据手册的阅读方法，数字芯片关键参数测试系统的搭建和操作，运用智能化算法优化测试策略，力争不断追求更优的测试方案。

面向世界科技前沿，面对人民对美好生活的向往，广大读者唯有勇于创新创造，练就过硬本领，才能肩负起时代赋予的重任。

知识目标	1. 掌握开/短路测试原理 2. 掌握漏电流测试原理 3. 掌握输出电平测试原理 4. 掌握电源供电电流测试原理
技能目标	1. 掌握数字芯片典型参数测试工装的制作 2. 掌握集成电路开发教学平台测试程序的编写 3. 掌握通用仪器的使用
素质目标	1. 秉持对科学的严谨和对技术的精益求精，实事求是，不断追求卓越 2. 保持对新知识和新技术的好奇心，勇于挑战技术难关，敢于提出新想法和新方法 3. 恪守职业操守和学术道德，对工程数据负责、对质量安全负责、对社会和他人负责
教学重点	1. 数字芯片典型参数测试原理 2. 集成电路开发教学平台测试程序的编写 3. 通用仪器的使用
教学难点	集成电路开发教学平台测试程序的编写
建议学时	8~12 学时

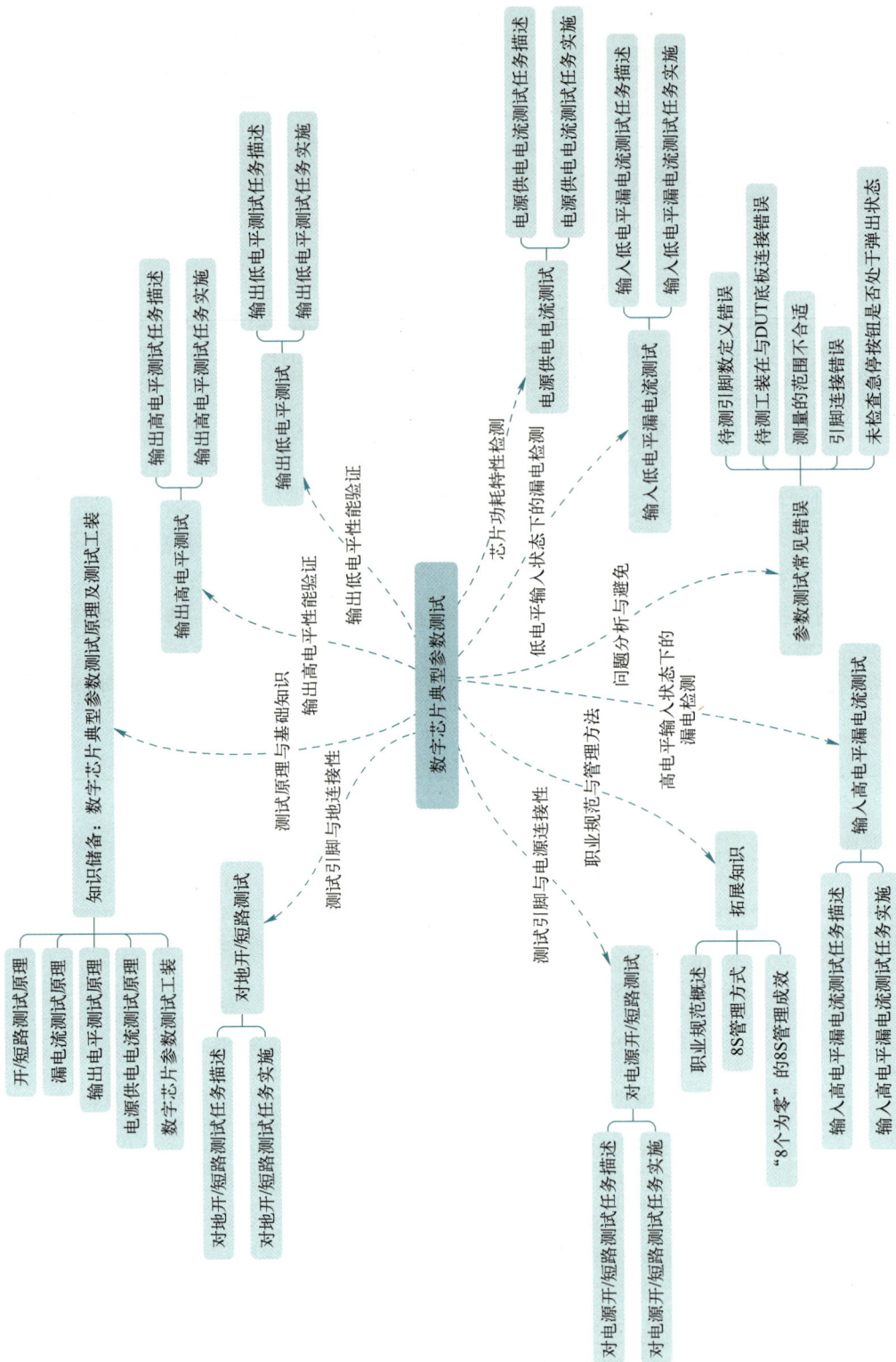

数字芯片典型参数测试

芯片功耗特性检测

电源供电电流测试
- 电源供电电流测试任务描述
- 电源供电电流测试任务实施

低电平输入状态下的漏电检验证
- 输入低电平漏电流测试
  - 输入低电平漏电流测试任务描述
  - 输入低电平漏电流测试任务实施

问题分析与避免

参数测试常见错误
- 待测引脚数定义错误
- 待测工装与测试DUT底板连接错误
- 测量的范围不合适
- 引脚连接错误
- 未检查急停按钮是否处于弹出状态

高电平输入状态下的漏电检测
- 输入高电平漏电流测试
  - 输入高电平漏电流测试任务描述
  - 输入高电平漏电流测试任务实施

测试原理与基础知识

知识储备：数字芯片典型参数测试原理及测试工装
- 开/短路测试原理
- 漏电流测试原理
- 输出电平测试原理
- 电源供电电流测试原理
- 数字芯片参数测试工装

输出高电平性能验证
- 输出高电平测试
  - 输出高电平测试任务描述
  - 输出高电平测试任务实施

输出低电平性能验证
- 输出低电平测试
  - 输出低电平测试任务描述
  - 输出低电平测试任务实施

测试引脚与地连接性
- 对地开/短路测试
  - 对地开/短路测试任务描述
  - 对地开/短路测试任务实施

测试引脚与电源连接性
- 对电源开/短路测试
  - 对电源开/短路测试任务描述
  - 对电源开/短路测试任务实施

职业规范与管理方法

拓展知识
- 职业规范概述
- 8S管理方式
- "8个为零"的8S管理成效

2.1　知识储备：数字芯片典型参数测试原理及测试工装

数字芯片的典型参数测试项目有很多，不同芯片型号或相同芯片型号但封装不同时，芯片的典型参数也会不同。本项目将以74LS00芯片的典型直流参数测试为例，分别阐述数字芯片的开/短路、漏电流、输出电平和电源供电电流等典型参数的测试原理及方法，并以实际测试案例演示测试的全过程。

2.1.1　开/短路测试原理

1. 开/短路测试的定义

开/短路（Open/Short Test）测试通常被称为连续性或连接性测试（Continuity Test），是判断芯片引脚内部对地或者对 VCC 是否出现开路或短路的一种测试方法。

在集成电路的制造过程中，会有相应比例的制造缺陷，导致 DUT 自身电路的开/短路，这些有缺陷的产品需要被筛选出来。由于在实际的生产测试中，产品的成本与测试时间成正比，因此需要一种可以快速分辨失效产品的测试方法。

2. 开/短路测试的目的

开/短路测试的目的是确定被测试器件的所有引脚是否存在电性物理缺陷，如引脚短路、焊线缺失、引脚的静电损坏，以及制造缺陷等。

一开始就执行开/短路测试可以快速地筛选出具有此类缺陷的产品，同时也可以用来验证 ATE 与 DUT 间的电气连接是否正常。

3. 开/短路测试原理及方法

开/短路测试是基于芯片本身引脚的 ESD 防静电保护二极管的正向导通电压降的原理进行测试，通常可以或者需要进行开/短路测试的器件引脚，对地或者对电源端，都有 ESD 保护二极管，利用二极管正向导通的原理，就可以判断该引脚的通断情况。其测试原理如图 2-1 和图 2-2 所示。

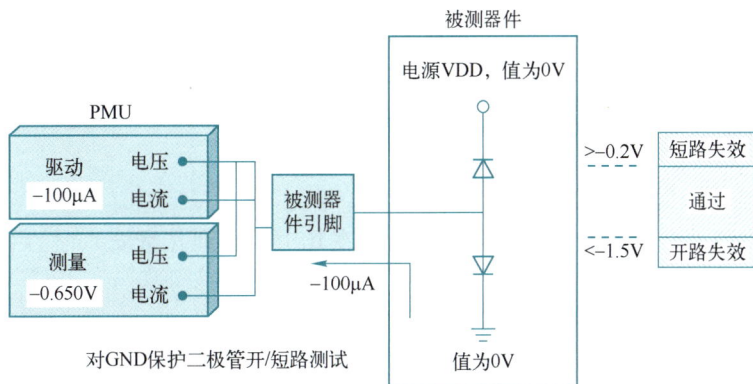

图 2-1　对 GND 保护二极管开/短路测试原理

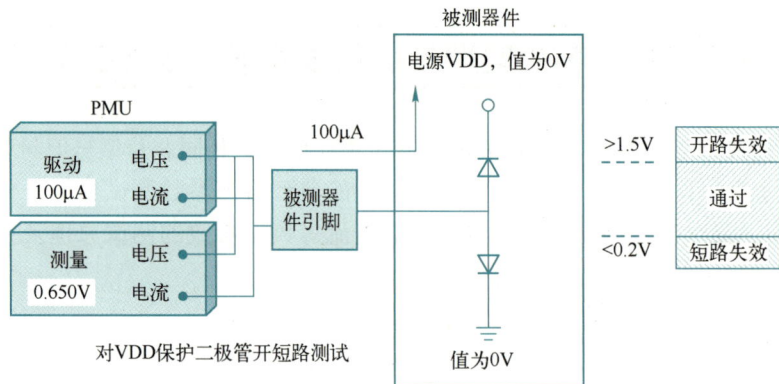

图 2-2　对 VDD 保护二极管开/短路测试原理

一般来说，芯片的每个引脚的泄放或保护电路是两个首尾相连的二极管，一端接 VDD，一端接 VSS，利用二极管正向导通的原理，就可以判别该引脚的通断情况。

基于 PMU 的 Open/Short 测试是一种串行（Serial）静态的 DC 测试。首先将器件包括电源和地的所有引脚拉低至"地"（即常说的清 0），接着连接 PMU 到单个的 DUT 引脚，并驱动电流顺着偏置方向经过引脚的保护二极管——一个负向的电流会流经连接到地的二极管（见图 2-1），一个正向的电流会流经连接到电源的二极管（见图 2-2），电流的大小在 100~500 μA 之间就足够了。

大家知道，当电流流经二极管时，会在其 PN 结上引起大约 0.65 V 的压降，接下来检测连接点的电压就可以知道结果了。既然过程控制 PMU 去驱动电流，那么必须设置电压钳制，去限制 Open 引脚引起的电压。Open/Short 测试的钳制电压一般设置为 3V。当一个 Open 的引脚被测试到，它的测试结果将会是 3V。当然，Open/Short 也可以使用功能测试（Functional Test）。

测试上方连接电源的二极管，用 PMU 驱动大约 100 μA 的正向电流；设置电压上限为 1.5 V，高于 1.5 V（如 3 V）为开路；设置电压下限为 0.2 V，低于 0.2 V（如 0.1 V）为短路。此方法仅限于测试信号引脚（输入、输出及 I/O 口），不能应用于电源引脚，如 VDD 和 VSS。

测试下方连接地的二极管，用 PMU 抽取大约 -100 μA 的反向电流；设置电压下限为 -1.5 V，低于 -1.5 V（如 -3 V）为开路；设置电压上限为 -0.2 V，高于 -0.2 V（如 -0.1 V）为短路。此方法仅限于测试信号引脚（输入、输出及 I/O 口），不能应用于电源引脚，如 VDD 和 VSS。

（1）测试器件引脚对地的开/短路

可以从被测器件引脚处抽取一个电流（通常在几十微安到几毫安），然后测量电压，以下是不同情况下的测量：

1）若被测器件引脚正常连接，则被测器件引脚和地之间，将存在一个电压差，其大小即为被测器件引脚与地之间的 ESD 二极管的导通压降，在 0.6 V 左右。若考虑电压方向，则电压的测量结果为 -0.6 V 左右。

2）若被测器件引脚出现开路现象，则 ESD 二极管被断开，被测器件引脚和地之间的电阻相当于无穷大，则在抽取电流时，电压将无限小（负电压），当然实际上该电压会受测试源本身存在的钳位电压（Clamp Voltage）或电压量程档位电压限制达到一个极限，比如 −2 V，则测试的电压大约为 −2 V。

3）若被测器件引脚与地存在短路现象，则 ESD 二极管被短路，被测器件引脚和地之间的电阻接近 0 Ω，此时不论电流为多少，电压都接近 0 V。

（2）测量器件引脚和 VDD 之间的通断情况

可以将 VDD 通过测试源加在 0 V，利用电流和被测器件引脚与电源之间的二极管的正向导通压降进行测量和判断。此时要注意电流方向，电压为正值。

（3）判断所有引脚之间是否存在短路现象

可以在测试某一个引脚，比如 Pin1 时，将其余引脚全部接地或加 0 V，继续按照开/短路的测量方法进行测试，如果有 Pin1 和其他任意引脚存在短路现象，由于其他引脚都被接地，则 Pin1 也被短路到地，V1 的测量电压将近似为 0 V。

如果器件引脚较多，则还要考虑检测引脚之间（Pin to Pin）的短路现象，需要将所有引脚接地，然后依次为每个引脚进行开/短路测试，这就需要花费较多的测试时间。测试机本身一般会有测试源的并行测试能力，可以同时利用多个测试源，对多个测试引脚进行并行测试，但是，同时测试的这些引脚之间，如果存在短路现象，则无法判断出来。为了提高效率，还有一些折中办法，考虑引脚之间短路通常发生在相邻引脚之间，所以，可以将相邻引脚进行交叉并行测试。比如，先将 Pin1/3/5/7/9 接地，Pin2/4/6/8/10 进行并行测试；然后，再将 Pin2/4/6/8/10 先接地，Pin1/3/5/7/9 进行并行测试。

如果期间引脚本身不存在 ESD 保护二极管，则无法使用该方法进行开/短路测试。但是，有一些特殊情况也要考虑，比如一些器件的散热部分，也需要接测试源，判断其并未与其他引脚短路，此时测试的正常结果反而应该是开路。

在进行开/短路测试的时候，得到开/短路测试值只是第一步，还需要设定对应的测试规范来进行判定。此时一定要注意设定合理的测试规范，避免由于规范设置不当导致误判。比如，进行开/短路测试的时候，开路电压测试结果为 −1.0 V（钳位电压设置为 −1 V），而测试规范为 −1.5 ~ −0.2 V，此时无法将开路的情况筛选出来。此时应该将钳位电压设置为 −1.5 V 以上，或者将规范的下限设置为大于钳位电压，比如 −0.9 V。

另外，由于一些特殊的需要，引脚处的 ESD 保护部分比较特殊，可能是多个二极管串联，或者是除二极管之外，还有其他器件存在，比如电阻、电容等。电阻的特性比较简单，只是多叠加了一个电压，电容的存在则会复杂一些，影响也较大。

2.1.2　漏电流测试原理

1. 漏电流测试的意义

漏电流（Leakage）测试的意义在于开/短路测试之后，对芯片的输入 I/O，进行漏电流测试，可以尽早发现 I/O 结构问题，为接下来的功能测试做准备。

输入高/低电平
漏电流测试原理

理想情况下，集成电路的输入引脚或具有三态输出的引脚对电源和地的电阻非常大，当对这些引脚施加电压时，只会有很小的电流流入或流出这些引脚，这些电流称为漏电流。

实际上，随着工艺的进步，器件内部和引脚间的绝缘氧化膜越来越薄，导致漏电的概率更大。另外，制造过程中的工艺缺陷导致的桥接、异物，或封装过程中造成的芯片划伤、隐裂，都会造成 IC 的漏电流偏大。有部分产品可能会表现出漏电偏大但功能正常，此类产品具有潜在的可靠性问题。

2. 漏电流测试的目的

漏电流测试的目的是把具有上述缺陷的产品筛选出来，避免其流到终端产品造成更大的损失。

3. 漏电流测试的原理及方法

漏电流的测试方法相对简单，就是根据产品手册或测试规范（Test Specification）对被测引脚施加额定的电压，然后测量其流入或流出的电流是否符合相应的设计规范。

针对数字电路，有相应的输入高电平漏电流（Input Hight Leakage Current，IIH）测试和输入低电平漏电流（Input Low Leakage Current，IIL）测试。

IIH 的测试原理框图如图 2-3 所示。IIH 的测试方法是，电源 PIN 施加 VDD_{max}，当其他引脚施加低电平（0V），对被测 PIN 进行驱动高电平（VDD_{max}）时，测量电流，IIH 测试测量从输入引脚到 GND 的电阻。测量电流与预设门限做比较，确定通过或失效。

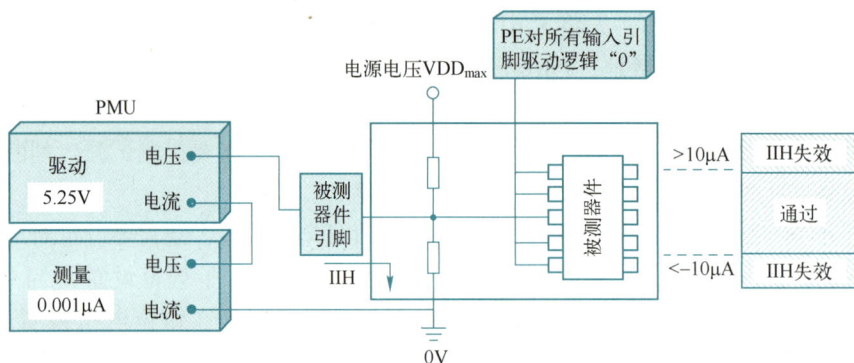

图 2-3　IIH 测试原理框图

IIL 测试原理框图如图 2-4 所示。IIL 的测试方法是，电源 PIN 施加 VDD_{max}，当其他引脚施加高电平（VDD_{max}），对被测 PIN 进行驱动低电平（L）时，测试输入 PIN 中的电流（I），IIL 测试测量从输入引脚到 VDD 的电阻。测量电流与预设门限做比较，确定通过或失效。

如果电路具有上拉或下拉的结构，其漏电流表现会有所差异，这一点需要根据产品手册或测试规范来确认。如图 2-5 所示，CMOS（Complementary Metal-Oxide-Semiconductor，互补金属氧化物半导体）电路输入引脚一般有三种结构：

（1）无上、下拉电阻

输入引脚到电源端和接地端没有上拉、下拉电阻，引脚对电源和地为高阻状态，此时输入高电平漏电流和输入低电平漏电流都很小，通常为正负几微安或更小。

（2）单端上拉电阻

输入引脚与电源端之间存在单端上拉电阻结构，对地为高阻状态，此时输入高电平漏电流表现与无上、下拉电阻无差异。但输入低电平时，由于电源端与输入引脚存在电压差和电阻通路，其电流测试值会明显偏大，通常为几十到几百微安。其电流方向为从被测器件流向测试机，结果为负值。

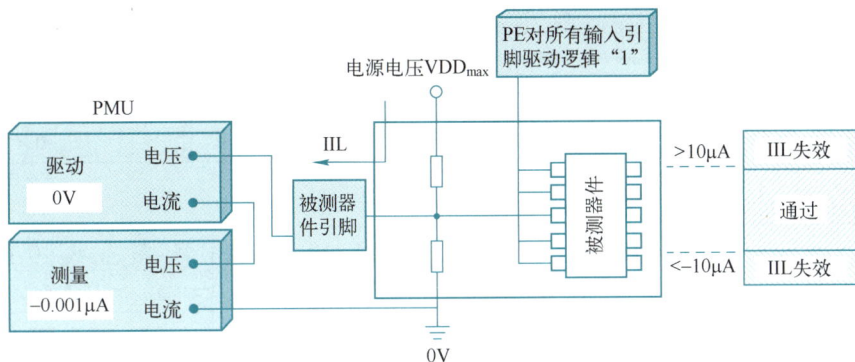

图 2-4　IIL 测试原理框图

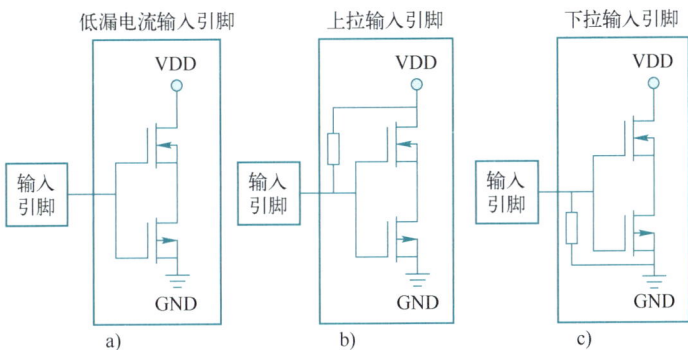

图 2-5　CMOS 电路输入引脚结构

（3）单端下拉电阻

输入引脚与地端之间存在单端下拉电阻结构，对电源端为高阻状态，此时输入低电平漏电流的表现与无上、下拉电阻时无差异。但输入高电平时，由于输入引脚与地端存在电压差和电阻通路，其电流测试值会明显偏大，通常为几十到几百微安。其电流方向为从测试机流向被测器件，结果为正值。

对于模拟电路的输入引脚漏电流测试，其施加电压一般为固定的电压，可以参考产品手册或者测试规范。

以 74LS00 这款数字芯片为例，芯片数据手册给出的输入高/低电平漏电流测试条件见表 2-1，操作条件见表 2-2。

表 2-1　输入电平漏电流测试条件

参　数	测 试 条 件	最　小	典　型	最　大	单　位
V_{IK}	$V_{CC} = MIN$；$I_I = -18\ mA$	—	—	-1.5	V
V_{OH}	$V_{CC} = MIN$；$V_{IL} = MAX$；$V_{OH} = -0.4\ mA$	2.5	3.4	—	V

（续）

参　数	测 试 条 件		最　小	典　型	最　大	单　位
V_{OL}	$V_{CC}=MIN$；$V_{IH}=2\,V$	$I_{OL}=4\,mA$	—	0.25	0.4	V
		$I_{OL}=8\,mA\,(SN74LS00)$	—	0.35	0.5	
I_I	$V_{CC}=MAX$；$V_I=7\,V$		—	—	0.1	mA
I_{IH}	$V_{CC}=MAX$；$V_I=2.7\,V$		—	—	20	μA
I_{IL}	$V_{CC}=MAX$；$V_I=0.4\,V$		—	—	−0.4	mA

表 2-2　输入电平漏电流测试操作条件

参　　数		最　小	典　型	最　大	单　位
V_{CC}电源电压（Supply voltage）	SN54xx00	4.5	5	5.5	V
	SN74xx00	4.75	5	5.25	
V_{IH}高电平输入电压（High-level input voltage）		2	—	—	V
V_{IL}低电平输入电压 （Low-level input voltage）	SNx400，SN7LS400，SNx4S00	—	—	0.8	V
	SN54LS00	—	—	0.7	

输入高电平漏电流的测试条件如下：

设置 $V_{CC}=MAX$，即 V_{CC}供电 5.25 V；设置 $V_I=2.7\,V$，即对待测引脚供 2.7 V 的电压值，测其电流值，要求所测的电流值不大于 20 μA。

输入低电平漏电流的测试条件如下：

设置 $V_{CC}=MAX$，即 V_{CC}供电 5.25 V；设置 $V_I=0.4\,V$，即对待测引脚供 0.4 V 的电压值，测其电流值，要求所测的电流值不大于 −0.4 mA。

2.1.3　输出电平测试原理

1. 输出电平测试定义

输出电平测试是根据电源供电电压和输出高/低电压（V_{OH}/V_{OL}）的值来判断芯片输出高/低电平是否正常的一种测试方法。

通常用信号源给芯片提供正常工作电压，根据芯片真值表来给输入引脚施加相应的电压，结合芯片数据手册给出的测试条件，测试输出引脚的电压值，并与规定电压范围进行比较，判断是否符合。输出高/低电平测试需要结合芯片本身的逻辑功能来实现。

输出高/低电平
测试原理

2. 输出电平测试的目的

输出高/低电平测试的目的是测量芯片输出电压值，以确保该电路能够有效推动下一级负载，即检查芯片在规定的负载下能否维持输出的高/低电平正常有效，不会对下一级电路网络造成影响。

3. 输出电平测试的原理及方法

输出电平测试是数字集成电路的静态参数，需要使用特定向量配置器件输出引脚为高/低电平，并且需要电平能够保持（呈现静态），此时在被测输出端加上要求的电流。采用"加流测压"的方式对输出电平进行测试。其测试原理如图 2-6 所示。

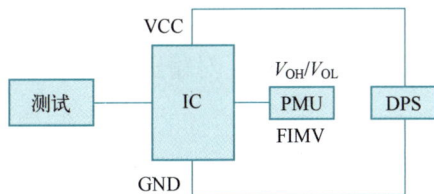

图 2-6　输出电平测试原理

通常用信号源给芯片提供正常工作电压，根据芯片真值表来给输入引脚施加相应的电压，结合芯片数据手册给出的测试条件，测试输出引脚的电压值，并与规定电压范围进行比较，判断是否合格。输出高/低电平测试需要结合芯片本身的逻辑功能来实现。具体方法是芯片电源脚置 V_{CC}，地脚接零电平，在电路正常工作后等待电路的输出端处于高/低电平状态时测试输出引脚电压值。

（1）对被测器件进行输出高电平测试

以 74LS00 这款数字芯片为例，芯片数据手册给出的输出高电平测试条件见表 2-3，操作条件见表 2-4。可得输出高电平的测试条件如下：

设置 $V_{CC}=$ MIN，即 V_{CC} 供电 4.75 V；设置 $V_{IL}=$ MAX，即设置输入引脚为低电平，且低电平电压为 0.8 V；设置 $I_{OH}=-0.4$ mA，即在输出引脚处于高电平状态时，对输出引脚供 -0.4 mA 的电流测其电压值，要求所测的电压值大于 2.5 V。

表 2-3　输出电平测试条件

参　数	测 试 条 件		最　小	典　型	最　大	单　位
V_{IK}	$V_{CC}=$ MIN；$I_I=-18$ mA		—	—	-1.5	V
V_{OH}	$V_{CC}=$ MIN；$V_{IL}=$ MAX；$I_{OH}=-0.4$ mA		2.5	3.4	—	V
V_{OL}	$V_{CC}=$ MIN；$V_{IH}=2$ V	$I_{OL}=4$ mA	—	0.25	0.4	V
		$I_{OL}=8$ mA（SN74LS00）	—	0.35	0.5	

表 2-4　输出电平测试操作条件

参　　数		最　小	典　型	最　大	单　位
V_{CC}	SN54xx00	4.5	5	5.5	V
	SN74xx00	4.75	5	5.25	
V_{IH}		2	—	—	V
V_{IL}	SNx400，SN7LS400，SNx4S00	—	—	0.8	V
	SN54LS00	—	—	0.7	

（2）对被测器件进行输出低电平测试

同样的，以 74LS00 这款数字芯片为例，对被测器件进行输出低电平测试。芯片数据手册给出的输出低电平测试条件见表 2-3，操作条件见表 2-4。根据被测芯片的数据手册给出的测试条件，测量输出引脚的低电平电压是否符合芯片数据手册给出的要求。具体方法是芯片电源脚置 V_{CC}，地脚接零电平，在电路正常工作后等待电路的输出端处于低电平状态时测试输出引脚电压值。根据芯片数据手册给出的输出低电平测试的测试条件，设置 $V_{CC}=$ MIN，

即 V_{CC} 供电 4.75 V；设置 $V_{IH} = 2$ V，即设置输入引脚高电平，且高电平电压为 2 V；设置 $I_{OL} = 8$ mA，即在输出引脚处于低电平状态时，对输出引脚供 8 mA 的电流测其电压值，要求所测的电压值小于 0.5 V。

2.1.4 电源供电电流测试原理

1. 电源供电电流测试的定义

电源供电电流测试（I_{CC}）是芯片一项常见的直流参数。电源供电电流测试通过信号源给芯片供电，在芯片处于正常工作状态时测量电源端的电流。电源供电电流是一个比较小的参数，通常以 μA 或 mA 为单位。

通常利用外接信号源给芯片电源端施加规定电压，并将芯片输入引脚都接 0 V 电压或输入引脚接高电平电压，输出引脚都悬空，测量流经电源端的电流，并根据参数表所示的范围判断是否符合规范。

2. 电源供电电流测试的目的

电源供电电流测试的目的是限制输出功率，确保产品性能一致，促使产品质量及制造过程的持续改善，防止不良产品流入市场或交付给客户。

3. 电源供电电流测试的原理及方法

电源供电电流测试方法，是当输出引脚开路时，测量电源引脚电流。其测试原理如图 2-7 所示。

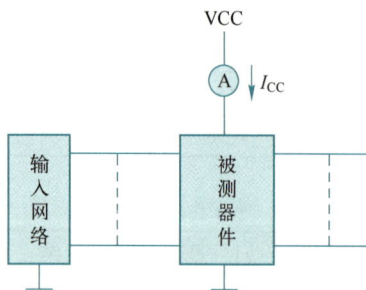

图 2-7　电源供电电流测试原理

首先需要结合芯片数据手册，通过信号源给芯片正常供电，使芯片处于正常工作状态。芯片输入引脚接 0 V 的电压（或者输入引脚接高电平），之后输出引脚都悬空。最后测量流经电源端的电流。将测得的结果与芯片数据手册给出的结果进行对比，在给定的范围之内，则为良品，否则为非良品。以 74LS00 数字芯片为例，I_{CCH} 的测试条件为 $V_{CC} = MAX$ 且 $V_I = 0$ V，即芯片 V_{CC} 引脚供 5.25 V 电压，且输入引脚供 0 V 电压，要求测得的电源供电电流值小于 1.6 mA。I_{CCL} 的测试条件为 $V_{CC} = MAX$ 且 $V_I = 4.5$ V，即芯片 V_{CC} 引脚供 5.25 V 电压，且输入引脚供 4.5 V 电压，要求测得的电源供电电流值小于 4.4 mA。相关的操作条件及测试条件见表 2-5 和表 2-6。

表 2-5　电源供电电流测试操作条件

参　　数		最　小	典　型	最　大	单　位
V_{CC}	SN74xx00	4.75	5	5.25	V

表 2-6　电源供电电流测试条件

参　数	测 试 条 件	最　小	典　型	最　大	单　位
I_{CCH}	$V_{CC}=MAX$；$V_I=0\ V$	—	0.8	1.6	mA
I_{CCL}	$V_{CC}=MAX$；$V_I=4.5\ V$	—	2.4	4.4	mA

2.1.5　数字芯片参数测试工装

由于本项目中涉及的数字芯片典型参数测试项目均无特殊情况，采用专用测试机实施测试时，可以采用统一的直接将待测芯片引脚与对应的测试机 PIN 脚相连的测试工装，故本小节将以 74LS00 芯片的开/短路测试为例，讲解测试工装的准备。采用通用仪器仪表实施测试时，由于不同的参数测试所需的测试条件不同，故实际的测试电路都略有差异。因此采用通用仪器仪表测试的具体工装准备的内容将在后面的具体案例中再详细说明。

读者可以通过 TI 官网 http://www.ti.com/或立创商城官网 https://www.szlcsc.com/等网页，搜索获取 74LS00 芯片的数据手册，通过阅读手册，了解 74LS00 的具体功能、引脚图、真值表和各个电性参数等信息。

74LS00 芯片是一个四组 2 输入端与非门，包含 4 路独立的 2 输入与非门。逻辑功能表达式为：$Y=\overline{A\cdot B}$ 或 $Y=\overline{A}+\overline{B}$，正逻辑。其电源电压为 4.75～5.25 V。其引脚图如图 2-8 所示，真值表见表 2-7。

其中第 1、4、9、12 四个 A 引脚，为芯片的四路通道的第一路数据输入端；第 2、5、10、13 四个 B 引脚，为芯片的四路通道的第二路数据输入端；第 3、6、8、11 四路通道的 Y 引脚，为芯片的四路通道的输出端；第 7 引脚为 GND，是电源地；第 14 引脚为 VCC，是电源正极。

根据真值表可知，只有当 A、B 两个输入均为高时，Y 输出低电平；其他的输入情况 Y 均输出高电平。

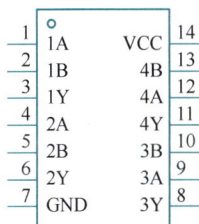

图 2-8　74LS00 芯片的引脚图

表 2-7　74LS00 芯片的真值表

输　　　入		输　　出
A	B	Y
H	H	L
L	×	H
×	L	H

采用专用测试机（LK8820）实施测试时，74LS00 芯片测试的接线图和接线表如图 2-9 和表 2-8 所示，测试工装实物图如图 2-10 所示。首先将芯片底座焊接好，然后将芯片底座的所有引脚均利用导线焊接延伸到 miniDUT 板的边缘接线排针处，然后将 miniDUT 板正向

插入 DUT 底板上，再利用杜邦线按照图 2-9 所示的接线引脚完成芯片引脚与测试机端口之间的连线。

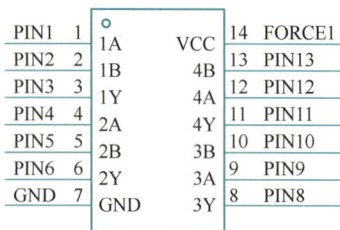

图 2-9　专用测试机上使用的 74LS00 芯片的引脚接线图

表 2-8　74LS00 芯片接线表

74LS00 芯片		LK8820 测试端口	
引脚号	引脚符号	I/O 引脚	功　　能
1	1A	PIN1	数据输入端 1
2	1B	PIN2	
3	1Y	PIN3	数据输出端 1
4	2A	PIN4	数据输入端 2
5	2B	PIN5	
6	2Y	PIN6	数据输出端 2
8	3Y	PIN8	数据输出端 3
9	3A	PIN9	数据输入端 3
10	3B	PIN10	
11	4Y	PIN11	数据输出端 4
12	4A	PIN12	数据输入端 4
13	4B	PIN13	
7	GND	GND	接地端
14	VCC	FORCE1	电源端

图 2-10　专用测试机上使用的 74LS00 芯片的测试工装实物图

2.2　对地开/短路测试

开/短路测试的原理分析在 2.1.1 小节中已经介绍，本小节将以专用测试机（LK8820）为测试平台实施对地开/短路测试。

2.2.1　对地开/短路测试任务描述

本小节将以 74LS00 芯片的对地开/短路测试为例，讲解利用教学版的集成电路测试设备如何进行数字芯片的对地开/短路测试，并掌握相关函数的应用。

1.　对地开/短路测试的具体测试要求

要求对 74LS00 芯片除电源引脚以外的其他引脚进行对地开/短路测试，设置测试电流为 $-100\,\mu\text{A}$。

1）利用 LK8820 上位机软件完成测试程序项目文档的创建，要求项目文档的储存路径为"D：\exercise"，并以"74LS00_OST_XXX"（其中"XXX"为学号末尾 3 位）命名。

2）测试前先仔细阅读芯片数据手册，确定待测试参数的测试条件。

3）测试前先仔细阅读资料，了解创建集成电路测试工程文件的操作步骤。

4）请根据待测芯片引脚特性及测试机接口特性进行 DUT 板接线设计。

5）编写测试程序，并加载代码，记录测试结果。

6）测试结果参数名按照"OSTXX"格式编写，其中"XX"为待测芯片引脚序号。测试结果记录请参考表 2-9。

表 2-9　74LS00 芯片的对地开/短路测试结果记录

参　　数	单　位	最　小　值	最　大　值	测　试　值
OST1	V	−1.5	−0.2	
OST3	V	−1.5	−0.2	
OST5	V	−1.5	−0.2	
OST9	V	−1.5	−0.2	
OST11	V	−1.5	−0.2	

2.　对地开/短路测试的任务分析

本小节的测试任务重点是熟悉教学版的集成电路测试设备的使用方法，掌握数字芯片对地开/短路参数测试的原理及方法，注意在测试中可能出现的错误。

对于本次测试任务，读者需掌握以下几点：

1）数字芯片对地开/短路参数测试的原理。

2）数字芯片对地开/短路参数测试的具体方法。

3）熟练操作 LK8820 测试平台，注意正确使用测试函数。

4）注意测试程序中的待测引脚与测试结果输出表格中一一对应。

5）掌握_on_vpt( )、MSleep_mS( )、_pmu_test_iv( )、para.Format( )、cy->_off_vpt( )等函数的正确使用。

6）注意在测试过程中不要按下急停按钮。

上面这些问题均已在前面对应的小节详细说明，本案例的测试工装请读者查阅 2.1.5 小节数字芯片参数测试工装的内容。请读者仔细阅读并跟练，然后完成对应的实训任务。

2.2.2 对地开/短路测试任务实施

1. 对地开/短路测试的测试步骤

一般来说，芯片的每个引脚对地都有泄放或保护电路，即芯片的引脚对地连接的二极管。利用二极管正向导通的原理，就可以判断该引脚的通断情况。具体步骤如下：

1）首先根据对地开/短路测试原理设计准备好测试工装。

2）将测试工装插入 LK8820 的外挂盒上，然后利用杜邦线连接参考表 2-8 进行连线，如图 2-10 所示。

3）利用 LK8820 的集成电路芯片测试管理系统创建测试工程。

4）利用 Visual Studio 编辑测试代码。

5）在测试代码中先把芯片的 GND 引脚（电源引脚）保证接 0 V（或接地）。

6）再依次向芯片待测引脚供给一个 $-100\,\mu A$ 的电流，电流会经下端二极管流向 GND（0 V），然后利用 pmu_test_iv() 函数测量待测引脚上的电压。

7）判断所测电压数据：正常的值应该是一个二极管的偏差电压（0.6 V 左右）。若测得的值为 $-1.5\sim-0.2\,V$，则判断芯片为良品，否则为非良品。

2. 对地开/短路测试的程序实现分析

在 2.1.1 中已经详细介绍了开/短路测试方法，在准备好待测工装后，可以进行测试工程文件的创建、代码的编写。具体的程序实现步骤如下。

（1）主测试程序 J8820_luntek.cpp 编写

1）首先是全局变量声明。

2）在主测试入口程序中定义芯片引脚。

3）在主测试入口程序中编写对地开/短路测试程序。

4）输出测试结果。

（2）编辑 ParameterList.xlsx 文件

该 ".xlsx" 文件包含了用户进行对地开/短路测试时所要修改和配置的文件，主要对相关参数进行编写，编写格式比较严格规整，不能随便篡改。

3. 对地开/短路测试的程序设计

由于测试案例的工程文件中包括很多文件，限于篇幅，书中只给出一些关键代码的说明。读者可以从本书配套资源中获取完整的测试工程文件。ParameterList.xlsx 文件的具体内容见表 2-10。

表 2-10　74LS00 芯片的对地开/短路测试 ParameterList.xlsx 文件的内容

参 数 名 称	单　　位	最 小 值	最 大 值	失效数（编辑无效）	当前值（编辑无效）
OST1	V	−1.5	0.2	0	
OST3	V	−1.5	0.2	0	

（续）

参 数 名 称	单　位	最 小 值	最 大 值	失效数（编辑无效）	当前值（编辑无效）
OST5	V	−1.5	0.2	0	
OST9	V	−1.5	0.2	0	
OST11	V	−1.5	0.2	0	

```
//主测试入口程序
void PASCAL J8820_luntek( CCyApiDll * cy)
{
    //测试程序
    CString para;
    int i;
    cy->_on_vpt(1, 3, 0);              //设置输出电压源通道及电压值
    cy->MSleep_mS(20);                 //延时等待
    for (i = 1; i < 14; i++)
    {
        if ((i == 1) || (i == 3) || (i == 5) || (i == 9) || (i == 11))//选择部分引脚进行测试
        {
            para. Format(_T("OST%d"), i); //设置参数名
            cy->_pmu_test_iv(para, i, 2, -100, 2, 1, 0);
/* 函数的参数分别是：参数名、被测引脚、电源通道、测量电压范围选择、测量结果的单位选
择、施加电流至测量电压之间的时间(ms)，无返回值 */
            cy->MSleep_mS(20);         //延时等待
        }
        else
            continue;
    }
    cy->_off_vpt(1);                   //关闭电源通道
    cy->MSleep_mS(20);                 //延时等待
}
```

4. 对地开/短路测试的实操演示

利用 LK8820 测试平台进行 74LS00 芯片的对地开/短路测试的测试结果如图 2-11 所示。

读者扫描右侧的二维码可获取 74LS00 芯片的对地开/短路测试的整个实操过程教学视频。测试机一直在迭代更新中，更新的内容有可能涉及硬件和软件，例如软件的编程函数升级，那么测试代码就要做出相应的改变，但测试原理和测试方法是一样的，

对地开/短路测试案例分析

所以读者要注意掌握测试案例的本质内容。后续采用专用测试机实施测试的案例都将存在类似的情况，就不再做出详细说明了，读者注意同步专用测试机的最新资料。

测试结果					自动更新数据 C I ⚙
☐ 参数名称 ⓘ	单位	最小值	最大值	异常值数量	⇅ Sitel
☐ OST1	V	-1.5	0.2	0	-0.508
☐ OST3	V	-1.5	0.2	0	-0.598
☐ OST5	V	-1.5	0.2	0	-0.511
☐ OST9	V	-1.5	0.2	0	-0.517
☐ OST11	V	-1.5	0.2	0	-0.587

第1-5条/总共5条 < 1 >

图 2-11　74LS00 芯片的对地开/短路测试的测试结果

2.3 对电源开/短路测试

开/短路测试的原理分析在 2.1.1 小节中已经说明，本小节将以通用仪器仪表为测试平台实施 74LS00 芯片的对电源开/短路测试案例，读者可以扫描右侧的二维码查看教学视频。

对电源开/短路测试案例分析

2.3.1　对电源开/短路测试任务描述

本小节将以 74LS00 芯片的对电源开/短路测试为例，讲解利用通用仪器仪表进行数字芯片的对电源开/短路测试。

1. 对电源开/短路测试的具体测试要求

要求对 74LS00 芯片除电源引脚以外的其他引脚进行对电源开/短路测试，设置测试电流为 100 μA。

1）测试前先仔细阅读芯片数据手册，确定待测试参数的测试条件。

2）请根据待测芯片引脚特性完成测试工装的设计与制作。

3）利用直流稳压电源及万用表对自行搭建的测试工装进行对电源开/短路测试。

4）测试结果参数名按照"OSTXX"格式编写，其中"XX"为待测芯片引脚序号。测试结果记录请参考表 2-11。

表 2-11　74LS00 芯片的对电源开/短路测试结果记录

参　　数	单　　位	最　小　值	最　大　值	测　试　值
OST1	V	0.2	1.5	
OST3	V	0.2	1.5	
OST5	V	0.2	1.5	
OST9	V	0.2	1.5	
OST11	V	0.2	1.5	

2. 对电源开/短路测试的任务分析

本小节的测试任务重点是熟悉通用仪器仪表的使用方法，掌握数字芯片对电源开/短路参数测试的原理及方法，注意在测试中可能出现的错误。

因此，对于本次测试任务，读者需掌握以下几点：

1）数字芯片对电源开/短路参数测试的原理。

2）数字芯片对电源开/短路参数测试的具体方法。

3）熟练操作通用仪器仪表（稳压电源、数字万用表）完成 74LS00 芯片的对电源开/短路测试，注意正确使用仪器仪表。

请读者认真阅读并跟练，然后完成对应的实训任务。

2.3.2 对电源开/短路测试任务实施

1. 对电源开/短路测试的测试工装准备

本案例将利用通用仪器仪表实施测试，读者可以利用一些 EDA 工具，先进行仿真验证，然后参考验证通过后的仿真电路搭建实体测试工装。本书中的仿真电路均利用 Multisim 绘制，并进行了仿真验证。74LS00 芯片的对电源开/短路测试的仿真图如图 2-12 所示。74LS00 芯片的对电源开/短路测试工装实物图如图 2-13 所示。搭建实体测试工装时，注意预留与通用仪器仪表的相关接口（接线端子）。

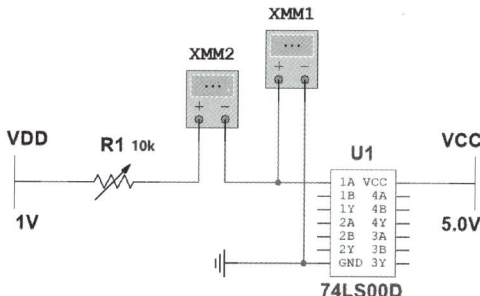

图 2-12 74LS00 芯片的对电源开/短路测试仿真图

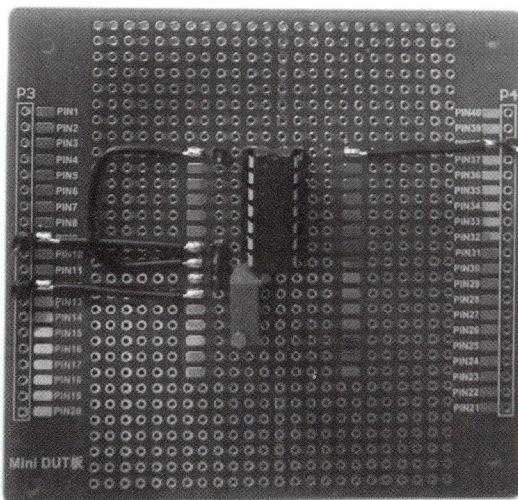

图 2-13 74LS00 芯片的对电源开/短路测试工装实物图

2. 对电源开/短路测试的测试步骤

一般来说，芯片的每个引脚对电源都有泄放或保护电路，利用二极管正向导通的原理，就可以判断该引脚的通断情况。通用的测试步骤是先把芯片的 VCC 引脚（电源引脚）接 0 V（或接地）。再给芯片待测引脚供给一个 100~500 μA 的电流，电流会经上端二极管流向 VCC（0 V），然后测引脚的电压。然后判断电压数据：正常的值应该是一个二极管的偏差电压（0.7 V 左右）。而使用通用测试仪器仪表进行测量时，需要自行设计一些辅助电路，具体测试步骤如下。

1）需要用数字电源提供 0 V 直流电压，将待测芯片的 VCC 引脚（电源引脚）连接数字电源正向输出端，待测芯片的 GND 引脚连接数字电源负向输出端（地）。

2）对 74LS00 芯片的 1 号引脚（其他引脚同理）输入端连接一个 10 kΩ 电位器引脚施加 1 V 直流电压，通过调节电位器观测串联在支路上的数字万用表（XMM2）监测的电流值，使输入电流为 100 μA。

3）使用数字万用表（XMM1）的红表笔连接待测引脚，数字万用表（XMM1）的黑表笔连接地，测量待测引脚的电压并读出电压值。

4）判断数字万用表（XMM1）读出的电压数据：若测得的值为 0.2~1.5 V，则芯片为良品，否则为非良品。

5）对 74LS00 芯片的其他待测引脚重复实施 2~4，依次完成测量，并将结果记录在表 2-11 中。

3. 对电源开/短路测试的实操演示

读者扫描右侧的二维码可获取 74LS00 芯片的对电源开/短路测试的整个实操过程教学视频，不同品牌的仪器仪表在操作上会略有差异，但测试原理和测试方法是一样的，所以读者要注意掌握测试案例的本质内容。

对电源开/短路测试实操演示

2.4 输入高电平漏电流测试

漏电流测试的原理分析在 2.1.2 小节中已经说明，本小节将以专用测试机（LK8820）为测试平台实施 74LS00 芯片的输入高电平漏电流测试。

2.4.1 输入高电平漏电流测试任务描述

本小节将以 74LS00 芯片的输入高电平漏电流测试为例，为读者讲解利用教学版的集成电路测试设备如何进行数字芯片的输入高电平漏电流测试，并掌握相关函数的应用。

1. 输入高电平漏电流测试的具体测试要求

要求结合 74LS00 真值表及芯片数据手册给出的输入高电平漏电流测试条件，对 74LS00 芯片所有输入引脚进行输入高电平漏电流测试。

1）利用 LK8820 上位机软件完成测试程序项目文档的创建，要求项目文档的储存路径为"D:\exercise"，并以"74LS00_IIH_XXX"（其中"XXX"为学号末尾 3 位）命名。

2）测试前先仔细阅读芯片数据手册，确定待测试参数的测试条件。74LS00 芯片的 I_{IH}

的测试条件为 V_{CC} = 5. 25 V（MAX）、V_I = 2. 7 V，测试结果最大值为 20 μA。

3）测试前先仔细阅读资料，了解创建集成电路测试工程文件的操作步骤。

4）请根据待测芯片引脚特性及测试机接口特性进行 DUT 板接线设计。

5）编写测试程序，并加载代码，记录测试结果。

6）测试结果参数名按照"IIHXX"格式编写，其中"XX"为待测芯片引脚序号。测试结果记录请参考表 2-12。

表 2-12　74LS00 芯片的输入高电平漏电流测试结果记录

参　数	单　位	最　小　值	最　大　值	测　试　值
IIH1	μA	—	20	
IIH2	μA	—	20	
IIH4	μA	—	20	
IIH5	μA	—	20	
IIH9	μA	—	20	
IIH10	μA	—	20	
IIH12	μA	—	20	
IIH13	μA	—	20	

2. 输入高电平漏电流测试的任务分析

本小节的测试任务重点是了解漏电流测试的意义，熟悉教学版的集成电路测试设备的使用方法，掌握数字芯片输入高电平漏电流测试的原理及方法，注意在测试中可能出现的错误。

因此，对于本次测试任务，读者需掌握以下几点。

1）数字芯片输入高电平漏电流测试的原理及具体方法。

2）查阅芯片手册，明确 74LS00 芯片的输入高电平漏电流测试的测试条件。

3）熟练操作 LK8820 测试平台，注意正确使用测试函数。

4）注意测试程序中的待测引脚与测试结果输出表格中一一对应。

5）掌握_on_vpt( )、MSleep_mS( )、_set_logic_level( )、_sel_drv_pin( )、_sel_comp_pin( )、_pmu_test_iv( )、para. Format( )、cy->_off_vpt( )等函数的正确使用。

6）注意在测试过程中不要按下急停按钮。

上面这些问题均已在前面对应的小节详细说明，本案例的测试工装请读者查阅 2.1.5 数字芯片参数测试工装的内容。请读者仔细阅读并跟练，然后完成对应的实训任务。

2.4.2　输入高电平漏电流测试任务实施

1. 输入高电平漏电流测试的测试步骤

结合 74LS00 芯片的数据手册以及在 2.1.2 中详细介绍的漏电流测试方法，梳理 I_{IH} 测试的具体步骤如下。

1）根据输入高电平漏电流测试的原理设计准备好测试工装。

2）将测试工装插入 LK8820 的外挂盒上，然后利用杜邦线连接参考表 2-8 进行连线，如图 2-10 所示。

3）利用 LK8820 的集成电路芯片测试管理系统创建测试工程。

4）利用 Visual Studio 编辑测试代码。

5）在测试代码中先对 74LS00 芯片的电源引脚施加手册中定义的电源最大电压（VDD_{max}），这是漏电流测试中最严苛的条件。

6）依次对除被测引脚外的其他引脚施加低电平 $V_{IL} = 0\,V$。

7）对被测引脚用 PMU 施加高电平 V_{IH}（2.7 V），此时测得的电流为 I_{IH}。

8）测量电流与预设门限（Limit）做比较，若测得的电流值不大于 20 μA，则芯片为良品，否则为非良品。

2. 输入高电平漏电流测试程序实现分析

在 2.1.2 中已经详细介绍了漏电流测试方法，在准备好待测工装后，可以进行测试工程文件的创建、代码的编写。具体的程序实现步骤如下。

（1）主测试程序 J8820_luntek.cpp 编写

1）首先是全局变量声明。

2）在主测试入口程序中定义芯片引脚。

3）在主测试入口程序中编写输入高电平漏电流测试程序。

4）输出测试结果。

（2）编辑 ParameterList.xlsx 文件

该".xlsx"文件包含了用户进行输入高电平漏电流测试时所要修改和配置的文件，主要对相关参数进行编写，编写格式比较严格规整，不能随便篡改。

3. 输入高电平漏电流测试程序设计

由于测试案例的工程文件中包括很多文件，限于篇幅，书中只给出一些关键代码的说明。读者可以从本书配套资源中获取完整的测试工程文件。ParameterList.xlsx 文件的具体内容见表 2-13。

表 2-13 74LS00 芯片的输入高电平漏电流测试 ParameterList.xlsx 文件的内容

参 数 名 称	单 位	最 小 值	最 大 值	失效数（编辑无效）	当前值（编辑无效）
IIH1	μA	0	20	0	
IIH2	μA	0	20	0	
IIH4	μA	0	20	0	
IIH5	μA	0	20	0	
IIH9	μA	0	20	0	
IIH10	μA	0	20	0	
IIH12	μA	0	20	0	
IIH13	μA	0	20	0	

```
//主测试入口程序
void PASCAL J8820_luntek( CCyApiDll * cy)
{
    //测试程序
    CString para;
    int i;
    cy->_on_vpt(1, 3, 5.25);                           //设置输出电压源通道及电压值
    cy->MSleep_mS(20);                                 //延时等待
    cy->_set_logic_level(4, 0.8, 2.4, 0.4);            //设置参考电压
    cy->MSleep_mS(20);                                 //延时等待
    cy->_sel_drv_pin(1, 2, 4, 5, 9, 10, 12, 13, 0);    //设置输入引脚
    cy->_sel_comp_pin(3, 6, 8, 11, 0);                 //设置输出引脚
    cy->MSleep_mS(20);                                 //延时等待
        cy->_set_drvpin("L", 1, 2, 4, 5, 9, 10, 12, 13, 0);   //设置输入引脚为低电平
        cy->MSleep_mS(20);                             //延时等待
        for (i = 1; i < 14; i++)
        {
if ((i == 1) || (i == 2) || (i == 4) || (i == 5) || (i == 9) || (i == 10) || (i == 12)
|| (i == 13))
            {
                cy->_off_fun_pin(i, 0);                //断开待测引脚
                cy->MSleep_mS(20);                     //延时等待
                para.Format(_T("IIH%d"), i);           //显示输出参数名
                cy->_pmu_test_vi(para, i, 2, 7, 2.7, 1, 0);   //测量
                cy->MSleep_mS(20);                     //延时等待
                cy->_on_fun_pin(i, 0);                 //打开引脚
                cy->MSleep_mS(20);                     //延时等待
            }
        }
        cy->_off_vpt(1);                               //关闭电源通道
        cy->MSleep_mS(20);                             //延时等待
}
```

4. 输入高电平漏电流测试实操演示

利用 LK8820 测试平台进行 74LS00 芯片的输入高电平漏电流测试的测试结果如图 2-14 所示。

输入高电平漏电流测试的实操教学视频可以通过扫描右侧的二维码获取，由于测试机一直在迭代更新中，读者需注意同步专用测试机的最新资料。

输入高电平漏电流测试案例分析

图 2-14　74LS00 芯片的输入高电平漏电流测试的测试结果

2.5 输入低电平漏电流测试

漏电流测试的原理分析在 2.1.2 小节中已经说明，本小节将以通用仪器仪表为测试平台实施 74LS00 芯片的输入低电平漏电流测试，读者可以扫描右侧的二维码查看教学视频。

输入低电平漏电流测试案例分析

2.5.1　输入低电平漏电流测试任务描述

本小节将以 74LS00 芯片的输入低电平漏电流测试为例，讲解利用通用仪器仪表进行数字芯片的输入低电平漏电流测试。

1. 输入低电平漏电流测试的具体测试要求

要求结合 74LS00 芯片的真值表及芯片数据手册给出的输入低电平漏电流测试条件，对 74LS00 芯片所有输入引脚进行输入低电平漏电流测试。

1）测试前先仔细阅读芯片数据手册，确定待测试参数的测试条件，I_{IL} 的测试条件为 $V_{CC}=5\,V(MAX)$、$V_{I}=0.4\,V$，测试结果最大值为 $-0.4\,mA$。

2）根据待测芯片引脚特性完成测试工装的设计与制作。

3）利用直流稳压电源及万用表对自行搭建的测试工装进行输入低电平漏电流测试。

4）测试结果参数名按照"IILXX"格式编写，其中"XX"为待测芯片引脚序号。测试结果记录请参考表 2-14。

2. 输入低电平漏电流测试任务分析

本小节的测试任务重点是熟悉通用仪器仪表的使用方法，掌握数字芯片输入低电平漏电流参数测试的原理及方法，注意在测试中可能出现的错误。

表 2-14　74LS00 芯片的输入低电平漏电流测试结果记录

参　　　数	单　　　位	最　小　值	最　大　值	测　　试　　值
IIL1	mA	—	-0.4	
IIL2	mA	—	-0.4	
IIL4	mA	—	-0.4	
IIL5	mA	—	-0.4	
IIL9	mA	—	-0.4	
IIL10	mA	—	-0.4	
IIL12	mA	—	-0.4	
IIL13	mA	—	-0.4	

对于本次测试任务，读者需掌握以下几点。

1）数字芯片输入低电平漏电流参数测试的原理及具体方法。

2）查阅芯片手册，明确 74LS00 芯片的输入低电平漏电流测试的测试条件。

3）熟练操作通用仪器仪表（稳压电源、数字万用表）完成 74LS00 芯片的输入低电平漏电流测试，注意正确使用仪器仪表。

请读者认真阅读并跟练，然后完成对应的实训任务。

2.5.2　输入低电平漏电流测试任务实施

1. 输入低电平漏电流测试的测试工装准备

本案例将利用通用仪器仪表实施测试，读者可以利用一些 EDA 工具，进行仿真验证，然后参考验证通过后的仿真电路搭建实体测试工装。74LS00 芯片的输入低电平漏电流测试的仿真图如图 2-15 所示。74LS00 芯片的输入低电平漏电流测试工装实物图如图 2-16 所示，搭建实体测试工装时，注意预留与通用仪器仪表的相关接口（接线端子）。

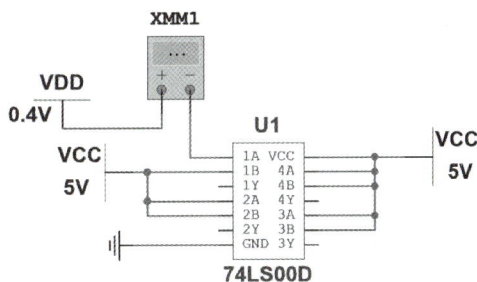

图 2-15　74LS00 芯片的输入低电平漏电流测试仿真图

2. 输入低电平漏电流测试步骤

结合 74LS00 芯片的数据手册以及在 2.1.2 中详细介绍的漏电流的测试方法，梳理输入低电平漏电流 I_{IL} 测试的具体测试步骤如下。

1）使用数字电源提供 5 V 直流电压，将待测芯片的 VCC 引脚（电源引脚）连接数字电源正向输出端，待测芯片的 GND 引脚接连接数字电源负向输出端（地）。

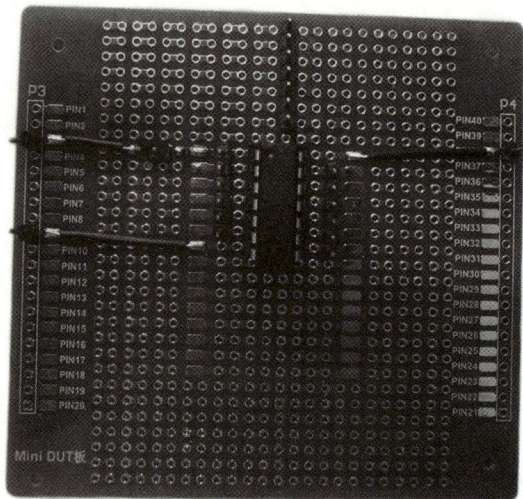

图 2-16　74LS00 芯片的输入低电平漏电流测试工装实物图

2）对待测芯片 2 号、4 号及 5 号引脚输入高电平 5 V。

3）对待测芯片 1 号引脚施加 0.4 V 直流电压，使用万用表（XMM1）的红表笔连接待测引脚，万用表（XMM1）的黑表笔连接地，测量待测引脚的电流并读出电流值。

4）判断万用表（XMM1）读出的电流数据：若测得的值不大于-0.4 mA，则芯片为良品，否则为非良品。

5）对 74LS00 芯片的其他待测引脚重复实施第 3~4 步，依次完成测量，并将结果记录在表 2-14 中。

3. 输入低电平漏电流测试实操演示

读者扫描右侧的二维码可获取 74LS00 芯片的输入低电平漏电流测试的整个实操过程教学视频。不同品牌的仪器仪表在操作上会略有差异，但测试原理和测试方法是一样的，所以读者要注意掌握测试案例的本质内容。

输入低电平漏电流测试实操演示

2.6　输出高电平测试

输出电平测试的原理分析在 2.1.3 小节中已经说明，本小节将以专用测试机（LK8820）为测试平台实施 74LS00 芯片的输出高电平测试。

2.6.1　输出高电平测试任务描述

本小节将以 74LS00 芯片的输出高电平测试为例，讲解利用教学版的集成电路测试设备进行数字芯片的输出高电平测试，并掌握相关函数的应用。

1. 输出高电平测试的具体测试要求

要求结合 74LS00 芯片的真值表及芯片数据手册给出的输出高电平测试条件，对 74LS00 芯片所有输出引脚进行输出高电平测试。

1）利用 LK8820 上位机软件完成测试程序项目文档的创建，要求项目文档的储存路径为"D:\exercise"，并以"74LS00_VOH_XXX"（其中"XXX"为学号末尾 3 位）命名。

2）测试前先仔细阅读芯片数据手册，确定待测试参数的测试条件。74LS00 芯片的 V_{OH} 的测试条件为 $V_{CC} = MIN = 4.75\,V$、$V_{IL} = MAX = 0.8\,V$、$I_{OH} = -0.4\,mA$。

3）测试前先仔细阅读资料，了解创建集成电路测试工程文件的操作步骤。

4）根据待测芯片引脚特性及测试机接口特性进行 DUT 板接线设计。

5）编写测试程序，并加载代码，记录测试结果。

6）测试结果参数名按照"VOH_PINXX"格式编写，其中"XX"为待测芯片引脚序号。测试结果记录请参考表 2-15。

表 2-15　74LS00 芯片的输出高电平测试结果记录

参　　数	单　　位	最　小　值	最　大　值	测　试　值
VOH_PIN3	V	2.5	4.75	
VOH_PIN6	V	2.5	4.75	
VOH_PIN8	V	2.5	4.75	
VOH_PIN11	V	2.5	4.75	

2. 输出高电平测试的任务分析

本小节的测试任务重点是了解输出高电平测试的意义，熟悉教学版的集成电路测试设备的使用方法，掌握数字芯片输出高电平测试的原理及方法，注意在测试中可能出现的错误。

因此，对于本次测试任务，读者需掌握以下几点。

1）数字芯片输出高电平测试的原理及具体方法。

2）查阅芯片手册，明确 74LS00 芯片的输出高电平测试的测试条件。

3）熟练操作 LK8820 测试平台，注意正确使用测试函数。

4）注意测试程序中的待测引脚与测试结果输出表格中一一对应。

5）掌握 _on_vpt( )、MSleep_mS( )、_set_logic_level( )、_sel_drv_pin( )、_sel_comp_pin( )、_pmu_test_iv( )、para.Format( )、cy->_off_vpt( )等函数的正确使用。

6）注意在测试过程中不要按下急停按钮。

上面这些问题均已在前面对应的小节详细说明，本案例的测试工装可查阅 2.1.5 数字芯片参数测试工装的内容。请读者仔细阅读并跟练，然后完成对应的实训任务。

2.6.2　输出高电平测试任务实施

1. 输出高电平测试的测试工装准备

结合 74LS00 芯片的数据手册以及在 2.1.3 中详细介绍的输出电平测试方法，梳理 V_{OH} 测试的具体测试步骤如下：

1）根据输出高电平测试的原理设计准备好测试工装。

2）将测试工装插入 LK8820 的外挂盒上，然后利用杜邦线连接参考表 2-8 进行连线，如图 2-10 所示。

3）利用 LK8820 的集成电路芯片测试管理系统创建测试工程。

4）利用 Visual Studio 编辑测试代码。

5）在测试代码中先将 74LS00 芯片的 V_{CC} 引脚（电源引脚）接测试机 Force 端，正常供电，要求 $V_{CC} = $ MIN，即 V_{CC} 供电 4.75 V。

6）设置 $V_{IL} = $ MAX，根据芯片数据手册可知，$V_{IL} = $ MAX $= 0.8$ V，即设置输入引脚为低电平，且低电平电压为 0.8 V。

7）设置 $I_{OH} = -0.4$ mA，即在输出引脚处于高电平状态时，对输出引脚供 -0.4 mA 的电流并测其电压值。

8）将测出的输出引脚电压值与预设门限（Limit）做比较，电压值大于 2.5 V 则为良品，否则为非良品。

2. 输出高电平测试程序实现分析

在 2.1.3 小节中已经详细介绍了输出电平测试方法，在准备好待测工装后，可以进行测试工程文件的创建、代码的编写。具体的程序实现步骤如下。

（1）主测试程序 J8820_luntek.cpp 编写

1）首先是全局变量声明。

2）在主测试入口程序中定义芯片引脚。

3）在主测试入口程序中编写输出高电平测试程序。

4）输出测试结果。

（2）编辑 ParameterList.xlsx 文件

该".xlsx"文件包含了用户进行输出高电平测试时所要修改和配置的文件，主要对相关参数进行编写，编写格式比较严格规整，不能随便篡改。

3. 输出高电平测试程序设计

由于测试案例的工程文件中包括很多文件，限于篇幅，书中只给出一些关键代码的说明。读者可以从本书配套资源中获取完整的测试工程文件。ParameterList.xlsx 文件的具体内容见表 2-16。

```
int input[8] = { 1, 2, 4, 5, 9, 10, 12, 13 };
int output[4] = { 3, 6, 8, 11 };
void PASCAL J8820_luntek( CCyApiDll * cy)
{
//测试程序
  CString para;
  int i;
  cy->_on_vpt( 1, 3, 4.75 );                        //设置输出电压源通道及电压值
  cy->MSleep_mS( 20 );                              //延时等待
  cy->_set_logic_level( 4, 0.8, 3.4, 0.5 );         //设置参考电压
  cy->MSleep_mS( 20 );                              //延时等待
  cy->_sel_drv_pin( 1, 2, 4, 5, 9, 10, 12, 13, 0 ); //设置输入引脚
  cy->_sel_comp_pin( 3, 6, 8, 11, 0 );              //设置输出引脚
```

```
cy->MSleep_mS(20);                                      //延时等待
cy->_set_drvpin("L", 1, 4, 10, 13, 0);                 //设置输入引脚为低电平
cy->MSleep_mS(20);                                      //延时等待
for (i = 0; i < 4; i++)
{
    para. Format(_T("VOH_PIN%d"), output[i]);          //设置参数名,显示输出结果
    cy->_pmu_test_iv(para, output[i], 2, -400, 2, 1, 0); //测量
    cy->MSleep_mS(20);
}
cy->_off_vpt(1);                                        //关闭电源通道
cy->MSleep_mS(20);                                      //延时等待
}
```

表 2-16   74LS00 芯片的输出高电平测试 ParameterList. xlsx 文件的内容

参 数 名 称	单 位	最 小 值	最 大 值	失效值（编辑无效）	当前值（编辑无效）
VOH_PIN3	V	2.5	4.75	0	
VOH_PIN6	V	2.5	4.75	0	
VOH_PIN8	V	2.5	4.75	0	
VOH_PIN11	V	2.5	4.75	0	

4. 输出高电平测试实操演示

利用 LK8820 测试平台进行 74LS00 芯片的输出高电平测试的测试结果如图 2-17 所示。

74LS00 芯片的输出高电平测试的实操教学视频可以通过扫描右侧的二维码获取，由于测试机一直在迭代更新中，读者需注意同步专用测试机的最新资料。

输出高电平测试案例分析

	参数名称 ⓘ	单位	最小值	最大值	异常值数量	⬍ Sitel
☐	VOH_PIN3	V	2.5	4.75	0	3.142
☐	VOH_PIN6	V	2.5	4.75	0	3.144
☐	VOH_PIN8	V	2.5	4.75	0	3.134
☐	VOH_PIN11	V	2.5	4.75	0	3.146

测试结果   自动更新数据   C I ⚙

第 1-4 条/总共 4 条   ‹ 1 ›

图 2-17   74LS00 芯片的输出高电平测试的测试结果

2.7 输出低电平测试

输出低电平测试的原理分析在 2.1.3 小节中已经说明，本小节将以通用仪器仪表为测试平台实施 74LS00 芯片的输出低电平测试，读者可以扫描右侧的二维码查看教学视频。

输出低电平测试
案例分析

2.7.1 输出低电平测试任务描述

本小节将以 74LS00 芯片的输出低电平测试为例，讲解利用通用仪器仪表进行数字芯片的输出低电平测试。

1. 输出低电平测试的具体测试要求

要求结合 74LS00 芯片的真值表及芯片数据手册给出的输出低电平测试条件，对 74LS00 芯片所有输出引脚进行输出低电平测试。

1）测试前先仔细阅读芯片数据手册，确定待测试参数的测试条件，V_{OL} 的测试条件为 $V_{CC} = MIN = 4.5\ V$、$V_{IH} = 2\ V$、$I_{OL} = 8\ mA$。

2）根据待测芯片引脚特性完成测试工装的设计与制作。

3）利用直流稳压电源及万用表对自行搭建的测试工装进行输出低电平漏电流测试。

4）测试结果参数名按照"VOL_PINXX"格式编写，其中"XX"为待测芯片引脚序号。测试结果记录请参考表 2-17。

表 2-17　74LS00 芯片的输出低电平测试结果记录

参　　数	单　　位	最　小　值	最　大　值	测　试　值
VOL_PIN3	V	—	0.5	
VOL_PIN6	V	—	0.5	
VOL_PIN8	V	—	0.5	
VOL_PIN11	V	—	0.5	

2. 输出低电平测试任务分析

本小节的测试任务重点是熟悉通用仪器仪表的使用方法，掌握数字芯片输出低电平参数测试的原理及方法，注意在测试中可能出现的错误。

因此，对于本次测试任务，读者需掌握以下几点：

1）数字芯片输出低电平参数测试的原理及具体方法。

2）查阅芯片手册，明确 74LS00 芯片的输出低电平测试的测试条件。

3）熟练操作通用仪器仪表（稳压电源、数字万用表）完成 74LS00 芯片的输出低电平测试，注意正确使用仪器仪表。

请读者认真阅读并跟练，然后完成对应的实训任务。

2.7.2　输出低电平测试任务实施

1. 输出低电平漏电流测试的测试工装准备

本案例将利用通用仪器仪表实施测试，读者可以利用一些 EDA 工具进行仿真验证，然后参考验证通过后的仿真电路搭建实体测试工装。74LS00 芯片的输出低电平测试的仿真电路图如图 2-18 所示。输出低电平测试工装实物图如图 2-19 所示。搭建实体测试工装时，注意预留与通用仪器仪表的相关接口（接线端子）。

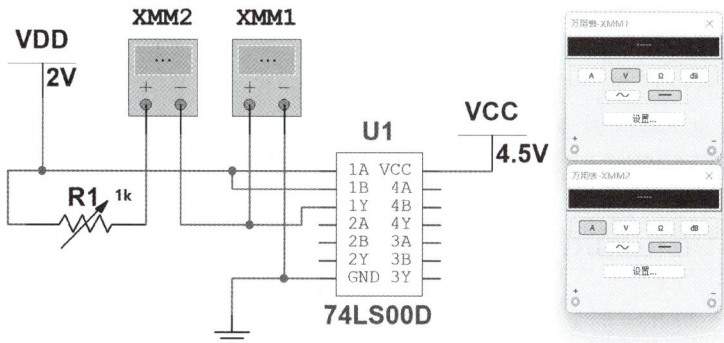

图 2-18　74LS00 芯片的输出低电平测试仿真电路图

图 2-19　74LS00 芯片的输出低电平测试工装实物图

2. 输出低电平测试步骤

结合 74LS00 芯片的数据手册以及在 2.1.3 小节中详细介绍的输出电平测试的方法，梳理输出低电平 V_{OL} 测试的具体测试步骤如下。

1）用数字电源提供 4.5 V 直流电压，将待测芯片的 VCC 引脚（电源引脚）连接数字电源正向输出端，待测芯片的 GND 引脚接连接数字电源负向输出端（地）。

2）对待测芯片 1、2 号引脚输入高电平 2 V 直流电压。

3）在待测芯片待测引脚（3 号脚）输出端连接一个 1 kΩ 电位器，并施加 2 V 直流电压，通过调节电位器观测串联在支路上的万用表（XMM2）监测的电流值，使其为 8 mA。

4）使用万用表（XMM1）的红表笔连接待测引脚，万用表（XMM1）的黑表笔连接地，测量待测引脚的电压并读出电压值。

5）对 74LS00 芯片的其他输出端待测引脚重复实施第 3~4 步，依次完成测量，并将结果记录在表 2-17 中。

3. 输出低电平测试实操演示

读者扫描右侧的二维码可获取 74LS00 芯片的输出低电平测试的整个实操过程教学视频。不同品牌的仪器仪表在操作上会略有差异，但测试原理和测试方法是一样的，所以读者要注意掌握测试案例的本质内容。

输出低电平测试实操演示

2.8 电源供电电流测试

电源供电电流测试的原理分析在 2.1.4 小节中已经说明，本节将以专用测试机（LK8820）为测试平台实施 74LS00 芯片的电源供电电流测试。

2.8.1 电源供电电流测试任务描述

本小节将以 74LS00 芯片的电源供电电流测试为例，讲解利用教学版的集成电路测试设备进行数字芯片的电源供电电流测试，并掌握相关函数的应用。

1. 电源供电电流测试的具体测试要求

要求通过 74LS00 芯片的数据手册给出的电源供电电流测试条件，结合电源供电电流测试原理对 74LS00 芯片完成电源供电电流测试。

1）利用 LK8820 上位机软件完成测试程序项目文档的创建，要求项目文档的储存路径为"D:\exercise"，并以"74LS00_ICC_XXX"（其中"XXX"为学号末尾 3 位）命名。

2）测试前先仔细阅读芯片数据手册，确定待测试参数的测试条件。74LS00 芯片的 I_{CCH} 的测试条件为 V_{CC} = MAX 且 V_1 = 0 V，测得电源供电电流 I_{CCH} 小于 1.6 mA，此 74LS00 芯片为良品；74LS00 芯片的 I_{CCL} 的测试条件为 V_{CC} = MAX 且 V_1 = 4.5 V，测得电源供电电流 I_{CCL} 小于 4.4 mA，此 74LS00 芯片为良品。

3）测试前先仔细阅读资料，了解创建集成电路测试工程文件的操作步骤。

4）根据待测芯片引脚特性及测试机接口特性进行 DUT 板接线设计。

5）编写测试程序，并加载代码，记录测试结果。

6）测试结果参数名按照"ICCH"和"ICCL"格式编写，见表 2-18。

表 2-18　74LS00 芯片的电源供电电流测试结果记录

参　　数	单　　位	最　小　值	最　大　值	测　试　值
ICCL	mA		4.4	
ICCH	mA		1.6	

2. 电源供电电流测试的任务分析

本小节的测试任务重点是了解电源供电电流测试的意义，熟悉教学版的集成电路测试设备的使用方法，掌握数字芯片电源供电电流测试的原理及方法，注意在测试中可能出现的错误。

对于本次测试任务，读者需掌握以下几点：

1）数字芯片电源供电电流测试的原理及具体方法。

2）查阅芯片手册，明确 74LS00 芯片的电源供电电流测试的测试条件。

3）熟练操作 LK8820 测试平台，注意正确使用测试函数。

4）注意测试程序中的待测引脚与测试结果输出表格中一一对应。

5）掌握 _on_vpt( )、MSleep_mS( )、_set_logic_level( )、_sel_drv_pin( )、_measure( )、para. Format( )、cy->_off_vpt( )等函数的正确使用。

6）注意在测试过程中不要按下急停按钮。

上面这些问题均已在前面对应的小节详细说明，本案例的测试工装可查阅 2.1.5 小节数字芯片参数测试工装的内容。请读者仔细阅读并跟练，然后完成对应的实训任务。

2.8.2　电源供电电流测试任务实施

1. 电源供电电流测试的测试工装准备

一般来说，电流供电电流测试要结合芯片的数据手册来完成。根据 74LS00 芯片的数据手册给出的测试条件，结合电源供电电流测试原理，按照如下步骤进行相关测试。

1）根据 74LS00 芯片的数据手册，给芯片的 VCC 引脚（电源引脚）提供 5.25 V 电压，使芯片处于正常工作状态。

2）结合 74LS00 芯片的数据手册，I_{CCH} 测试时，给芯片输入引脚供 0 V 电压；I_{CCL} 测试时，给芯片输入引脚供 4.5 V 电压，之后输出引脚都悬空。

3）针对两种不同的测试条件，分别测量流经电源端的电流。

4）判断电流数据：正常值应该在芯片手册给定的电流范围内，即 I_{CCH} 的值应该小于 1.6 mA，I_{CCL} 的值应该小于 4.4 mA。

2. 电源供电电流测试程序实现分析

在 2.1.4 小节中已经详细介绍了电源供电电流测试方法。在准备好待测工装后，可以进行测试工程文件的创建、代码的编写。具体的程序实现步骤如下。

具体的程序实现步骤如下。

（1）主测试程序 J8820_luntek. cpp 编写

1）首先是全局变量声明。

2）在主测试入口程序中定义芯片引脚。

3）在主测试入口程序中编写电源供电电流测试程序。

4）输出测试结果。

（2）编辑 ParameterList. xlsx 文件

该".xlsx"文件包含了用户进行电源供电电流测试时所要修改和配置的文件，主要对相关参数进行编写，编写格式比较严格规整，不能随便篡改。

3. 电源供电电流测试程序设计

由于测试案例的工程文件中包括很多文件，限于篇幅，书中只给出一些关键代码的说明。读者可以从本书配套资源中获取完整的测试工程文件。

```
/ * * * * * * * * * * * * 电源供电电流测试 * * * * * * * * * * * * * /
void PASCALJ8820_luntek( CCyApiDll * cy)
{
  A1 = 1;
  B1 = 2;
  A2 = 4;
  B2 = 5;
  A3 = 9;
  B3 = 10;
  A4 = 12;
  B4 = 13;


  / * ICCH 测试 * /
  cy->_reset( );                                        //复位
  cy->MSleep_mS( 10);                                   //延时等待
  cy->_on_vpt(1, 3, 5.25);                              //给 VCC 引脚供电 5.25 V
  cy->MSleep_mS( 10);                                   //延时等待
  cy->_set_logic_level(4.5, 0, 4, 0.5);                 //设置参考电压
  cy->_sel_drv_pin( A1, B1, A2, B2, A3, B3, A4, B4, 0); //设置驱动引脚
  cy->_set_drvpin("L", A1, B1, A2, B2, A3, B3, A4, B4, 0);
  //设置驱动引脚的逻辑状态
  cy->_measure(_T("ICCH"), "A", 1, 2, 2);               //输出 ICCH 测试结果


  / * ICCL 测试 * /
  cy->_reset( );
  cy->MSleep_mS( 10);                                   //延时等待
  cy->_on_vpt(1, 3, 5.25);                              给 VCC 引脚供电 4.5 V
  cy->MSleep_mS( 10);                                   //延时等待
  cy->_set_logic_level(4.5, 0, 4, 0.5);                 //设置参考电压
  cy->_sel_drv_pin( A1, B1, A2, B2, A3, B3, A4, B4, 0); //设置驱动引脚
  cy->_set_drvpin("H", A1, B1, A2, B2, A3, B3, A4, B4, 0);
  //设置驱动引脚的逻辑状态
  cy->_measure(_T("ICCL"), "A", 1, 3, 2);               //输出 ICCL 结果
}
```

ParameterList. xlsx 文件的具体内容见表 2-19。

表 2-19　电源供电电流测试 ParameterList. xlsx 文件的内容

参数名称	单　位	最 小 值	最 大 值	失效数（编辑无效）	当前值（编辑无效）
ICCL	mA	0	4.4	0	
ICCH	mA	0	1.6	0	

4. 电源供电电流测试实操演示

利用 LK8820 测试平台进行 74LS00 芯片的电源供电电流测试的测试结果如图 2-20 所示。

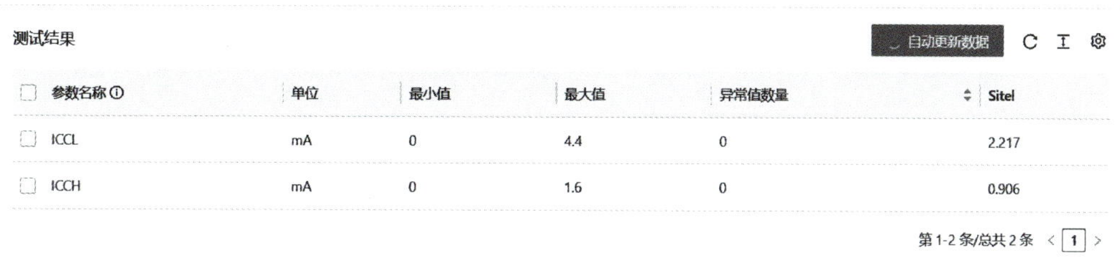

读者扫描右侧的二维码可获取电源供电电流测试的整个实操过程教学视频。由于测试机一直在迭代更新中，读者注意同步专用测试机的最新资料。

图 2-20　74LS00 芯片的电源供电电流测试的测试结果

2.9　参数测试常见错误

初学者在进行数字芯片典型参数测试时，往往会出现错误。这里总结了一些常见错误，方便大家参考。

错误 1：待测芯片的待测引脚数为 16，但是保持待测结果的数组定义了 14 的容量，导致无法将所有的待测结果都保存，如图 2-21 所示。

图 2-21　数组定义偏小

错误 2：待测工装在与 DUT 底板连接时，中间有间隔的 PIN 脚，如图 2-22 所示，而代码中没有配套做间隔处理。

图 2-22　间隔 PIN 脚

错误 3：测量的范围不合适。太大不容易测量，太小测不到结果，如图 2-23 所示。

```
cy->_on_vpt(1, 2, 5.25);        选择的测量范围不合适
cy->MSleep_mS(10);
cy->_pmu_test_vi(i, input[i], 2, 2, 2.7, 3);
cy->MSleep_mS(10);
```

图 2-23　选择的测量范围不合适

错误 4：芯片的第 7 脚本应接地，却接到 PIN7 这个通道上了，如图 2-24 所示。

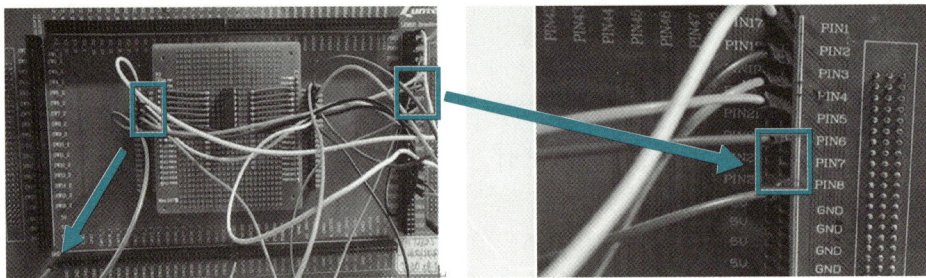

图 2-24　接线错误

错误 5：在测试的过程中，急停按钮处于按下状态，如图 2-25 所示，切断了测试机主板电源。在正常测试时应处于弹出状态。顺时针旋转按钮即可使其弹出。

图 2-25　急停按钮处于按下状态

2.10　练一练

1. 开/短路测试练习

开/短路是数字芯片常见的失效模式。通过参考开/短路测试案例，对 CD4051、74LS138 等芯片进行实际的开/短路测试练习。在测试过程中，要秉持科学求实的态度，严格遵循测试规范和操作流程，确保测试结果的准确可靠。还要发扬"工匠精神"，一丝不苟地对待每个测试步骤和细节，力求尽善尽美。通过刻苦钻研和反复练习，不断提高开/短路测试的技能水平，为集成电路产业的发展贡献自己的一份力量。

2. 输入高/低电平漏电流测试练习

输入端漏电流是评估数字芯片的一项重要指标。对 74LS48、CD4069 等常用芯片进行输入高/低电平漏电流测试练习。在测试中，以严谨细致的工作作风，准确监测每个输入端的漏电流参数，及时发现和定位问题，保证芯片质量满足要求。

3. 输出高/低电平测试练习

输出电平是数字芯片的关键性能指标。对 74LS47、CD4012 等芯片进行输出高/低电平测试练习。要严格把控测试环节，确保输出电平满足芯片手册规格要求，保障芯片在系统中的可靠工作。要发扬"创新精神"，主动学习新的测试方法和技术，优化测试方案，以创新的思路应对日新月异的测试挑战。立足中国"芯"的战略需求，在数字芯片测试领域埋头苦干、开拓创新，为集成电路产业的自立自强贡献力量。

2.11　拓展知识

本项目主要以 74LS00 的开/短路测试、漏电流测试、输出电平测试和电源供电电流测试为例，并分别利用专用测试机（LK8820）和通用仪器仪表实施测试。而实际工作中我们不仅要注意专业知识的提升，更要注意养成良好的职业素养。

2.11.1　职业规范概述

职业规范主要包含职业规范和职业道德规范两层含义，这两种规范构成了职业规范的内涵与外延。

1. 职业

职业是指人们从事相对稳定的、有收入的、专门类别的社会劳动，是人们维持生计、承担社会分工角色、发挥个性才能的一种持续进行的社会活动。职业也可以理解为是人们参与社会分工，利用专门的知识和技能，为社会创造物质财富和精神财富，获取合理报酬，作为物质生活来源，并满足精神需求的工作。

职业是社会分工的产物，是由于特定的社会分工而形成的具有专门业务和特定职责的社会活动。社会分工是职业分类的依据。在分工体系的每一个环节，劳动对象、劳动工具以及劳动的支出形式都各有特殊性，这种特殊性决定了各种职业之间的区别。

2. 职业道德

现在社会分工越来越细，职业越来越多。由于职业分工，人们对社会承担职责不同，服务对象、活动条件也不同。为保证职业活动正常进行，各行业形成了一些特殊要求，也就形成了各种道德规范和准则，于是职业道德就应运而生了。

职业道德是指人们在职业活动中，应当遵循的行为准则与规范。不仅是人们在职业活动中的行为要求，还是人们对社会所承担的道德责任和义务。它规定人们"应该"做什么、"不应该"做什么、"应该"怎样做。

职业道德基本规范是爱岗敬业、诚实守信、办事公道、服务群众和奉献社会，也是各行各业共同的职业道德规范。

行业职业道德规范与行业个性特征紧密相关，是与行业的个性特征相适应的具体的道德行为规范，是共同职业道德的行业化和具体化。比如工程员工职业道德规范通常是：质量第一、信誉第一、用户第一；遵纪守法、安全生产；爱护设备、钻研技术；用心为用户服务、不谋求私利。

2.11.2　8S 管理方式

由于集成电路制造所在的车间环境比较特殊，若在车间发生意外，逃脱会相对困难，因此安全是极为重要的。芯片制造的原料丰富，但是制作过程却很复杂，一个环节出错，可能导致整批芯片报废，因此每一道工序都要严谨，合理利用资源，减少浪费，做到物尽其用。

8S 是"整理"（Seiri）、"整顿"（Seiton）、"清扫"（Seiso）、"清洁"（Seiketsu）、"素养"（Shitsuke）、"安全"（Safety）、"节约"（Saving）和"学习"（Study）的简称。

8S 管理方式保证了企业整齐的生产与办公环境、良好的工作秩序和严明的工作纪律，同时也是提高工作效率、生产高质量、精密化产品，减少浪费、节约物料成本和时间成本的基本要求。

1. 整理

在生产过程中，经常有一些残余物料、芯片不良品等滞留在工作场所，包括一些已无法使用的工具、机器设备等，既占用地方又阻碍生产办公，如果不及时清除，会使现场变得凌乱。

整理的主要含义就是要区分能用和不能用的物品，把不能用的物品清除掉。这是改善工作场所的第一步，需要打破"留之无用，弃之可惜"的观念，把必要的东西与不必要的东西明确地、严格地区分开来，把不必要的东西尽快处理掉。

整理的目的就是改善和增加作业面积；使得现场无杂物、物流通畅、提高工作效率；消除管理上的混放、混料等差错事故，防止误用；有利于减少库存、节约资金；有效地腾出空间、空间活用，防止误用、误送，塑造一个清爽的工作场所。

2. 整顿

整顿的主要含义就是把有用的东西依规定定位、定量摆放整齐，明确标识。也就是在整理之后，对留在现场必要用的物品，采用标准化进行分门别类放置，排列整齐、数量明确、标识有效。整顿的关键是要做到定位、定品、定量，提炼工作场所放置物品的方法，并使放置方法标准化。

（1）整顿有放置场所、放置方法和标识方法 3 个要素

放置场所是指物品的放置场所原则上要 100% 设定，物品的保管要定点、定容、定量，生产线附近只能放真正需要的物品；放置方法是指物品易取，不能超出所规定的范围；标识方法是指放置场所和物品原则上一对一标识。

（2）整顿有定点、定容和定量 3 定原则

定点是指物品放在哪里合适；定容是指用什么容器和颜色；定量是指规定合适的数量。

整顿的结果是获得任何人都能立即取出所需要东西的状态。要站在新人和其他职场人的立场来看，什么东西该放在什么地方更为明确，要想办法使物品能立即取出使用。另外，还要在使用后能很容易地恢复到原位，没有恢复或误放时能马上发现。

整顿的目的是使工作场所整洁，一目了然，不用浪费时间查找。整齐的工作环境能够有效减少取放物品的时间，提高工作效率。保持井井有条的工作秩序，是提高效率的基础。

3. 清扫

清扫的主要含义是指清除现场的脏污，清除作业区域的物料垃圾。也就是说，清扫就是彻底打扫工作环境，保持工作场所干净、亮丽，设备异常时要及时维修，使之正常运行。清扫应遵循下列原则。

1）私人场所要保持整洁，设备、工具等及时整理保养，不依赖他人，不增加专门的清扫工。

2）对设备的清扫，着眼于对设备的维护保养，清扫设备要同设备的点检和保养相结合。

3）当清扫过程中发现有设备旁有水渍等异常状况发生时，须查明原因，采取措施加以改进，有效避免此类情况再次发生。

清扫的目的是使工作场所干净、明亮，让员工保持良好的工作情绪，保证稳定的产品品质，最终达到企业生产零故障和零损耗，取出的产品应该达到能被正常使用的状态。

清扫必须按照一定的清扫对象、清扫人员、清扫方法、清扫器具以及清扫步骤实施，做到责任化、制度化，这样才能真正达到清扫的目的。

4. 清洁

清洁的主要含义是维护整理、整顿、清扫之后的工作成果，使现场保持完美和最佳状态，清洁是对前三项活动的坚持和深入。在清洁时，需要秉持如下三个观念：

1）只有在清洁的工作场所才能产生高效率、高品质的产品。

2）清洁是一种用心的行为，不能只在表面上下功夫。

3）清洁是一种随时随地的工作，要时刻保持洁净的状态。

另外，清洁还要坚持"三不要"原则，即不要放置不必要的东西、不要弄乱、不要弄脏。清洁的目的是使整理、整顿和清扫成为一种惯例和制度，维持其成果。清洁是标准化的基础，也是一个企业形成企业文化的开始。

5. 素养

素养即个人素养，提高人员的素养，养成严格遵守规章制度的习惯和作风，是 8S 活动的核心。没有人员素质的提高，各项活动就不能顺利开展，即便开展也做不到坚持。所以，想抓住 8S 活动，就要始终着眼于提高素质。提高员工思想水准，增强团队意识，养成按规

定行事的良好工作习惯。

素养的目的就是通过提高素养使员工成为遵守规章制度并具有良好工作素养习惯的人，提高员工的品质，使其成为对任何工作都讲究认真的人。

6. 安全

安全是要维护人身与财产不受侵害，以创造一个零故障、无意外事故发生的工作场所。清除安全隐患，保证工作现场人身安全及产品质量安全，预防意外事故的发生。

安全的目的是排除安全隐患，杜绝安全事故，规范操作，确保产品质量，保障员工的人身安全，保证生产连续、安全、正常进行，同时减少因安全事故而带来的经济损失。

7. 节约

节约是对整理工作的补充和指导，在企业中要秉持勤俭节约的原则，即对时间、空间、能源等方面进行合理利用，以发挥它们的最大效能，从而创造一个高效率的、物尽其用的工作场所。

节约的目的是减少各种浪费，创造高效、物尽其用的工作场所。

8. 学习

学习是深入学习各项专业技术知识，从实践和书本中获取知识，完善自我，提升自己的综合素质。

2.11.3 "8个为零"的8S管理成效

通过8S管理，可以改善和提高企业形象，提高生产效率，改善零件在库周转率，减少故障、保障品质，保证企业安全生产，降低生产成本，改善员工精神面貌、使组织具有活力，缩短作业周期，确保交货期。8S管理还能取得"8个为零"的成效。

1. 不良为零

8S是品质零缺陷的护航者。产品按标准要求生产；检测仪器正确的使用和保养，是确保品质的前提；环境整洁有序，异常一眼就可以发现；干净整洁的生产现场，可以提高员工品质意识；机械设备正常使用保养，减少次品产生；员工知道要预防问题的发生而不仅是处理问题。

2. 事故为零

8S是安全的软件设备。整理、整顿后，通道和休息场所等不会被占用；物品放置、搬运方法和积载高度考虑了安全因素；工作场所宽敞、明亮，使物流一目了然；人车分流，道路通畅；"危险""注意"等警示明确；员工正确使用保护器具，不会违规作业。所有的设备都进行清洁、检修，能预先发现存在的问题，从而消除安全隐患；消防设施齐备，灭火器放置位置、逃生路线明确，发生火灾或地震时员工生命安全有保障。

3. 故障为零

8S是设备稳定运行的保障。8S通过对设备的定期维护和保养，减少机器故障的发生，保证生产的连续性。

4. 浪费为零

8S是资源高效利用的基础。8S识别并消除生产过程中的一切浪费，包括时间、材料和能源等资源的浪费。

5. 差错为零

8S 总结精准无误的操作流程。明确各岗位职责，确保任务分配合理；加强技能培训，提升员工的专业水平；标准化作业流程，减少人为错误；设置双重检查机制，确保每一个环节都准确无误；营造团队合作氛围，促进信息交流与共享。

6. 投诉为零

8S 提供超越客户期望的服务体验。提供优质的产品和服务，满足客户需求，从而减少客户投诉。

7. 库存积压为零

8S 确保了精益生产的实现。实施准时化生产，减少库存持有量，合理控制库存水平，避免过量生产和存储，降低成本。

8. 员工流失为零

8S 促进了和谐共进的企业文化。8S 能创造积极的工作环境，增强员工满意度和忠诚度，降低员工离职率。

项目3 典型数字芯片功能测试

项目导读

习近平总书记曾反复强调工匠精神。工匠精神体现在每一个细节中，体现在每一个产品中，体现在每一位工人的认真态度和精湛技艺中。这种精神，同样适用于数字芯片功能测试领域。

数字芯片是信息技术的核心，其功能的稳定性和可靠性直接影响电子设备乃至重大工程系统的运行安全。然而，随着集成电路的高度集成和工艺的不断进步，数字芯片的功能验证面临着前所未有的复杂性和不确定性挑战。

本项目聚焦数字芯片的典型功能测试，旨在通过对测试理论、方法、工具的系统学习和实践应用，掌握数字芯片测试的关键技术，攻克测试验证的难点问题。项目将贯彻"一丝不苟、精益求精"的工匠精神，把每一个测试案例都当作精雕细琢的艺术品，力求测试方案严谨周全，测试过程规范细致，测试结果准确可靠。

希望广大读者在项目实践中践行工匠精神，锤炼过硬技术，涵养家国情怀，一丝不苟，精益求精，在数字芯片测试的道路上默默耕耘、不懈追求，为打造中国芯汇聚青春力量，用执着和坚守铸就大国工匠的时代荣光！

知识目标	1. 掌握译码器 74LS48 的应用及功能测试 2. 掌握多路选择器 74HC157 的应用及功能测试 3. 掌握全加器 74HC283 的应用及功能测试 4. 掌握计数器 74HC393 的应用及功能测试
技能目标	1. 掌握数据手册的阅读 2. 掌握数字芯片典型应用电路的设计与调试 3. 掌握专用测试机与通用仪器的使用
素质目标	1. 严谨缜密的逻辑思维能力 2. 一丝不苟的工作态度和责任意识 3. 吃苦耐劳、专注投入的职业素养
教学重点	1. 典型数字芯片功能应用电路的设计 2. 典型数字芯片功能测试 3. 专用测试机与通用仪器仪表的使用
教学难点	典型数字芯片功能应用电路的设计
建议学时	12~16 学时

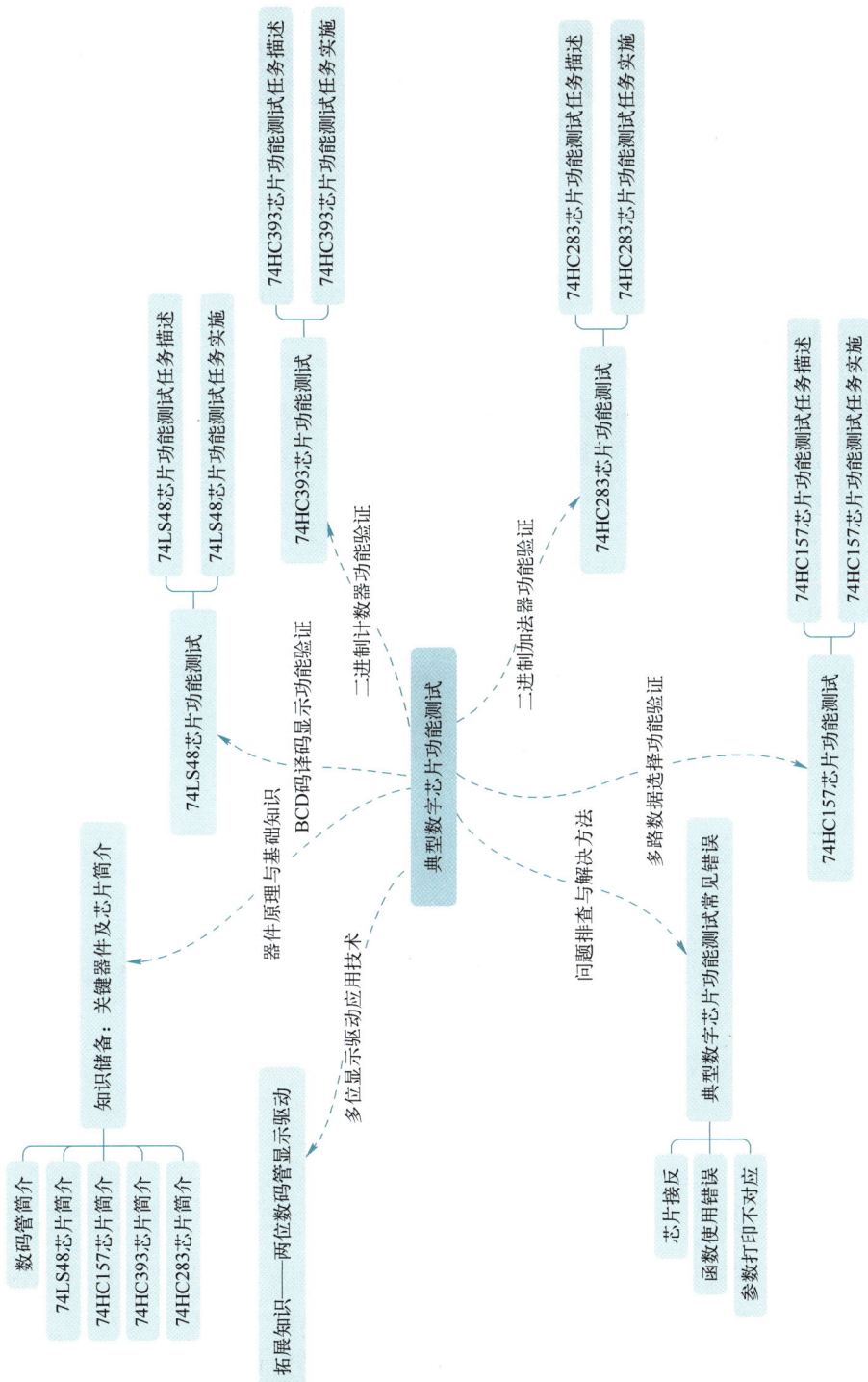

典型数字芯片功能测试

知识储备：关键器件及芯片简介
- 数码管简介
- 74LS48芯片简介
- 74HC157芯片简介
- 74HC393芯片简介
- 74HC283芯片简介

器件原理与基础知识

拓展知识——两位数码管显示驱动

多位显示驱动应用技术

BCD码译码码显示功能验证

74LS48芯片功能测试
- 74LS48芯片功能测试任务描述
- 74LS48芯片功能测试任务实施

二进制计数器功能验证

74HC393芯片功能测试
- 74HC393芯片功能测试任务描述
- 74HC393芯片功能测试任务实施

二进制加法器功能验证

74HC283芯片功能测试
- 74HC283芯片功能测试任务描述
- 74HC283芯片功能测试任务实施

多路数据选择功能验证

74HC157芯片功能测试
- 74HC157芯片功能测试任务描述
- 74HC157芯片功能测试任务实施

问题排查与解决方法

典型数字芯片功能测试常见错误
- 芯片接反
- 函数使用错误
- 参数打印不对应

3.1 知识储备：关键器件及芯片简介

典型数字芯片功能测试过程中涉及许多辅助器件，常规的电阻、电容等器件这里就不介绍了。为了能直观地看见测试结果，本项目所选几个典型芯片的功能测试案例，其测试结果都利用了数码管显示，故本节将着重介绍数码管、74LS48、74HC157、74HC393和74HC283的基本内容。

3.1.1 数码管简介

数码的显示方式一般有三种：字形重叠显示式；分段显示式；点阵显示式。以分段显示式应用最为普遍，主要器件是七段发光二极管（LED）显示器，本案例即采用七段数码管。数码管有许多种分类方式。按显示颜色分，可分为红色、绿色、蓝色、黄色等；按尺寸分，可分为0.28 in、0.5 in和0.8 in等；按亮度强度分，可分为超亮、高亮和普亮；按LED的连接方式不同，数码管可分为共阴极和共阳极两种结构。

共阴极数码管（发光二极管的阴极都接在一个公共点上）使用时公共点接地。共阳极数码管（发光二极管的阳极都接在一个公共点上），即笔段电极接低电平，公共阳极接高电平时，相应的笔段可以发光。图3-1是七段数码管的实物图，图3-2是数码管引脚图和内部电路结构图。

图3-1　数码管实物图

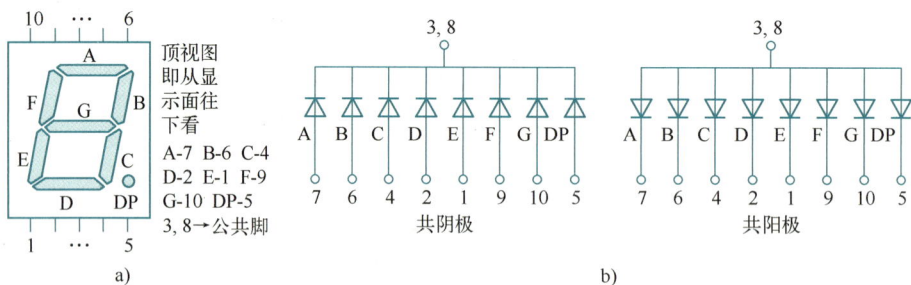

图3-2　数码管结构图

a）引脚图　b）内部电路结构图

要让数码管能正确显示字形，首先得熟悉它的内部结构。根据图3-2所示，分别用A、B、C、D、E、F、G和DP来表示7段长条形LED和小数点，如要显示数字"1"，则控制B和C两段LED点亮即可，共阳极数码管公共端需接5 V高电平，共阴极数码管公共端需接低电平。共阴极数码管即8段LED的阴极连在一起，引出公共端，阳极分别接8个独立控制端。LED的点亮条件是从阳极到阴极流过2~20 mA的电流（电流太大会把LED击穿损坏，电流太小会导致显示亮度不够）。因此共阴极数码管只要公共端输入低电平，控制端输入高电平，对应的 LED 就会点亮，若控制端输入低电平，则对应的 LED 熄灭。每段 LED 都需串联限流电阻，电阻阻值根据 LED 可流过的电流大小来确定。共阳极数码管的连接即 8 段 LED 的阳极连在一起，引出公共端，阴极分别接 8 个独立控制端，只要公共端输入高电平，控制端输入低电平，对应的 LED 就会点亮，若控制端输入高电平，则对应的 LED 熄灭（同样需要串联限流电阻）。

因此，LED 数码管要显示 BCD 码所表示的十进制数字需要有一个专门的译码器，该译码器不但要有译码功能，还要有相当的驱动能力。

3.1.2　74LS48 芯片简介

读者可以通过 TI 官网 http://www.ti.com/或立创商城官网 https://www.szlcsc.com/等网页，搜索获取 74LS48 芯片的数据手册，74LS48 芯片是一种常用的七段数码管译码器驱动器，常用在各种数字电路和单片机系统的显示系统中，其引脚图如图 3-3 所示，具体引脚的说明见表 3-1，真值表见表 3-2。

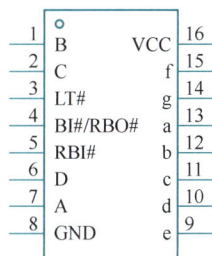

图 3-3　74LS48 芯片引脚图（#表示逻辑非）

表 3-1　74LS48 芯片引脚说明

编　　号	符　　号	名称和功能
7、1、2、6	A、B、C、D	信号输入端
13、12、11、10、9、15、14	a、b、c、d、e、f、g	译码输出端
3	$\overline{\text{LT}}$	测试灯输入端
5	$\overline{\text{RBI}}$	纹波消隐输入端
4	$\overline{\text{BI}}/\overline{\text{RBO}}$	消隐输入端/纹波消隐输出端

表 3-2　74LS48 芯片真值表

十进制或功能	输　　入						输　　出							
	$\overline{\text{LT}}$	$\overline{\text{RBI}}$	D	C	B	A	$\overline{\text{RI}}/\overline{\text{RBO}}$	a	b	c	d	e	f	g
0	H	H	L	L	L	L	H	H	H	H	H	H	H	L
1	H	×	L	L	L	H	H	L	H	H	L	L	L	L
2	H	×	L	L	H	L	H	H	H	L	H	H	L	H
3	H	×	L	L	H	H	H	H	H	H	H	L	L	H
4	H	×	L	H	L	L	H	L	H	H	L	L	H	H
5	H	×	L	H	L	H	H	H	L	H	H	L	H	H

（续）

十进制或功能	输　　入						输　　出							
	$\overline{LT}$	$\overline{RBI}$	D	C	B	A	$\overline{RI}/\overline{RBO}$	a	b	c	d	e	f	g
6	H	×	L	H	H	L	H	L	L	H	H	H	H	H
7	H	×	L	H	H	H	H	H	H	H	L	L	L	L
8	H	×	H	L	L	L	H	H	H	H	H	H	H	H
9	H	×	H	L	L	H	H	H	H	H	L	L	H	H
10	H	×	H	L	H	L	H	L	L	L	H	H	L	H
11	H	×	H	L	H	H	H	L	L	H	H	L	L	H
12	H	×	H	H	L	L	H	L	H	L	L	L	H	H
13	H	×	H	H	L	H	H	H	L	L	H	L	H	H
14	H	×	H	H	H	L	H	L	L	L	H	H	H	H
15	H	×	H	H	H	H	H	L	L	L	L	L	L	L
$\overline{RI}$	×	×	×	×	×	×	L	L	L	L	L	L	L	L
$\overline{RBI}$	H	L	L	L	L	L	L	L	L	L	L	L	L	L
$\overline{LT}$	L	×	×	×	×	×	H	H	H	H	H	H	H	H

根据表 3-2 的 74LS48 的真值表可知，利用 74LS48 输出驱动数码管显示 "5" 的码值时 LT 和 BI 均输入高电平，D～A 的输入信号分别为 0101，而译码输出的值 a、c、d、f、g 均为高电平，b、e 为低电平。即数码管的 a、c、d、f、g 各段亮，b、e 段熄灭，对应数码管显示 "5" 的字形，由此可知 74LS48 译码器可驱动共阴数码管显示。

3.1.3　74HC157 芯片简介

74HC157 芯片是一种四位输入数据选择器，常用在同时需要选择数据输入端的系统中，其引脚如图 3-4 所示，详细的引脚说明见表 3-3，其真值表见表 3-4。

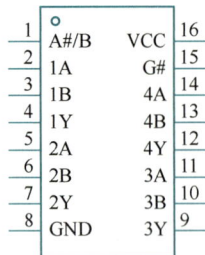

```
  ┌─────────────┐
1 │ A#/B    VCC │ 16
2 │ 1A       G# │ 15
3 │ 1B       4A │ 14
4 │ 1Y       4B │ 13
5 │ 2A       4Y │ 12
6 │ 2B       3A │ 11
7 │ 2Y       3B │ 10
8 │ GND      3Y │ 9
  └─────────────┘
```

图 3-4　74HC157 芯片引脚图（#表示逻辑非）

表 3-3　74HC157 芯片引脚说明

编　　号	符　　号	名称和功能
1、15	$\overline{A/B}$、$\overline{G}$	使能端
2、3、5、6、11、10、14、13	1A、1B、2A、2B、3A、3B、4A、4B	输入端
4、7、9、12	1Y、2Y、3Y、4Y	输出端
8、16	GND、VCC	电源端

表 3-4　74HC157 芯片真值表

输　　入				输　　出
$\overline{G}$	$\overline{A}/B$	A	B	Y
H	×	×	×	L
L	L	L	×	L
L	L	H	×	H
L	H	×	L	L
L	H	×	H	H

根据表 3-4 的 74HC157 的真值表可知，当配置 $\overline{G}$ 和 $\overline{A}/B$ 均为低电平时，输出端 Y 的值跟随 A 输入端的值。当配置 $\overline{G}$ 为低电平时，$\overline{A}/B$ 为高电平时，输出端 Y 的值跟随 B 输入端的值。

3.1.4　74HC393 芯片简介

74HC393 芯片是两路 4 位二进制计数器，其引脚图如图 3-5 所示，各引脚功能说明见表 3-5。其真值表见表 3-6，内部逻辑如图 3-6 所示。

异步清零端（1CLR、2CLR）为高电平时，无论时钟端（1CLK、2CLK）状态如何，均可以完成清除功能。

异步清零端（1CLR、2CLR）为低电平时，在时钟端（1CLK、2CLK）脉冲下降沿作用下进行计数操作。计数结果由 1QA~1QD 和 2QA~2QD 输出，QD 为高位。

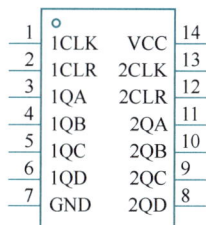

```
     ○
  1 ┌─────────┐ 14
 ───┤1CLK  VCC├───
  2 │         │ 13
 ───┤1CLR 2CLK├───
  3 │         │ 12
 ───┤1QA  2CLR├───
  4 │         │ 11
 ───┤1QB  2QA ├───
  5 │         │ 10
 ───┤1QC  2QB ├───
  6 │         │ 9
 ───┤1QD  2QC ├───
  7 │         │ 8
 ───┤GND  2QD ├───
    └─────────┘
```

图 3-5　74HC393 芯片引脚图

表 3-5　74HC393 芯片引脚说明

编　　号	符　　号	名称和功能
1、13	1CLK、2CLK	时钟输入（高电平到低电平，边沿触发）
2、12	1CLR、2CLR	异步主复位输入端（高电平有效）
3、4、5、6、11、10、9、8	1QA~1QD，2QA~2QD	计数器输出
7	GND	接地
14	VCC	正电源电压

表 3-6　74HC393 芯片真值表

计　数	输　出			
	D	C	B	A
0	L	L	L	L
1	L	L	L	H
2	L	L	H	L
3	L	L	H	H
4	L	H	L	L
5	L	H	L	H
6	L	H	H	L
7	L	H	H	H
8	H	L	L	L
9	H	L	L	H
10	H	L	H	L
11	H	L	H	H
12	H	H	L	L
13	H	H	L	H
14	H	H	H	L
15	H	H	H	H

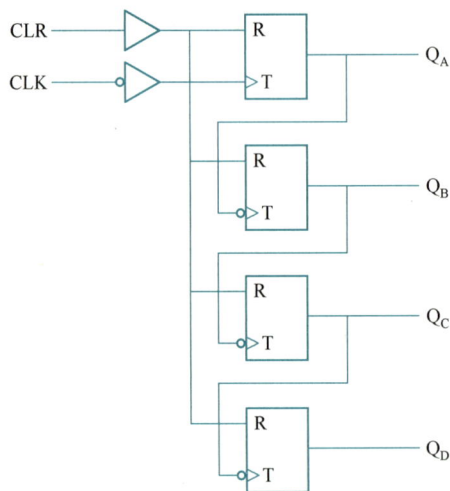

图 3-6　74HC393 芯片内部逻辑图

3.1.5　74HC283 芯片简介

74HC283 芯片是逻辑 4 位二进制全加器，具有超前进位，其引脚图如图 3-7 所示，各引脚功能说明见表 3-7。

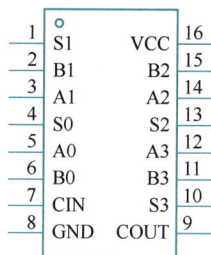

图 3-7　74HC283 芯片引脚图

表 3-7　74HC283 芯片引脚说明

编　号	符　号	名称和功能
10、13、1、4	S3、S2、S1、S0	4 位二进制数结果输出
12、14、3、5	A3、A2、A1、A0	4 位二进制数输入
11、15、2、6	B3、B2、B1、B0	4 位二进制数输入
7	CIN	进位输入
9	COUT	进位输出
8	GND	接地
16	VCC	正电源电压

74HC283 芯片的具体功能是 A3～A0 和 B3～B0 两个 4 位二进制数和 CIN 累加，累加后的结果及进位由 S3～S0 和 COUT 输出。以 8421BCD 码和余 3 码之间的转换为例，根据表 3-8 可知在 8421BCD 码的基础上加上 3 就是余 3 码，所以可以利用 74HC283 芯片实现将 8421BCD 码转换成余 3 码。表 3-9 为 74HC283 芯片的功能举例。

表 3-8　8421BCD 码和余 3 码

8421BCD 码				余 3 码			
0	0	0	0	0	0	1	1
0	0	0	1	0	1	0	0
0	0	1	0	0	1	0	1
0	0	1	1	0	1	1	0
0	1	0	0	0	1	1	1
0	1	0	1	1	0	0	0
0	1	1	0	1	0	0	1
0	1	1	1	1	0	1	0
1	0	0	0	1	0	1	1
1	0	0	1	1	1	0	0

表 3-9　74HC283 芯片功能举例

引脚	CIN 进位 输入	A 组输入				B 组输入				求和				COUT 进位 输出	举例
		A1	A2	A3	A4	B1	B2	B3	B4	∑1	∑2	∑3	∑4		
逻辑电平	L	L	H	L	H	H	L	L	H	H	H	L	L	H	
高电平有效	0	0	1	0	1	1	0	0	1	1	1	0	0	1	①
低电平有效	1	1	0	1	0	0	1	1	0	0	0	1	1	0	②

注：1. H 表示高电平；

　　 L 表示低电平。

　2. 举例：1010+1001=10011；在高电平有效时，①为 9+10=19；在低电平有效时，②为 1+6+5=12。

3.2　74LS48 芯片功能测试

数码管显示通常需要译码处理后才可将数据送数码管接口，译码方式有硬件译码和软件译码两种。若是单片机等可编程控制器来实现数码管显示的控制，可以选择省成本的软件译码；若是纯数字电路应用中实现数码管显示的控制，可以选择硬件译码。常用的 7 段数码管译码器有 74LS48、CD4511、74LS47 等，本节将应用 74LS48 实现数码管显示控制，读者可以扫描右侧的二维码获取 74LS48 功能测试的教学视频。

> 74LS48 芯片功能测试案例分析

3.2.1　74LS48 芯片功能测试任务描述

本小节将以 74LS48 芯片的功能测试为例，为读者讲解利用通用仪器仪表进行 74LS48 芯片的驱动数码管显示功能测试。

1. 74LS48 芯片功能测试的具体测试要求

要求结合 74LS48 芯片的数据手册给出的真值表，利用 74LS48 芯片驱动数码管显示"5"。

1）测试前先仔细阅读芯片数据手册，确定待测试芯片的应用电路，用该译码器驱动数码管显示"5"。

2）根据数据手册，利用 EDA 软件仿真验证待测试芯片的应用电路。

3）根据仿真电路焊接、调试完成测试工装。

4）再根据待测芯片真值表及功能要求，进行 DUT 板接线设计。

5）利用直流稳压电源及万用表对自行搭建的测试工装进行 74LS48 芯片的功能测试，测试 a~g 引脚输出电压值，并记录于表 3-10 中。若数码管显示"5"则表示此 74LS48 芯片为良品。

表 3-10　74LS48 芯片的功能测试结果记录

参　　数	单　位	测　试　值
a	V	
b	V	
c	V	

（续）

参　　数	单　位	测 试 值
d	V	
e	V	
f	V	
g	V	

2. 74LS48 芯片功能测试任务分析

本小节的测试任务重点是熟悉通用仪器仪表的使用方法，掌握 74LS48 芯片的功能测试的原理及方法，注意在测试中可能出现的错误。

因此，对于本次测试任务，读者需掌握以下几点：

1）查阅芯片手册，明确 74LS48 芯片的功能。

2）根据 74LS48 芯片的真值表，设计搭建驱动数码管显示的功能电路，并设置好测试点。

3）熟练操作通用仪器仪表（稳压电源、数字万用表）完成 74LS48 芯片的功能测试，注意正确使用仪器仪表。

请读者认真阅读并跟练，然后完成对应的实训任务。

3.2.2　74LS48 芯片功能测试任务实施

1. 74LS48 芯片功能测试的测试工装准备

本案例将利用通用仪器仪表实施测试，可以先利用 Multisim 绘制仿真图，如图 3-8 所示，并进行了仿真验证。74LS48 驱动数码管显示"5"测试工装实物图如图 3-9 所示，搭建实体测试工装时，注意预留与通用仪器仪表的相关接口（接线端子）。

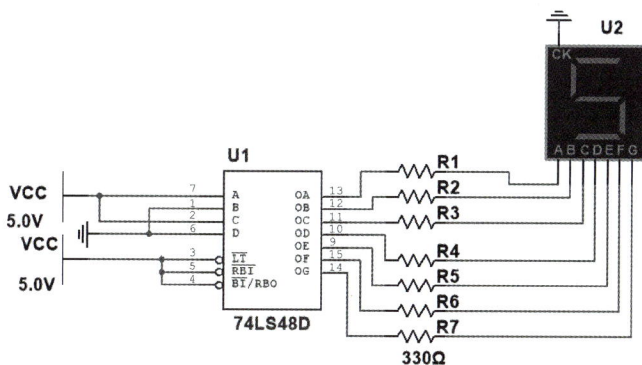

图 3-8　74LS48 芯片驱动数码管显示"5"仿真图

2. 74LS48 芯片功能测试步骤

结合在 3.1.2 小节中分析的 74LS48 芯片驱动数码管的工作原理以及 3.1.1 小节中详细介绍的共阴极数码管显示原理，梳理 74LS48 芯片功能测试的具体测试步骤如下：

1）用数字电源提供 5 V 直流电压，将 74LS48 芯片的 VCC 引脚（电源引脚）连接数字电源正向输出端，74LS48 芯片的 GND 引脚连接数字电源负向输出端（地）。

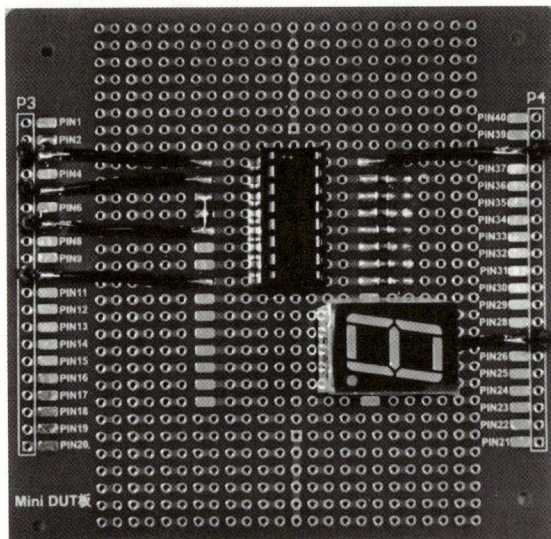

图 3-9 74LS48 芯片驱动数码管显示"5"测试工装实物图

2）对 74LS48 芯片 2~5、7 号引脚输入高电平 5 V 直流电压，对 74LS48 芯片 1、6 号引脚接地。

3）观察数码管的显示情况，此时数码管上应显示"5"。若数码管上显示内容不正确，则利用万用表先测量 74LS48 芯片的电源供电是否正常，再测量各输出引脚的电压，检查是否符合真值表输出情况，反复检查测试工装保证 74LS48 芯片功能测试的成功。

4）测试完成后，做好测试结果记录，并关闭仪器设备，整理好工位。

3. 74LS48 芯片功能测试实操演示

读者扫描右侧的二维码可获取 74LS48 芯片功能测试的整个实操过程教学视频。不同品牌的仪器仪表在操作上会略有差异，但测试原理和测试方法是一样的，所以读者要注意掌握测试案例的本质内容。

74LS48 芯片功能测试实操演示

3.3 74HC157 芯片功能测试

在许多嵌入式系统应用中，存在一些实时性要求不高，采集种类或数量较多的需求，此时可以利用多路选择器来设计。根据不同的场景，可直接选择的有四选一、八选一的数据选择器，例如 74LS151 芯片、74LS153 芯片；多位二选一数据选择器，例如 74HC157 芯片。本节将应用 74HC157 芯片、74LS48 芯片和数码管验证 74HC157 的功能测试。

3.3.1 74HC157 芯片功能测试任务描述

本小节将以 74HC157 芯片的功能测试为例，讲解利用教学版的集成电路测试设备进行 74HC157 芯片的选择通道显示功能测试，并掌握相关函数的应用。

1. 74HC157 芯片功能测试的具体测试要求

要求结合 74HC157 芯片真值表将 74HC157 芯片配置为选择 A 通道，由 A 通道的输入信号决定输出，并根据 74HC157 芯片的输出设置 74LS48 芯片驱动数码管显示相应键值，即"0"或"1"。

1）测试前先仔细阅读芯片数据手册，确定待测试芯片的功能，利用 EDA 软件仿真验证待测试芯片的应用电路。

2）根据仿真电路焊接、调试完成测试工装。

3）再根据待测芯片真值表及功能要求，进行 DUT 板接线设计。

4）利用 LK8820 上位机软件完成测试程序项目文档的创建，要求项目文档的储存路径为"D:\exercise"，并以"74HC157_XXX"（其中"XXX"为学号末尾 3 位）命名。

5）测试前先仔细阅读资料，了解创建集成电路测试工程文件的操作步骤。

6）编写测试程序，并加载代码，记录测试结果。

7）测试结果参数名按照"PINXX"格式编写，其中"XX"为待测芯片引脚序号。请参考表 3-11。若所测输出电压值与 74HC157 芯片的 A 通道输入信号一致，则此 74HC157 芯片为良品。

表 3-11 74HC157 芯片的功能测试结果记录

参　　数	单　　位	最　小　值	最　大　值	测　试　值
PIN1	V	—	5	
PIN2	V	—	5	
PIN3	V	—	5	
PIN4	V	—	5	

2. 74HC157 芯片功能测试的任务分析

本小节的测试任务重点是熟悉教学版的集成电路测试设备的使用方法，掌握 74HC157 芯片功能测试的原理及方法，注意在测试中可能出现的错误。

因此，对于本次测试任务，读者需掌握以下几点：

1）查阅芯片手册，明确 74HC157 芯片的功能。

2）根据 74HC157 芯片的真值表，设计搭建 74HC157 芯片的功能电路，并设置好测试点。

3）熟练操作 LK8820 测试平台，注意正确使用测试函数。

4）注意测试程序中的待测引脚与测试结果输出表格中一一对应。

5）掌握 _on_vpt( )、MSleep_mS( )、_set_logic_level( )、_sel_drv_pin( )、_set_drvpin( )、_turn_switch( )、_read_pin_voltage( )、para. Format( )、cy->_off_vpt( )等函数的正确使用。

6）注意在测试过程中不要按下急停按钮。

上面这些问题均已在前面对应的小节详细说明，请读者仔细阅读并跟练，然后完成对应的实训任务。

3.3.2 74HC157 芯片功能测试任务实施

1. 74HC157 芯片功能测试的测试工装准备

根据设计要求需要显示按键选择编号，这里可以设置 $\overline{G}$ 和 $\overline{A/B}$ 均为低电平，3A 和 4A 输入端直接接地，而 1A 和 2A 输入端通过开关与电源或地连接，测试机将根据读取到的 74HC157 芯片输出信号选择编码 "0" 或 "1" 的二进制数送给 74LS48 芯片的输入端，从而由 74LS48 芯片驱动数码管显示编码值。

74LS48 芯片和数码管的内容在 3.2.2 小节中已经介绍，这里就不再赘述。具体电路仿真设计如图 3-10 所示，测试工装实物图如图 3-11 所示，具体接线见表 3-12。

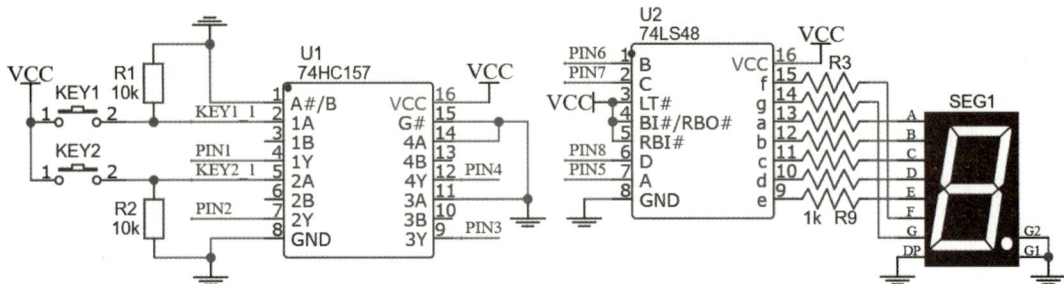

图 3-10　74HC157 芯片功能测试电路仿真设计

图 3-11　74HC157 芯片功能测试工装实物图

2. 74HC157 芯片功能测试步骤

结合在 3.1.3 小节中介绍的数据选择原理，3.1.2 小节中分析的 74LS48 芯片驱动数码管的工作原理以及 3.1.1 小节中详细介绍的共阴极数码管显示原理，梳理 74HC157 芯片功能测试的具体测试步骤如下。

表 3-12　74HC157 芯片功能测试接线表

74HC157 芯片		LK8820 测试端口	
引　脚　号	引脚符号	IO 引脚	功　　能
4	1Y	PIN1	数据输出端
7	2Y	PIN2	
9	3Y	PIN3	
12	4Y	PIN4	
16	VCC	VCC	电源端
8	GND	GND	接地端

1）将制作好的测试工装先插到 DUT 板上，然后将 DUT 板卡正确地安装在测试机 LK8820 的外挂盒上，利用杜邦线根据表 3-12 中的接线安排做好测试工装与测试机接口之间的连接。

2）设置好 74HC157 芯片 A 通道输入信号，启动测试，读取 74HC157 芯片的输出结果，然后根据输出结果选择键值编号输出给 74LS48 芯片的输入端。

3）观察测试机显示的 74HC157 芯片功能测试的输出结果，以及数码管的显示情况，此时数码管上应对应显示按键值。

4）测试完成后，做好测试结果记录，并关闭仪器设备，整理好工位。

若数码管上显示内容不正确，则利用万用表先测量 74HC157 芯片、74LS48 芯片的电源供电是否正常，再测量各输出引脚的电压，检查是否符合真值表输出情况，反复检查测试工装，保证 74HC157 芯片功能测试的成功。

3. 74HC157 芯片功能测试程序实现分析

结合在 3.1.3 小节中介绍的数据选择原理，在准备好待测工装后，可以进行测试工程文件的创建、代码的编写。具体的程序实现步骤如下。

（1）主测试程序 J8820_luntek. cpp 编写

1）首先是全局变量声明。

2）在主测试入口程序中定义芯片引脚。

3）在主测试入口程序中编写 74HC157 芯片的功能测试程序。

4）输出测试结果。

（2）编辑 ParameterList. xlsx 文件

该".xlsx"文件包含了用户进行 74HC157 芯片的功能测试时所要修改和配置的文件，主要对相关参数进行编写，编写格式比较严格规整，不能随便篡改。

4. 74HC157 芯片功能测试程序设计

由于测试案例的工程文件中包括很多文件，限于篇幅，书中只给出一些关键代码的说明。读者可以从本书配套资源中获取完整的测试工程文件。ParameterList. xlsx 文件的具体内容见表 3-13。

表 3-13　74HC157 功能测试 ParameterList. xlsx 文件的内容

参 数 名 称	单　　位	最 小 值	最 大 值	失效数（编辑无效）	当前值（编辑无效）
PIN1	V	0	5	0	
PIN2	V	0	5	0	
PIN3	V	0	5	0	
PIN4	V	0	5	0	

```
float Y1, Y2, Y3, Y4;
//主测试入口程序
void PASCAL J8820_luntek(CCyApiDll * cy)
{
//测试程序
    CString para;
    cy->_on_vpt(1, 3, 5);
    cy->MSleep_mS(20);
    cy->_on_vpt(2, 3, 5);
    cy->MSleep_mS(20);
    cy->_on_vpt(3, 3, 5);
    cy->MSleep_mS(20);
    cy->_turn_switch("on", 1, 0);
    cy->MSleep_mS(20);
    cy->_set_logic_level(5, 0, 5, 1);
    cy->_sel_drv_pin(5, 6, 7, 8, 0);
    cy->_read_pin_voltage(_T("PIN1"), 1, 4, 2, 1);
    cy->_read_pin_voltage(_T("PIN2"), 2, 4, 2, 1);
    cy->_read_pin_voltage(_T("PIN3"), 3, 4, 2, 1);
    cy->_read_pin_voltage(_T("PIN4"), 4, 4, 2, 1);
}


//分析程序入口
void PASCAL J8820_luntek_2(CCyApiDll * cy)
{
    cy->MathCaculateTotal();
    Y1 = cy->ParameterNameToData(_T("PIN1"));
    Y2 = cy->ParameterNameToData(_T("PIN2"));
    Y3 = cy->ParameterNameToData(_T("PIN3"));
    Y4 = cy->ParameterNameToData(_T("PIN4"));
//添加用户程序
// ...
    if (Y1 > 3)cy->_set_drvpin("H", 5, 0);
    if (Y1 < 3)cy->_set_drvpin("L", 5, 0);
```

```
    if（Y2 > 3）cy->_set_drvpin（"H"，6，0）;
    if（Y2 < 3）cy->_set_drvpin（"L"，6，0）;
    if（Y3 > 3）cy->_set_drvpin（"H"，7，0）;
    if（Y3 < 3）cy->_set_drvpin（"L"，7，0）;
    if（Y4 > 3）cy->_set_drvpin（"H"，8，0）;
    if（Y4 < 3）cy->_set_drvpin（"L"，8，0）;
    cy->ExcelDataShow（）;
  }
```

值得注意的是，设计要求按键松开后数码管显示保持不变，故在程序设计时需注意利用延时使数码管保持一定的工作时长。

5. 74HC157 芯片功能测试实操演示

利用 LK8820 测试平台进行 74HC157 芯片功能测试的测试结果如图 3-12 所示。

> 74HC157 芯片功能测试案例分析

读者扫描右侧的二维码可获取 74HC157 芯片功能测试的整个实操过程教学视频，由于测试机一直在迭代更新中，读者注意同步专用测试机的最新资料。

	参数名称 ⓘ	单位	最小值	最大值	异常值数量	⇕	Sitel
☐	PIN1	V	-5	5	0		3.556
☐	PIN2	V	-5	5	0		0.185
☐	PIN3	V	-5	5	0		0.183
☐	PIN4	V	-5	5	0		0.188

测试结果　　　自动更新数据　C　I　⚙

第 1-4 条/总共 4 条　＜ 1 ＞

图 3-12　74HC157 芯片功能测试的测试结果

3.4　74HC393 芯片功能测试

计数器是非常典型的数字电路中的时序电路的应用，本小节将利用 74HC393 芯片和 CD4511 译码器验证 74HC393 芯片的功能测试，并用数码管显示结果。读者可以扫描右侧的二维码获取 74HC393 功能测试的教学视频。

> 74HC393 芯片功能测试案例分析

3.4.1　74HC393 芯片功能测试任务描述

本小节将以 74HC393 芯片的功能测试为例，讲解利用通用仪器仪表进行 74HC393 芯片的计数功能测试。

1. 74HC393 芯片功能测试的具体测试要求

要求结合 74HC393 芯片的数据手册给出的真值表，利用 74HC393 芯片和 CD4511 译码器完成十进制循环计数，计数值利用单个数码管显示。

1）测试前先仔细阅读芯片数据手册，理解待测芯片的应用电路工作原理。

2）根据数据手册，利用 EDA 软件仿真验证 74HC393 芯片的应用电路。

3）根据仿真电路焊接、调试完成测试工装。

4）再根据待测芯片真值表及功能要求，进行 DUT 板接线设计。

5）利用直流稳压电源及万用表对自行搭建的测试工装进行 74HC393 芯片的功能测试，观测数码管显示内容，并记录于表 3-14 中。若数码管可顺序显示"0~9"，则表示此 74HC393 芯片为良品。

表 3-14　74HC393 芯片的功能测试结果记录

序　号	数码管显示值	序　号	数码管显示值
1		6	
2		7	
3		8	
4		9	
5		10	

2. 74HC393 芯片功能测试任务分析

本小节的测试任务重点是熟悉通用仪器仪表的使用方法，掌握 74HC393 芯片的功能测试的原理及方法，注意在测试中可能出现的错误。

因此，对于本次测试任务，读者需掌握以下几点：

1）查阅芯片手册，明确 74HC393 芯片的功能。

2）根据 74HC393 芯片的真值表，设计搭建十进制循环计数应用，并能驱动数码管显示计数值，并设置好测试点。

3）熟练操作通用仪器仪表（稳压电源、数字万用表）完成 74HC393 芯片的功能测试，注意正确使用仪器仪表。

请读者认真阅读并跟练，然后完成对应的实训任务。

3.4.2　74HC393 芯片功能测试任务实施

1. 74HC393 芯片功能测试的测试工装准备

根据设计要求，利用 74HC393 芯片和 CD4511 译码器完成十进制循环计数，计数值利用单个数码管显示。CD4511 的资料在 1.2.2 小节中已介绍，不再赘述。本案例将利用通用仪器仪表实施测试，可以先利用 Multisim 绘制仿真图，如图 3-13 所示，并进行了仿真验证。测试工装实物图如图 3-14 所示，搭建实体测试工装时，注意预留与通用仪器仪表的相关接口（接线端子）。可以利用信号发生器输出 1 Hz 的方波信号作为 74HC393 芯片的时钟信号，也可以使用手动改变开关状态来替代提供 74HC393 芯片时钟信号。由于设计了 0~9 的十进制计数，所以当计数到 10 时计数值将清零，考虑到 74HC393 芯片的清零端要求高电平有效，故利用 74LS08 的与门在计数到 10 时输出高电平送给 74HC393 芯片的清零端，以便实现 0~9 的循环计数。

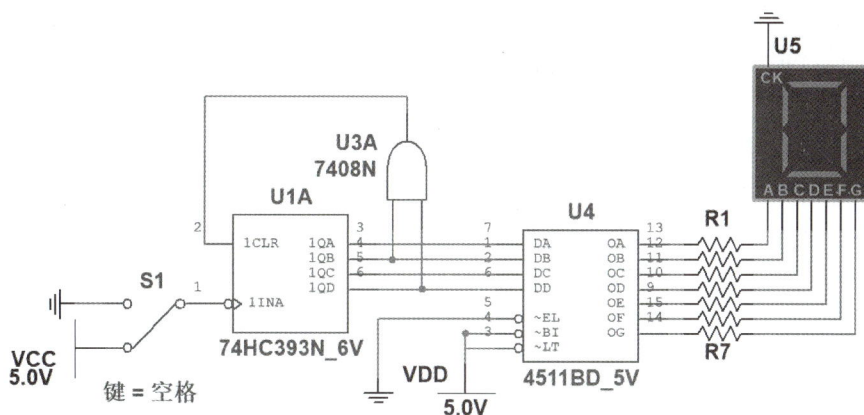

图 3-13 74HC393 功能测试仿真图

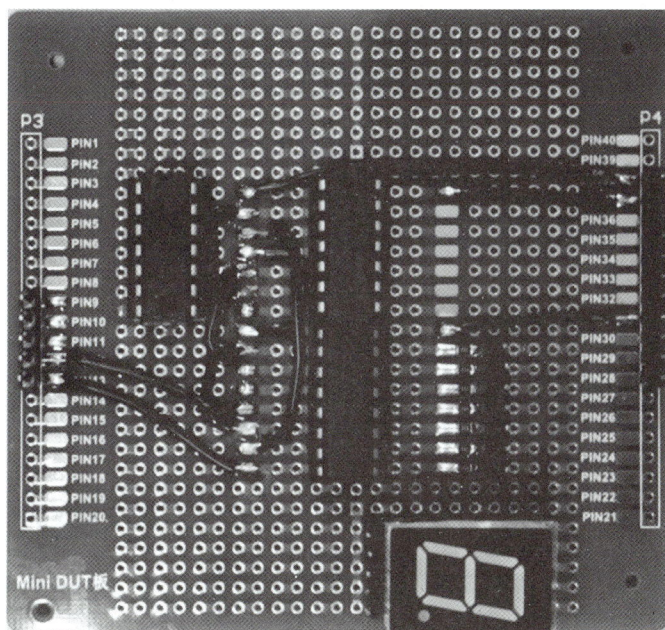

图 3-14 74HC393 功能测试工装实物图

2. 74HC393 芯片功能测试步骤

结合在 3.1.4 小节中介绍的计数原理，1.2.2 小节中分析的 CD4511 芯片驱动数码管的工作原理以及 3.1.1 小节中详细介绍的共阴极数码管显示原理，梳理 74HC393 芯片功能测试的具体测试步骤如下。

1）用数字电源提供 5 V 直流电压，将 74HC393、74LS08、CD4511 等芯片的 VCC 引脚（电源引脚）连接数字电源正向输出端，上述各芯片的 GND 引脚连接数字电源负向输出端（地）。

2）利用信号发生器输出 1 Hz 方波信号作为 74HC393 芯片的时钟信号。

3）观察数码管的显示情况，此时数码管上应对应循环显示"0~9"。

4）做好测试结果记录。

若数码管上显示内容不正确，则利用万用表先测量 74HC393、74LS08、CD4511 等芯片的电源供电是否正常，再测量各输出引脚的电压，检查是否符合真值表输出情况，反复检查测试工装，保证 74HC393 芯片功能测试的成功。

3. 74HC393 芯片测试实操演示

读者扫描右侧的二维码可获取 74HC393 芯片功能测试的整个实操过程教学视频，不同品牌的仪器仪表在操作上会略有差异，但测试原理和测试方法是一样的，所以读者要注意掌握测试案例的本质内容。

> 74HC393 芯片功能测试实操演示

3.5 74HC283 芯片功能测试

加法运算是非常典型的数字电路中的组合逻辑电路的应用，本节将利用 74HC283 芯片和 CD4511 译码器验证 74HC283 的功能测试，并用数码管显示结果。

3.5.1 74HC283 芯片功能测试任务描述

本小节将以 74HC283 芯片的功能测试为例，讲解利用教学版的集成电路测试设备进行 74HC283 芯片的选择通道显示功能测试，并掌握相关函数的应用。

1. 74HC283 芯片功能测试的具体测试要求

要求用测试机和 74HC283 测试电路，结合真值表将 74HC283 的 B 通道输入设为 3，可与其 A 通道的输入信号（A 输入 0~9 的二进制数）叠加后转换为余 3 码。转换后的码值利用数码管显示。

1）测试前先仔细阅读芯片数据手册，确定待测芯片的功能，利用 EDA 软件仿真验证待测试芯片的应用电路。

2）根据仿真电路焊接、调试完成测试工装。

3）再根据待测芯片真值表及功能要求，进行 DUT 板接线设计。

4）利用 LK8820 上位机软件完成测试程序项目文档的创建，要求项目文档的储存路径为"D:\exercise"，并以"74HC283_XXX"（其中"XXX"为学号末尾 3 位）命名。

5）测试前先仔细阅读资料，了解创建集成电路测试工程文件的操作步骤。

6）编写测试程序，并加载代码，记录测试结果。

7）测试结果参数名按照"SXX"格式编写，其中"XX"为待测芯片引脚序号，见表 3-15。若所测输出电压值与理论计算一致，则此 74HC283 芯片为良品。

表 3-15　74HC283 芯片的功能测试结果记录

参　　数	单　　位	最　小　值	最　大　值	测　试　值
S0	V	—	5	
S1	V	—	5	
S2	V	—	5	
S3	V	—	5	

2. 74HC283 芯片功能测试的任务分析

本小节的测试任务重点是熟悉教学版的集成电路测试设备的使用方法，掌握 74HC283 芯片功能测试的原理及方法，注意在测试中可能出现的错误。

因此，对于本次测试任务，读者需掌握以下几点：

1）查阅芯片手册，明确 74HC283 芯片的功能。通过设置 B 输入 3，A 输入 0~9 对应的二进制数，经过 74HC283 累加后输出余 3 码，经 74LS48 译码后驱动数码管显示。

2）根据 74HC283 芯片的真值表，设计搭建 74HC283 芯片的功能电路，并设置好测试点。

3）熟练操作 LK8820 测试平台，注意正确使用测试函数。

4）注意测试程序中的待测引脚与测试结果输出表格中一一对应。

5）掌握 _on_vpt（）、MSleep_mS（）、_set_logic_level（）、_sel_comp_pin（）、_set_drvpin（）、_pmu_test_iv（）、para.Format（）、cy->_off_vpt（）等函数的正确使用。

6）注意在测试过程中不要按下急停按钮。

上面这些问题均已在前面对应的小节详细说明，请读者仔细阅读并跟练，然后完成对应的实训任务。

3.5.2　74HC283 芯片功能测试任务实施

1. 74HC283 芯片功能测试的测试工装准备

根据设计要求需要利用开关（或测试机 PIN 脚）随机输入一个二进制码，另一个二进制输入端固定为"3"，测试机将根据读取到的 74HC283 芯片输出信号，经 74LS48 芯片译码后，由 74LS48 芯片驱动数码管显示余 3 码值。

74LS48 芯片和数码管的内容在 3.2.2 中已经介绍，不再赘述。具体电路仿真图如图 3-15 所示，测试工装实物图如图 3-16 所示，具体接线见表 3-16。

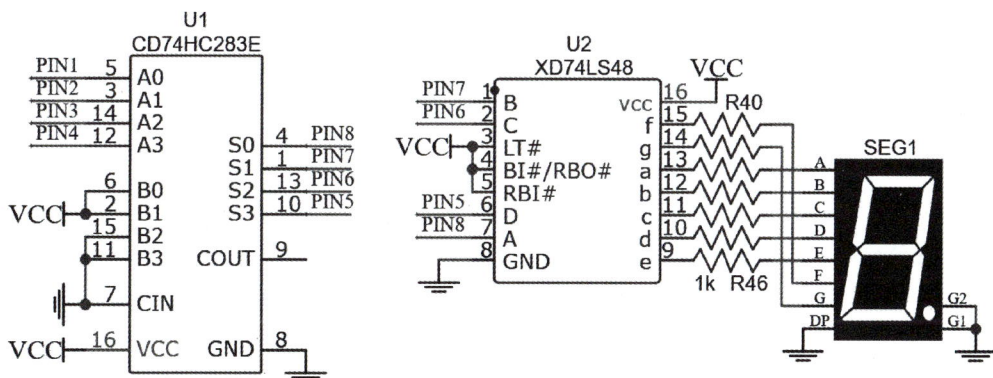

图 3-15　74HC283 芯片功能测试电路仿真图

2. 74HC283 芯片功能测试步骤

结合在 3.1.5 小节中介绍的全加器原理，3.1.2 小节中分析的 74LS48 芯片驱动数码管的工作原理以及 3.1.1 小节中详细介绍的共阴数码管显示原理，梳理 74HC283 芯片功能测试的具体测试步骤如下。

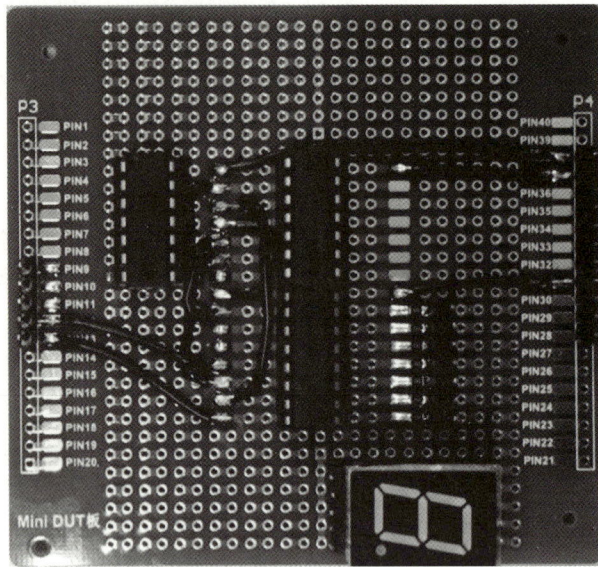

图 3-16　74HC283 功能测试工装实物图

表 3-16　74HC283 芯片功能测试接线表

74HC283 芯片		LK8820 测试端口	
引　脚　号	引脚符号	I/O 引脚	功　　能
4	S0	PIN4	数据输入端
1	S1	PIN3	
13	S2	PIN2	
10	S3	PIN1	
16	VCC	VCC	电源端
8	GND	GND	接地端

1）将制作好的测试工装先插到 DUT 板上，然后将 DUT 板卡正确地安装在测试机 LK8820 的外挂盒上，利用杜邦线根据表 3-16 中的接线安排做好测试工装与测试机接口之间的连接。

2）设置好 74HC283 芯片 A 通道输入信号后，启动测试，读取 74HC283 芯片的输出结果，同时将结果输出给 74LS48 芯片的输入端。

3）观察数码管的显示情况，此时数码管上应显示输入 74HC283 芯片的码值对应的余 3 码。

4）做好测试结果记录。

若数码管上显示内容不正确，则利用万用表先测量 74HC283、74LS48 等芯片的电源供电是否正常，再测量各输出引脚的电压，检查是否符合真值表输出情况，反复检查测试工装，保证 74HC283 芯片功能测试的成功。

3. 74HC283 芯片功能测试程序实现分析

结合在 3.1.5 中介绍的全加器原理，在准备好待测工装后，可以进行测试工程文件的创建、代码的编写。具体的程序实现步骤如下。

（1）主测试程序 J8820_luntek. cpp 编写

1）首先是全局变量声明。

2）在主测试入口程序中定义芯片引脚。

3）在主测试入口程序中编写 74HC283 芯片的功能测试程序。

4）输出测试结果。

（2）编辑 ParameterList. xlsx 文件

该 ". xlsx" 文件包含了用户进行 74HC283 芯片的功能测试时所要修改和配置的文件，主要对相关参数进行编写，编写格式比较严格规整，不能随便篡改。

4. 74HC283 芯片功能测试程序设计

由于测试案例的工程文件中包括很多文件，限于篇幅，书中只给出一些关键代码的说明。读者可以从本书配套资源中获取完整的测试工程文件。ParameterList. xlsx 文件的具体内容见表 3-17。

```
void PASCAL J8820_luntek( CCyApiDll * cy)
{
//测试程序
    CString para;
    int i;
    cy->_on_vpt( 1, 5, 5);
    cy->MSleep_mS( 20);
    cy->_set_logic_level( 2, 0.8, 2.4, 0.4);
    cy->MSleep_mS( 20);
    cy->_sel_comp_pin( 1, 2, 3, 4, 0);
    cy->MSleep_mS( 20);
    cy->_set_drvpin( "L", 1, 2, 3, 4, 0);
    cy->MSleep_mS( 20);
    for ( i = 0; i <= 3; i++)
    {
        para. Format( _T( "S %d"), i);
        cy->_pmu_test_iv( para, i, 2, 0, 3, 1, 0);
        cy->MSleep_mS( 20);
    }
    cy->_off_vpt( 1);
    cy->MSleep_mS( 20);
}
```

表 3-17　74HC283 功能测试 ParameterList. xlsx 文件的内容

参数名称	单位	最小值	最大值	失效数（编辑无效）	当前值（编辑无效）
S0	V	0	5	0	
S1	V	0	5	0	
S2	V	0	5	0	
S3	V	0	5	0	

5. 74HC283 芯片功能测试实操演示

利用 LK8820 测试平台进行 74HC283 芯片功能测试的测试结果如图 3-17 所示。

74HC283 芯片功能测试案例分析

测试结果

	参数名称 ①	单位	最小值	最大值	异常值数量	Sitel
	S0	V	0	5	0	0.82
	S1	V	0	5	0	0.764
	S2	V	0	5	0	2
	S3	V	0	5	0	2

图 3-17　74HC283 芯片功能测试的测试结果

读者扫描右侧的二维码可获取 74HC283 芯片功能测试的整个实操过程教学视频，由于测试机一直在迭代更新中，读者注意同步专用测试机的最新资料。

3.6　典型数字芯片功能测试常见错误

错误 1：芯片接反了，导致无法正常测量，情况严重的可能导致芯片损坏或者测试机损坏，如图 3-18 所示。

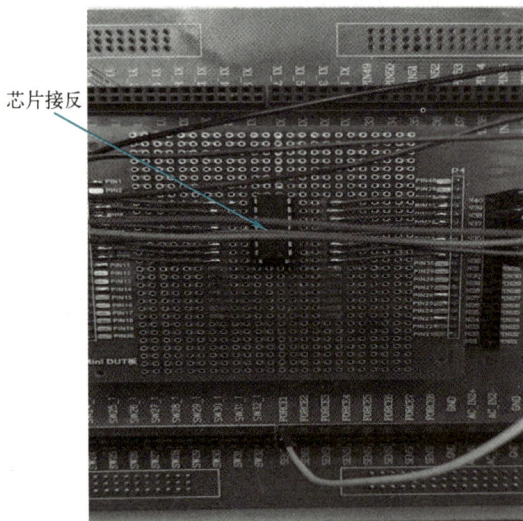

芯片接反

图 3-18　芯片接反了

错误 2：使用 _sel_drv_pin（）、_sel_comp_pin（）和 _set_drvpin（）函数时，引脚定义完成后没有以 0 结尾，如图 3-19 所示。

错误 3：测试程序中，最终只需要打印一个参数结果，但是 Excel 表格中，却出现了很多未测参数名等，导致测试机报错，如图 3-20 所示。

```
cy->_sel_drv_pin(A1, A2, A3, A4, B1, B2, B3, B4, 1);
cy->_sel_comp_pin(Y1, Y2, Y3, Y4, 1);
cy->MSleep_mS(10);
cy->_set_drvpin("L", A1, A2, A3, A4, B1, B2, B3, B4, 1)
cy->MSleep_mS(10);
```
引脚定义完成后都要以0结尾，
否则会报错

图 3-19　引脚定义没有以 0 结尾

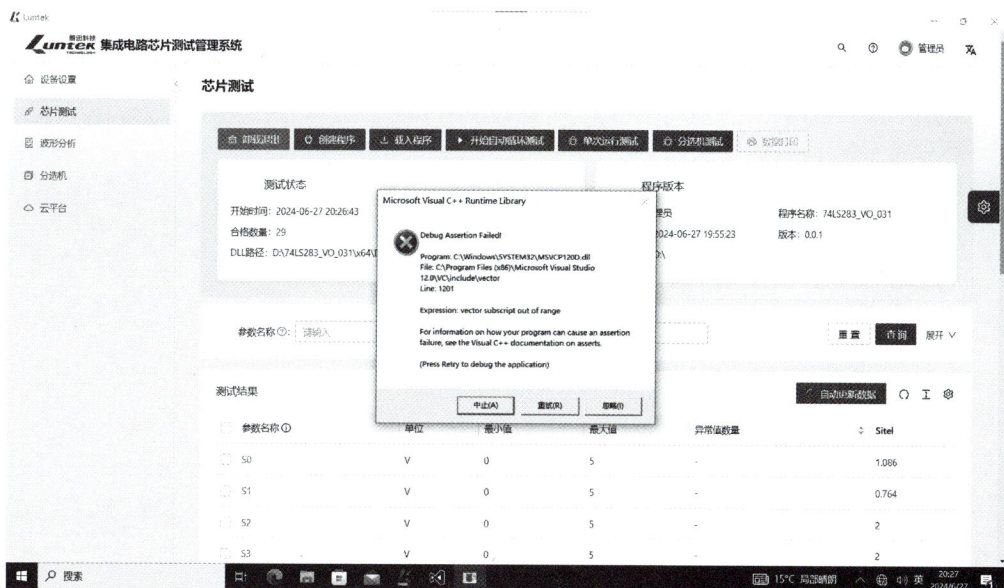

图 3-20　Excel 表格中有多余的未测参数名

3.7　练一练

通过对几款典型数字芯片的功能测试案例学习，读者已经掌握了数字电路综合应用的测试方法。在参考项目案例资料进行自主练习时，要发扬"螺丝钉"精神，脚踏实地，在平凡的测试工作中坚守初心、担当使命。正如习近平总书记勉励当代大学生，"善于在平凡的岗位上创造不平凡的业绩"。要以主人翁意识投入到每一项测试实践中，用心钻研每一个技术细节，在潜移默化中锤炼过硬本领。

在巩固数字芯片典型参数测试练习时，要秉持工匠精神，以"精益求精、追求卓越"的态度对待每个测试环节，举一反三，力求测试数据准确，测试结果精确。

具体要求如下。

1. 74LS48 参数测试

（1）I_{DD} 静态工作电流测试

1）测试条件：$V_{DD} = 3\,\text{V}$，$\text{LE} = 1$，$\overline{\text{BI}} = 1$，$\overline{\text{LT}} = 1$。

2）测试要求：输出测试结果并标注单位。

（2）V_{OH} 输出高电平电压测试

1）测试条件：$V_{DD} = 5\,V$，$I_{OH} = -17\,mA$。

2）测试要求：测试 a、b、c、d、e、f、g 引脚，输出测试结果并标注单位。

（3）I_{OL} 输出低电平电流测试

1）测试条件：$V_{DD} = 5\,V$，$V_{OL} = 0.6\,V$。

2）测试要求：测试 a、b、c、d、e、f、g 引脚，输出测试结果并标注单位。

（4）I_{IL} 输入低电平电流测试

1）测试条件：$V_{DD} = 5.25\,V$，$V_{IN} = 5.25\,V$。

2）测试要求：测试 A、B、C、D 引脚，输出测试结果并标注单位。

2. SN74F157 参数测试

（1）对地 $-150\,\mu A$ 开/短路测试

（2）V_{OL} 输出低电平电压测试

（3）I_{OH} 输出高电平电流测试

（4）I_{IH} 输入高电平电流测试

3. 74HC393 参数测试

（1）开/短路测试

（2）V_{OL} 输出低电平电压测试

（3）I_{OH} 输出高电平电流测试

（4）I_{IH} 输入高电平电流测试

4. 74HC283 参数测试

（1）开/短路测试

（2）V_{OL} 输出低电平电压测试

（3）I_{OH} 输出高电平电流测试

（4）I_{IH} 输入高电平电流测试

3.8 拓展知识——两位数码管显示驱动

项目 3 前面的案例中都是使用 1 位数码管显示，如果希望使用两位数码管显示，数码管的驱动方案有很多种，多位数码管显示有静态显示和动态显示两种。但由于测试机的特殊性，即使采用静态显示方式设计电路，在编写测试代码时也需用动态显示的思路思考。这里给出几种方案，请读者多思考练习。

两位数码管显示方案一：如图 3-21 所示，两个数码管的各段由同一个 CD4511 芯片驱动，位选段分别由测试机的 PIN 脚独立控制，采用的是动态显示设计思路。此时测试机需将每个数码管要显示的内容分时输出，然后利用人眼的视觉暂留效应，快速切换两位数码管显示的内容，可以造成两个数码管的内容同时显示的假象。

两位数码管显示方案二：如图 3-22 所示，两个数码管的各段分别由一个 74LS48 芯片驱动，其位选端直接接地，数码管的显示内容只需测试机直接输出给 74LS48 芯片的输入端。由于测试机函数执行的特殊性，如果想要两个数码管同时显示，测试机需要循环快速切换输

出需显示的内容给 74LS48 芯片的输入端。否则无法造成两个数码管同时显示的假象。

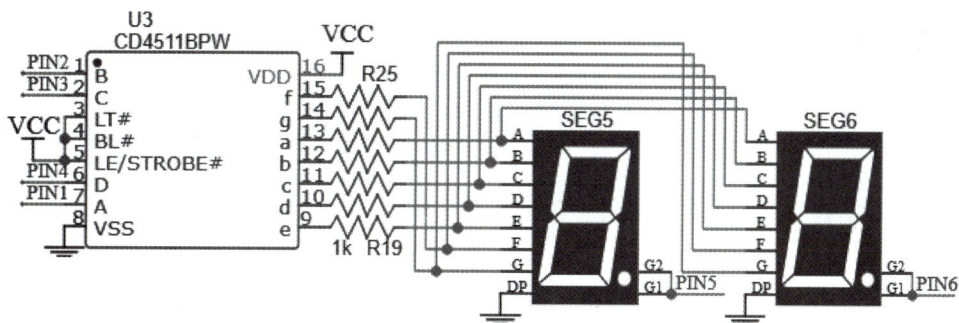

图 3-21　两位数码管显示仿真方案一

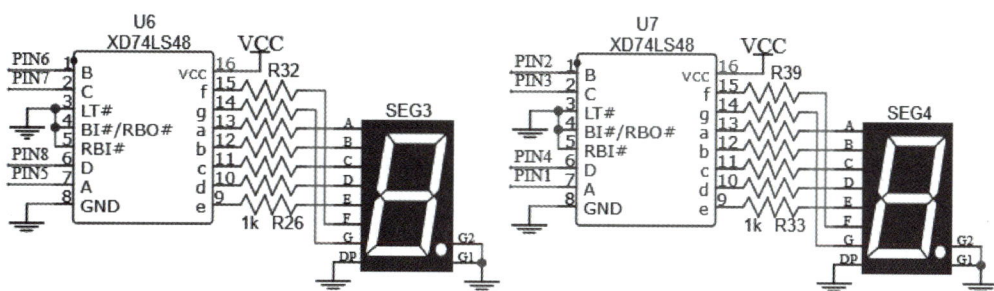

图 3-22　两位数码管显示仿真方案二

项目 4　模拟芯片典型参数测试

项目导读

集成电路产业是信息技术产业的核心，是支撑经济社会发展和保障国家安全的战略性、基础性和先导性产业。党的二十大报告中指出，"加快实现高水平科技自立自强"。站在"两个一百年"的历史交汇点，中国"芯"正迎来前所未有的发展机遇和挑战。

模拟芯片是集成电路的重要组成部分，广泛应用于通信、消费电子、工业控制、汽车电子等领域。模拟芯片的性能参数直接决定整机系统的技术指标和质量水平。因此，全面、精准、高效地模拟芯片参数测试已成为保障芯片质量、提升产品竞争力的关键一环。

本项目立足新时代中国"芯"发展的战略需求，聚焦模拟芯片典型参数测试这一重要领域，旨在通过校企协同育人的创新模式，培养一批理论功底扎实、工程实践能力强、创新意识突出的高素质专业技术人才。

百年栉风沐雨，中国"芯"厚积薄发。项目将秉持爱国奉献精神，激发创新创造活力，为推动中国集成电路产业实现跨越发展、建设科技强国贡献青春力量。站在新的赶考之路上，愿莘莘学子勇立潮头、开拓进取，以模拟芯片参数测试的新成果，谱写中华民族伟大复兴的壮丽华章！

知识目标	1. 掌握输入失调电压测试 2. 掌握输出短路电流测试 3. 掌握共模抑制比测试 4. 掌握开环增益测试
技能目标	1. 掌握数据手册的阅读 2. 掌握模拟芯片典型参数测试电路的设计与调试 3. 掌握仿真软件的使用
素质目标	1. 严谨求实的科学态度和工匠精神，恪守科学精神，坚持实事求是，不弄虚作假 2. 善于学习的开放心态和创新意识，保持开放包容的心态，广泛涉猎，博采众长 3. 诚实守信、严于律己的职业道德，诚实正直，言行一致，严格遵守职业道德和学术规范
教学重点	1. 模拟芯片典型参数测试电路的设计 2. 模拟芯片典型参数测试程序设计 3. 专用测试机与通用仪器的使用
教学难点	1. 模拟芯片典型参数测试电路的设计 2. 模拟芯片典型参数测试程序设计
建议学时	12~16 学时

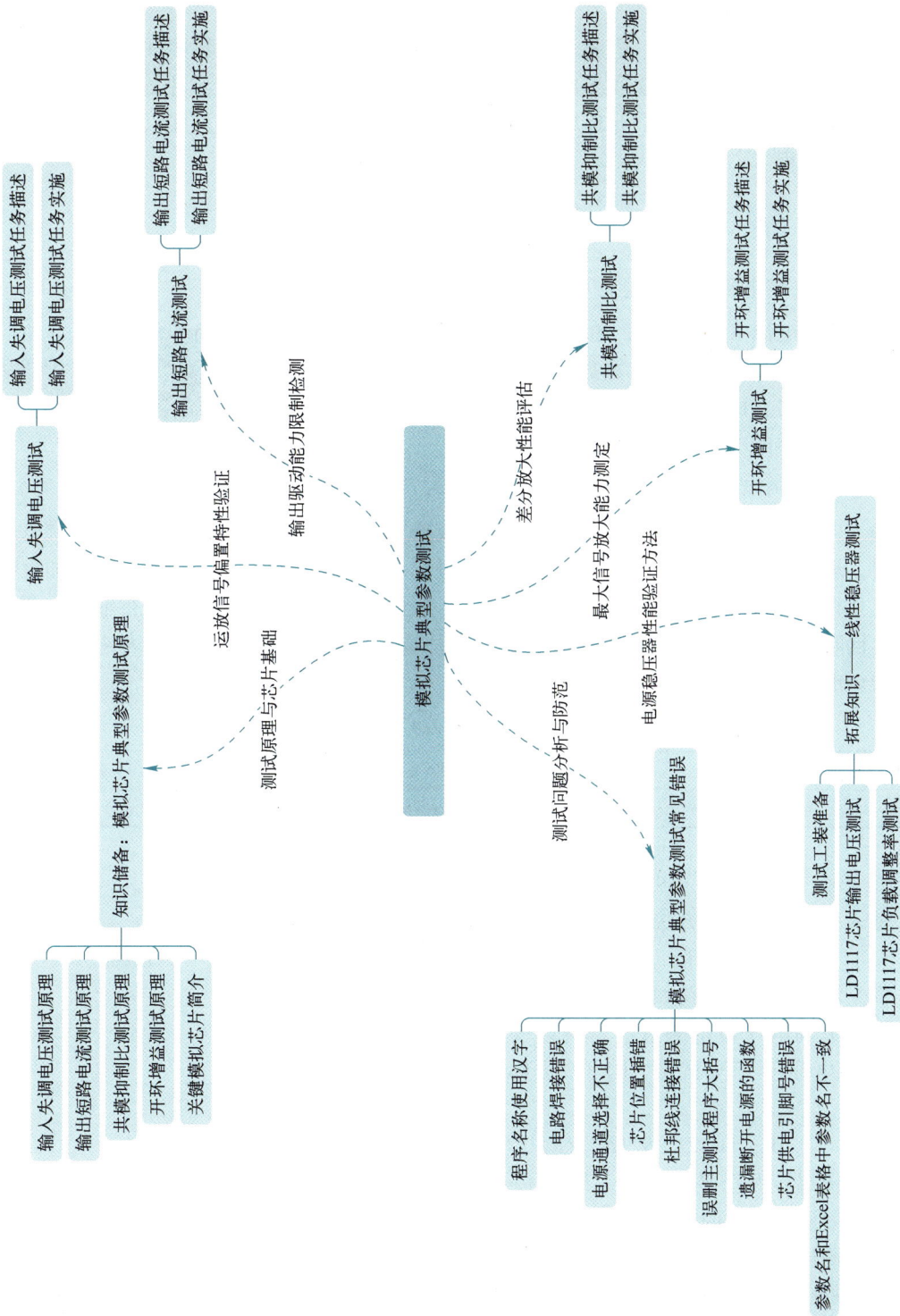

模拟芯片典型参数测试

知识储备：模拟芯片典型参数测试原理

测试原理与芯片基础
- 输入失调电压测试原理
- 输出短路电流测试原理
- 共模抑制比测试原理
- 开环增益测试原理
- 关键模拟芯片简介

运放信号偏置特性验证

输入失调电压测试
- 输入失调电压测试任务描述
- 输入失调电压测试任务实施

输出驱动能力限制检测

输出短路电流测试
- 输出短路电流测试任务描述
- 输出短路电流测试任务实施

差分放大性能评估

共模抑制比测试
- 共模抑制比测试任务描述
- 共模抑制比测试任务实施

最大信号放大能力测定

开环增益测试
- 开环增益测试任务描述
- 开环增益测试任务实施

电源稳压器性能验证方法

拓展知识——线性稳压器测试
- 测试工装准备
- LD1117芯片输出电压测试
- LD1117芯片负载调整率测试

测试问题分析与防范

模拟芯片典型参数测试常见错误
- 程序名称使用汉字
- 电路焊接错误
- 电源通道选择不正确
- 芯片位置插错
- 杜邦线连接错误
- 误删主测试程序大括号
- 遗漏断开电源的函数
- 芯片供电引脚号错误
- 参数名和Excel表格中参数名不一致

4.1 知识储备：模拟芯片典型参数测试原理

常用的模拟芯片有运放、电源、场效应晶体管等，涉及的典型参数测试项目很多。本项目将以典型的 LM358、LF353 和 UA741 等芯片为例，分别阐述模拟芯片的输入失调电压、输出短路电流、共模抑制比和开环增益等典型参数的测试原理及方法，并以实际测试案例演示测试的全过程。

4.1.1 输入失调电压测试原理

1. 输入失调电压测试的定义

输入失调电压（V_{OS}/V_{IO}），通常被称为 Input offset voltage，指在差分放大器或差分输入的运算放大器中，为了在输出端获得恒定的零电压输出，而需在两个输入端所加的直流电压差。此参数表征差分放大器的本级匹配程度，越小越好。

输入失调电压测试原理

2. 输入失调电压测试的目的

输入失调电压测试的目的是在差分放大器或差分输入的运算放大器中，输入失调电压不为零时，运算电路的输出电压将产生误差。通过输入失调电压测试，在两个输入端加直流电压差，使得输出端可以获得恒定的零电压输出。假设待测芯片是 LM358，进行输入失调电压测试，同时结合芯片数据手册，可知 LM358 芯片输入失调电压测试条件见表 4-1，即可得输出失调电压最大值为 7 mV。

表 4-1　LM358 芯片输入失调电压测试条件

参　　数		测 试 条 件	最小	典型	最大	单位
V_{iO}	输入失调电压	$V_S = 5 \sim 30\,V$；$V_{CM} = 0\,V$；$V_O = 1.4\,V$		3	7	mV

3. 输入失调电压测试的原理及方法

输入失调电压测试方法有辅助运放测试法和简易测试法两种。

（1）简易测试法测量

简易测试法测试电路如图 4-1 所示，图中 U1 为被测运放，失调电压被待测运放自身以噪声增益放大。输入失调电压等于测试端 TP1 电压 V_{TP} 除以噪声增益，即

$$V_{OS} = V_{TP}/[(R_1 + R_2)/R_1]$$

式中，同向端接两个平衡电阻，是为了平衡连接处节点的热电效应所引起的误差。

简易测试法的注意事项如下：

1）被测芯片的失调电压不超过几毫伏。

2）R_1 与 R_2 的精度决定测试精度。

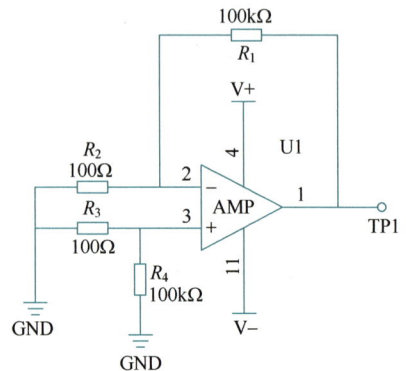

图 4-1　输入失调电压测试——
简易测试法测试电路

（2）辅助运放测试法测量

辅助运放测试法测试电路如图 4-2 所示，图中 U1 为辅助运放，U2 为被测运放。被测运放与辅助放大器配置为负反馈。辅助运放与 R_3、C_1 所组成的积分电路带宽被 R_3、C_1 限制在几赫兹，即辅助运放把被测芯片的输出电压以最高增益放大。辅助放大器的输出电压经过电阻 R_4 和 R_2 组成的 1001∶1 衰减器衰减后输入到被测电路同向端。负反馈将被测运放输出驱动至 0 电位。测量辅助运放输出端电压 V_{TP}，则输入失调电压为

$$V_{OS} = V_{TP} \times R_2 / (R_2 + R_4)$$

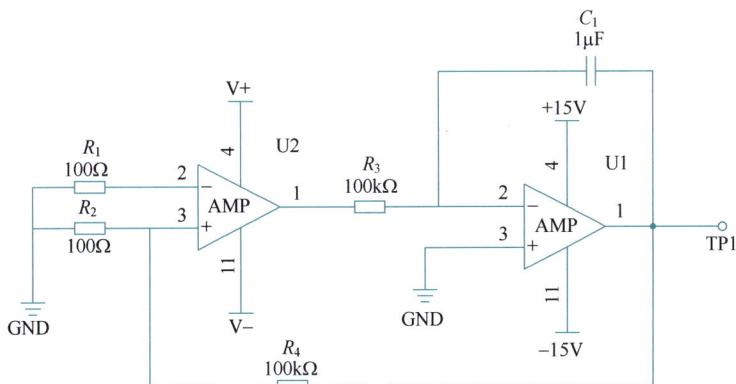

图 4-2　输入失调电压测试——辅助运放测试法测试电路

辅助运放测试法的注意事项如下：

1）测试时被测运放应在指定条件（依据芯片数据手册要求）下工作。

2）若被测运放的失调电压可能超过几毫伏，则辅助运放的供电电压应当用 ±15 V。

3）若被测运放的失调电压超过 10 mV，则通过适当调整 R_4 的阻值可使辅助运放工作在线性状态。

4）电阻 R_1 为 R_2 的平衡电阻（减少输入电流对测量的影响），所以 R_1 和 R_2 需精密配对。

5）R_2 与 R_4 的精度决定测试精度。

4.1.2　输出短路电流测试原理

1. 输出短路电流测试的定义

输出短路电流（Out Put Short Circuit Current）就是输出端口处于短路状态时，输出端电流值的大小。

输出短路电流测试原理

2. 输出短路电流测试的目的

输出短路电流测试的目的是确保当器件工作在恶劣负载条件下，其输出依然能够满足设计要求，并且在输出短路条件下，其电流能够控制在预先定义的范围内。这是电流表征器件引脚给一个容性负载充电时可提供的最大电流。

3. 输出短路电流测试的原理及方法

输出短路电流测试的测试原理如图 4-3 所示，假设待测芯片是 LM358，进行输出短路电流测试，同时结合芯片数据手册，可知 LM358 芯片输出短路电流测试条件见表 4-2，即

可得输出对地短路电流最大值为±60 mA。

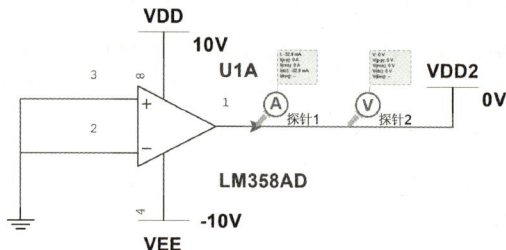

图 4-3　输出短路电流测试原理

表 4-2　LM358 芯片输出短路电流测试条件

参　数		测 试 条 件	最小	典型	最大	单位
I_{SC}	短路电流	$V_S = 20\,V$, $V_+ = 10\,V$, $V_- = -10\,V$, $V_O = 0\,V$		±40	±60	mA

以 LM358 芯片为例，首先对芯片的同相输入端和反相输入端输入合适信号，然后根据测试要求对芯片提供±10 V 的工作电压，之后，施加 0 V 的电压到输出引脚上，接着测量电流并将测量值与芯片数据手册给出的电流值进行对比，若在给定的范围之内，则芯片为良品，否则为非良品。

注意电源供电方式不是唯一的，不同的供电可能会影响其测量数值，同时，输入端不同的状态也会影响其测量值。且短路电流测量时不宜上电时间过长，否则可能烧毁芯片。

4.1.3　共模抑制比测试原理

1. 共模抑制比测试的定义

共模抑制比，英文全称是 Common Mode Rejection Ratio，一般用简写 CMRR 来表示，符号为 K_{cmr}，单位是分贝（dB）。为了说明差分放大电路抑制共模信号及放大差模信号的能力，常用共模抑制比作为一项技术指标来衡量，其定义为放大器对差模信号的电压放大倍数 A_d 与对共模信号的电压放大倍数 A_c 之比。

2. 共模抑制比测试的目的

共模抑制比是评价放大器对共模信号抑制能力的一个指标。共模抑制比越高，放大器对共模噪声的抑制能力越强，能够提高信号的信噪比，从而提高整个系统的性能。共模噪声是指信号源两端的噪声信号，即在直流分量相同的情况下，两个电极相对地取得的噪声。测试共模抑制比的目的是判断本芯片的共模抑制比有没有达到设计要求，提高共模抑制比可以有效抑制共模噪声。

提高共模抑制比在各个领域的应用都是非常广泛的。在音频、视频、通信等领域常常用到模拟信号处理模块，提高共模抑制比等于提高信号质量。在数字系统中，信号经过 A/D 转换后，通常都会引入一定数量的噪声，提高共模抑制比以去除共模噪声，有助于提高数字系统的抗噪能力和信号采集精度。

3. 共模抑制比测试的原理及方法

共模抑制比的测试方式有两种。

（1）辅助运放测试法

辅助运放测试法的测试电路仿真如图 4-4 所示，U1 为被测运放，U2 为辅助运放，通过改变电源电压的方式来改变运放的共模输入电压，分别测量变化前后的失调电压，计算共模抑制比。共模输入变化导致的输出电压的变化被环路在被测运放输入端补偿，使共模电压变化前后被测运放的输出一直维持不变。

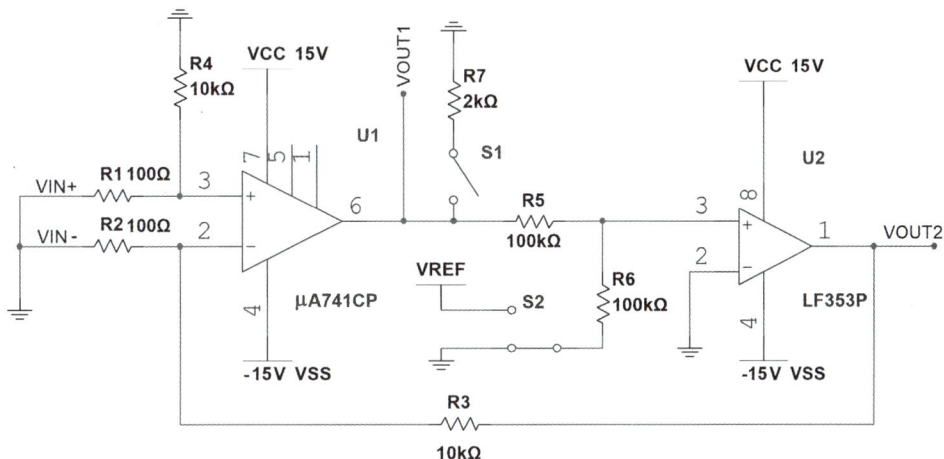

图 4-4　共模抑制比测试——辅助运放测试法测试电路仿真图

共模抑制比为

$$CMRR = 20\log((1+R_3/R_2) \times (V_+ - V_-)/(V_{o2} - V_{o3}))$$

图 4-4 中辅助运放采用的是 LF353 运放，$R_1 = R_2 = 100\,\Omega$，$R_3 = R_4 = 10\,k\Omega$，$R_5 = R_6 = 100\,k\Omega$，$R_7 = 2\,k\Omega$，S_1 和 S_2 是通用开关，可通过 LK8820 继电器开关切换，也可自行切换。

辅助运放测试法具有以下优点：

- 被测器件的直流状态能自动稳定，且易于建立测试条件。
- 环路具有较高的增益，有利于微小量的精确测量。
- 可在闭环条件下实现开环测试。
- 易于实现不同参数测试的转换。

辅助运放测试法的注意事项如下：

- 测试时被测运放应在指定条件下工作。
- 电阻 R_1 为 R_2 的平衡电阻（减少输入电流对测量的影响），所以 R_1 和 R_2 需要精密配对。
- 若被测运放的失调电压可能超过几毫伏，则辅助运放的供电电压应当用±15 V。
- 若被测运放的失调电压超过 10 mV，则通过适当调整 R_3 的阻值，可使辅助运放工作在线性区。

若两次测得的失调电压变化较小，则可通过增大共模输入电压（符合芯片共模输入电压范围）改善。

（2）简易测试法

简易测试法的测试电路如图 4-5 所示，图中将被测运放配置为差分放大电路，信号施加于两输入端，测量输出端。具有无限 CMRR 的放大器输出电压不会产生变化。根据定义可得

$$\Delta V_{TP} = \frac{\Delta V_{IN}}{CMRR}\left(1 + \frac{R_1}{R_2}\right)$$

即共模抑制比为

$$CMRR = \frac{\Delta V_{IN}}{\Delta V_{TP}}\left(1 + \frac{R_1}{R_2}\right)$$

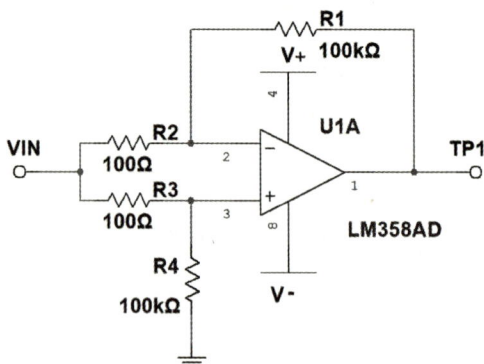

图 4-5 共模抑制比测试——简易测试法测试电路仿真图

简易测试法的注意事项如下：

- 电阻的比率匹配极为重要，电阻对之间 0.1% 的不匹配就会导致 CMRR 仅为 66 dB。
- 如果被测运放的 CMRR 大于 10 dB，则电阻必须匹配在 1×10^{-6}（0.0001%）。

假设待测芯片是 μA741，进行共模抑制比测试，同时结合芯片数据手册，可知 μA741 芯片共模抑制比测试条件见表 4-3，即可得共模抑制比典型值为 90 dB。

表 4-3 μA741 芯片共模抑制比测试条件

参 数		测 试 条 件	最小	典型	最大	单位
CMRR	共模抑制比	$V_{IC} = V_{ICRmin}$	70	90		dB

4.1.4 开环增益测试原理

1. 开环增益测试的定义

开环增益是指当放大器中没有加入负反馈电路时的放大增益。加入负反馈后的增益称为闭环增益。由于负反馈降低了放大器的放大能力，所以在同一系统中，闭环增益一定小于开环增益。开环增益是指放大器在开环工作时，实际输出除以运放正负输入端之间的电压差，类似于运放开环工作，而实际上，运放不能开环工作。器件开环时输出电压的变化与输入差模电压的变化之比一般记作 A_{VD}。

2. 开环增益测试的目的

开环增益的大小对电路直流性能有一定的影响。当开环增益无穷大时，闭环增益就等于噪声增益（同相放大的信号增益）。然而真实放大器的开环增益存在限制，以一款开环增益为 120 dB（1000000 倍）的放大器为例，噪声增益为 100 时，闭环增益误差为 0.01%。如果开环增益保持不变，那么无须测量直接标定处理 0.01% 的增益误差。但是开环增益受到工作环境影响产生变化时，会引起闭环增益的不确定度。当示例中的放大器受工作环境影响，开环增益下降到 100 dB 时，闭环增益误差变为 0.1%，即闭环增益误差的不确定度为 0.99%。因此选择开环增益值较大的放大器，可以减小增益非线性误差。进行芯片开环增益测试，可以判断此芯片的开环增益是否达到设计要求。

3. 开环增益测试的原理及方法

A_{VD} 的理想值为无限大，其表示法有使用 dB 及 V/mV 等，例如 μA741 及 LM358 的 A_{VD} 典型值均为 200 V/mV 或 106 dB。其测试原理仿真图如图 4-6 所示。

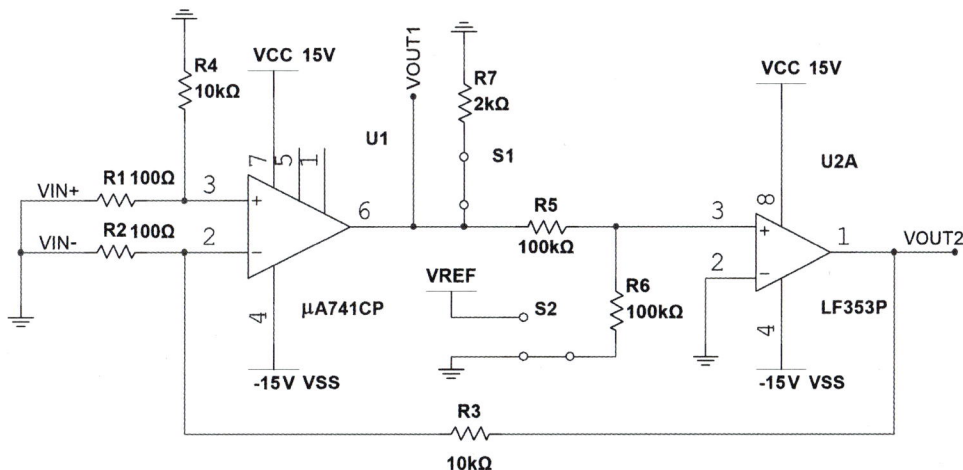

图 4-6　开环增益测试原理仿真图

假设待测芯片是 μA741，进行开环增益测试，同时结合芯片数据手册，可知 μA741 芯片开环增益测试条件见表 4-4，即可得开环增益典型值为 200。

表 4-4　μA741 芯片开环增益测试条件

参　　数		测 试 条 件	最小	典型	最大	单位
A_{VD}	大信号差分电压放大	RL≥2 kΩ $V_{IC} = V_{ICRmin}$	20	200		V/mV

4.1.5　关键模拟芯片简介

1. LM358 芯片简介

LM358 是一款双路低功耗的差分式运算放大器，内部包含两个独立的，具有单、双电源。它具有较高的开环增益、内部补偿、高共模范围和良好的温度稳定性，以及具有输出短路保护的特点。它可应用于传感器的放大电路、直流放大模块、音频放大电路和传统的运算放大电路中。

LM358 的封装形式有塑封 8 引脚双列直插式和贴片式。图 4-7 为 LM358 芯片的引脚图，各引脚的功能见表 4-5。LM358 电源电压范围宽：单电源为 3～+30 V；双电源为±1.5～±15 V。后续案例中涉及的 LM358 芯片典型参数测试条件见表 4-6。

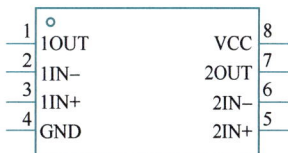

图 4-7　LM358 芯片的引脚图

表 4-5　LM358 芯片引脚功能表

引脚序号	引脚名称	引 脚 功 能	引脚序号	引脚名称	引 脚 功 能
1	1OUT	运放输出端	5	2IN+	运放同相输入端
2	1IN-	运放反相输入端	6	2IN-	运放反相输入端
3	1IN+	运放同相输入端	7	2OUT	运放输出端
4	GND	负电源	8	VCC	正电源

表 4-6　LM358 芯片典型参数测试条件

参　　数		测 试 条 件		最小	典型	最大	单位
V_{OS}	失调电压	LM358B			±0.3	±3.0	mV
			$T_A = -40\sim85℃$			±4	mV
		LM358BA				±2.0	mV
			$T_A = -40\sim85℃$			±2.5	mV
I_{SC}	短路电流	$V_S = 20\,V$，$(V_+) = 10\,V$，$(V_-) = -10\,V$，$V_O = 0\,V$			±40	±60	mA

2. μA741 芯片简介

μA741 器件是一款具有失调电压清零功能的一路通用运算放大器，具有高共模输入电压范围且无锁存，因此是电压跟随器应用的理想选择。该器件具有短路保护功能，并且内部频率补偿可在无须外部组件的情况下确保稳定性。失调电压清零输入之间可以连接一个低值电位器，从而将失调电压清零。

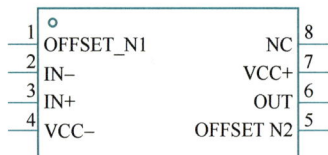

图 4-8　μA741 芯片引脚图

μA741 具有宽泛的共模和差分电压范围。μA741 芯片引脚图如图 4-8 所示。

μA741 引脚功能见表 4-7，后续案例中涉及的典型参数测试条件见表 4-8。

表 4-7　μA741 芯片引脚功能表

引脚序号	引脚名称	引 脚 功 能	引脚序号	引脚名称	引 脚 功 能
1	OFFSET N1	输入补偿电压调整	5	OFFSET N2	输入补偿电压调整
2	IN-	运放反相输入端	6	OUT	运放输出端
3	IN+	运放同相输入端	7	VCC+	正电源
4	VCC-	负电源	8	NC	悬空

表 4-8　μA741 芯片典型参数测试条件

参　　数		测 试 条 件		最小	典型	最大	单位
CMRR	共模抑制比	$V_{IC} = V_{ICRmin}$	25℃	70	90		dB
			全范围	70			
A_{VD}	大信号差分电压放大	$R_L \geqslant 2\,k\Omega$	25℃	20			V/mV
		$V_O = \pm10\,V$	全范围	15	200		

3. LF353 芯片简介

LF353 器件是一种低成本、高速、JFET 输入运算放大器，具有非常低的输入偏移电压。它需要低供电电流，但保持大的增益带宽乘积和快速转换速率。此外，匹配的高压 JFET 输入提供非常低的输入偏置和偏移电流。

LF353 可用于诸如高速积分器、D/A 转换器、A/D 转换器等的应用中，采样和保持电路以及许多其他电路。LF353 芯片引脚图如图 4-9 所示，其各引脚功能见表 4-9。

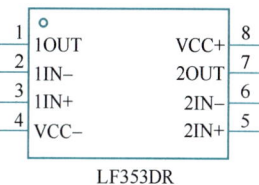

图 4-9　LF353 芯片引脚图

表 4-9　LF353 芯片引脚功能表

引脚序号	引脚名称	引 脚 功 能	引脚序号	引脚名称	引 脚 功 能
1	1OUT	运放输出端	5	2IN+	运放同相输入端
2	1IN-	运放反相输入端	6	2IN-	运放反相输入端
3	1IN+	运放同相输入端	7	2OUT	运放输出端
4	VCC-	负电源	8	VCC+	正电源

4. OP07 芯片简介

OP07 是一种高精度运算放大器，具有低偏置电流和低噪声，适用于精密测量和控制系统。OP07 芯片引脚图如图 4-10 所示，其各引脚功能见表 4-10，其典型参数测试条件见表 4-11。

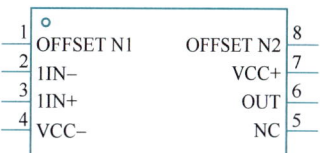

图 4-10　OP07 芯片引脚图

表 4-10　OP07 芯片引脚功能

引脚序号	引脚名称	引 脚 功 能	引脚序号	引脚名称	引 脚 功 能
1	OFFSET N1	外部输入偏置电压调整	5	NC	无
2	1IN-	运放反相输入端	6	OUT	运放反相输入端
3	1IN+	运放同相输入端	7	VCC+	运放输出端
4	VCC-	负电源	8	OFFSET N2	外部输入偏置电压调整

表 4-11　OP07 芯片典型参数测试条件

参　　数		测　试　条　件		最小	典型	最大	单位
CMRR	共模抑制比	OP07C $V_{CM} = \pm 13\ V$		100	120		dB
			$T_A = 0 \sim 70℃$	97	120		
		OP07D $V_{CM} = \pm 13\ V$		94	110		
			$T_A = 0 \sim 70℃$	94	106		
A_{OL}	开环增益	$1.4\ V < V < 11.4\ V$ $R_L \geqslant 2\ k\Omega$	OP07C	100	400		V/mV
			OP07D		400		
		$V_O = \pm 10\ V$		120	400		
			$T_A = -40 \sim 125℃$	100	400		

注：环境温度 $T = 25℃$，供电电源 VCC $= \pm 15\ V$，$R_L = 2\ k\Omega$ 连接到中间电源，$V_{CM} = V_{OUT} =$ 中间电源（除非另有说明）。

4.2 输入失调电压测试

输入失调电压测试的原理分析在 4.1.1 小节中已经充分说明，本节将以仪器仪表为测试平台实施输入失调电压测试，读者可以扫描右侧的二维码查看教学视频。

输入失调电压测试案例分析

4.2.1 输入失调电压测试任务描述

本节将以 LM358 运算放大器芯片的输入失调电压测试为例，讲解利用通用仪器仪表进行输入失调电压测试。输入失调电压是表征运算放大器性能的一个重要参数，它反映了在输入端接地时，使输出端电位为零所需施加的两输入端之间的直流电压差。输入失调电压越小，运算放大器的直流性能越好。通过本节的学习，读者将掌握输入失调电压的测试原理、测试方法以及结果计算与分析。

1. 输入失调电压测试的具体测试要求

本次测试的具体任务要求是使用通用仪器仪表测试由 LM358 芯片、电阻和电容所搭建的测试电路，结合 LM358 芯片的数据手册给出的输入失调电压测试条件，完成 LM358 芯片的输入失调电压测试，测试出来的电压值 V_{os} 若不大于 3 mV 则为良品，否则为非良品。

1）测试前先仔细阅读芯片数据手册，理解待测芯片的应用电路工作原理。

2）仔细阅读输入失调电压测试原理，根据 LM358 芯片的数据手册，查阅待测试参数的测试条件，利用 EDA 软件仿真验证 LM358 芯片输入失调电压的测试。

3）然后选择合适元器件焊接测试电路，再进行 DUT 板接线设计。测试前先仔细阅读资料，了解仪器仪表操作步骤。

4）利用仪器仪表测得输出端电压大小，再通过公式计算输入失调电压值。测试结果参数名按照 "Vos" 格式编写，并记录于表 4-12。

表 4-12 输入失调电压测试任务单

参　　数	单　　位	测　量　值	理　论　值
V_{os}	V		

2. 输入失调电压测试任务分析

本节的测试任务重点是掌握输入失调电压的测试方法，读者需注意以下几点。

1）如何获取芯片数据手册并理解相关参数定义。

2）了解输入失调电压的测试原理及计算公式。

3）根据测试原理选择合适的元器件并正确焊接测试电路。

4）掌握相关仪器仪表的操作方法。

5）测试结果记录的参数名称及格式。

6）结合测试原理和公式，正确计算输入失调电压。

在测试结果分析时，需要根据选用的电阻阻值大小，将测得的输出电压代入推导出的计算公式，得到输入失调电压的计算值。这一计算过程需要读者对测试原理有深入的理解。根据运算放大器的放大电路原理，可以推导出输入失调电压与输出电压之间的数学关系式。通过合理设置电路中的反馈电阻和输入电阻的阻值，并将实际测得的输出电压值代入公式，即可准确计算出输入失调电压值。读者在完成计算后，还需对比计算值与测试值，分析误差产生的原因，并评估测试结果的可靠性。

请读者认真阅读并跟练，然后完成对应的实训任务。

4.2.2　输入失调电压测试任务实施

1. 输入失调电压测试工装准备

输入失调电压测试有简易测试法和辅助运放测试法。如果采用简易测试法，同相输入端需要连接两个电阻，一个 $100\,\Omega$，一个 $100\,\mathrm{k\Omega}$；反相输入端需要连接一个 $100\,\Omega$ 和一个 $100\,\mathrm{k\Omega}$ 的电阻，连接方式如图 4-1 所示。即使运放的两输入端接地，同时将运放的输出端通过负反馈电路接在运放的反向输入端。读取输出端 V_{TP} 的电压值，通过公式计算 $V_{\mathrm{OS}} = V_{\mathrm{TP}} / \left[(R_1 + R_2) / R_1 \right]$。

这种测量方式的缺点是：因为 V_{TP} 仅有数毫伏，一般仪器如果要测这么低的电压值，除其精确度要很高外，还要注意噪声干扰的影响。所以简易测试法的测试结果误差相对来说较大，一般会采用另一种方法测量输入失调电压，即辅助运放测试法。

为了提高测量精度，本案例将采用辅助运放测试法测试电路，利用通用仪器仪表实施测试，读者可以利用一些 EDA 工具，进行仿真验证，然后参考验证通过后的仿真电路搭建实体测试工装。具体输入失调电压测试的仿真图如图 4-11 所示。输入失调电压测试工装实物图如图 4-12 所示。搭建实体测试工装时，注意预留与通用仪器仪表的相关接口（接线端子）。

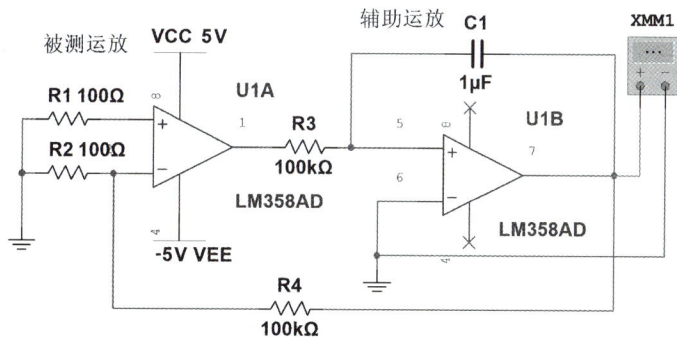

图 4-11　输入失调电压测试电路仿真图

U1B 为辅助运放，U1A 为被测运放。被测运放与辅助运放配置为负反馈。被测运放的两输入端均通过一个 $100\,\Omega$ 的电阻接地，即给予运放的两输入端相同电压，辅助运放同相输入端接地，反相输入连接对应的电阻 R_3，且与输出端连接一个电容。电容 C_1 可以降低整个电路的频率。辅助运放的输出电压经过电阻 R_4 和 R_2 组成的 1001:1 衰减器衰减后输入到被测电路同相端。负反馈将被测运放输出驱动至 0 电位。测量辅助运放输出端电压 V_{TP}，根据公式 $V_{\mathrm{OS}} = V_{\mathrm{TP}} \times R_2 / (R_2 + R_4)$ 得到输入失调电压值。

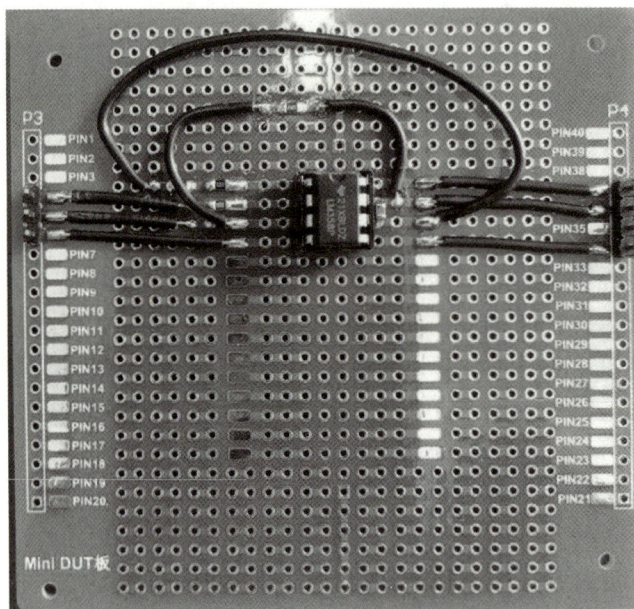

图 4-12　输入失调电压测试工装实物图

2. 输入失调电压测试步骤

结合在 4.1.1 小节中介绍的输入失调电压测试原理，制作好输入失调电压的测试工装后，接下来就可以进行测试了，具体测试步骤如下。

1）数字电源通道 1 和数字电源通道 2 提供 5 V 直流电压，将通道 1 负向输出端和通道 2 正向输出端连接在一起作"地"。将待测芯片的 VCC 引脚（电源引脚）连接数字电源通道 1 正向输出端，待测芯片的 GND 引脚连接数字电源通道 2 的负向输出端。

2）将待测芯片 2 号引脚、3 号引脚经 100 Ω 电阻和待测芯片 5 号引脚一起连接地。

3）在待测芯片待测引脚（7 号脚）输出端连接万用表（XMM1）红表笔，万用表（XMM1）的黑表笔连接地，测量待测引脚的电压并读出电压值。

4）利用万用表（XMM1）读出的电压数据 V_{TP}，根据公式 $V_{OS}=V_{TP}\times R_2/(R_2+R_4)$ 计算输入失调电压，若测得输出引脚的电压小于 3 mV，则被测芯片为良品，否则为非良品。

3. 输入失调电压测试实操演示

读者扫描右侧的二维码可获取 LM358 输入失调电压测试的整个实操过程教学视频。不同品牌的仪器仪表在操作上会略有差异，但测试原理和测试方法是一样的，所以读者要注意掌握测试案例的本质内容。

输入失调电压测试实操演示

4.3　输出短路电流测试

输出短路电流测试的原理分析在 4.1.2 节中已经充分说明，本节将以专用测试机（LK8820）为测试平台实施输出短路电流测试。

4.3.1　输出短路电流测试任务描述

本节将介绍如何利用 LK8820 测试平台对 LM358 运算放大器芯片进行输出短路电流测试。

1. 输出短路电流测试的具体测试要求

1）测试前先仔细阅读芯片数据手册，确认待测试参数的测试条件，利用 EDA 软件仿真验证待测试芯片的应用电路。

2）根据仿真电路焊接、调试完成测试工装，再进行 DUT 板接线设计。

3）利用 LK8820 上位机软件完成测试程序项目文档的创建，要求项目文档的储存路径为 "D：\exercise"，并以 "LM358_XXX"（其中 "XXX" 为学号末尾 3 位）命名。

4）测试前先仔细阅读资料，了解创建集成电路测试工程文件的操作步骤。

5）编写测试程序，并加载代码，记录测试结果。

6）要求对输出引脚进行输出短路电流测试，即设置输出端接地或者对输出端提供 0 V 的电压。测试结果参数名命名为 "ISC_XX"，其中 "XX" 为待测芯片引脚序号。测试结果记录请参考表 4-13。

表 4-13　输出短路电流测试结果记录

参　　数	单　　位	最　小　值	最　大　值	测　试　值
ISC_PIN1	mA	-60	60	

2. 输出短路电流测试任务分析

输出短路电流是表征运算放大器电流驱动能力和短路保护特性的重要参数。本测试任务的目的是让读者掌握使用集成电路测试设备进行该参数的测量。为了完成本任务，读者需要重点关注以下内容。

1）查阅数据手册确认 LM358 芯片输出短路电流的测试条件。根据芯片引脚功能设计 DUT 板接线。

2）熟练操作 LK8820 测试平台，注意正确使用测试函数。

3）编写测试程序，实现输出端短路并测量短路电流。

4）注意测试程序中的待测引脚与测试结果输出表格中一一对应。

5）掌握_on_vpt( )、MSleep_mS( )、_pmu_test_vi( )、para.Format( )、cy->_off_vpt( )等函数的正确使用。

6）正确设置测试参数名称和测试结果上下限。分析测试结果，判断芯片是否符合指标要求。

上面这些问题均已在前面对应的章节详细说明，请读者仔细阅读并跟练，然后完成对应的实训任务。

4.3.2　输出短路电流测试任务实施

1. 输出短路电流测试工装准备

本项目将以 LM358 芯片输出短路电流测试为例，为读者具体讲解，因此本书测试工装为 LM358 芯片的测试工装。根据 4.1.2 小节输出短路电流测试的原理分析，本案例的测试工装电路非常简单，引脚接线图和接线表分别如图 4-13、表 4-14 所示，测试工装实物图如图 4-14 所示。

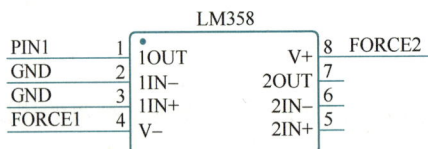

图 4-13 LM358 芯片的输出短路电流测试引脚接线图

表 4-14 LM358 芯片的输出短路电流测试接线表

LM358 芯片		LK8820 测试端口	
引 脚 号	引 脚 符 号	引 脚 号	功 能
1	OUT1	PIN1	输出引脚
2	IN1−	GND	接地
3	IN1+	GND	接地
4	V−	FORCE1	提供负电源
5	IN2+	/	/
6	IN2−	/	/
7	OUT2	/	/
8	V+	FORCE2	提供正电源

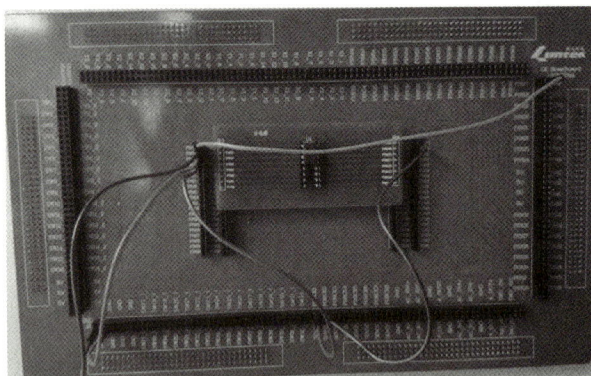

图 4-14 LM358 芯片的输出短路电流测试工装实物图

2. 输出短路电流测试步骤

以 LM358 芯片为例，输出对地短路，结合测试原理及测试条件可得具体测试步骤如下。

1）先对 LM358 芯片的电源端供电，4 号引脚接负电源，8 号引脚接正电源，按照测试要求，提供 ±10 V 电压。

2）再将 LM358 芯片的同相输入端和反相输入端提供合适的信号，可以选择输入端接地。

3）施加 0 V 的电压到 LM358 芯片的输出引脚上。

4）接着测量输出引脚的电流，根据所选的芯片，所测电流应该在±60 mA 之间。

3. 输出短路电流测试程序实现分析

在 4.1.2 小节中已经详细介绍了输出短路电流测试方法，可以进行测试工程文件的创建、代码的编写。

具体的程序实现步骤如下。

（1）主测试程序 J8820_luntek.cpp 编写

1）首先是全局变量声明。

2）在主测试入口程序中定义芯片引脚。

3）在主测试入口程序中编写输出短路电流测试程序。

4）输出测试结果。

（2）编辑 ParameterList. xlsx 文件

该 ". xlsx" 文件包含了用户进行输出短路电流测试时所要修改和配置的文件，主要对相关参数进行编写，编写格式比较严格规整，不能随便篡改。

4. 输出短路电流测试程序设计

由于测试案例的工程文件中包括很多文件，限于篇幅，书中只给出一些关键代码的说明。读者可以从本书配套资源中获取完整的测试工程文件。ParameterList. xlsx 文件的具体内容见表 4-15。

```
void PASCAL J8820_luntek( CCyApiDll * cy)
{
    CStringpara;
    cy->_on_vpt(1,3,10);                      //芯片供电
    cy->MSleep_mS(20);                        //延时等待
    cy->_on_vpt(2,3,-10);                     //芯片供电
    cy->MSleep_mS(20);                        //延时等待
    para. Format(_T("ISC_PIN1"), 1);          //输出参数名
    cy->_measure(para, "A", 3, 2, 2);         //测量并输出
    cy->_off_vpt(1);                          //关闭电源通道 1
    cy->_off_vpt(2);                          //关闭电源通道 2
    cy->MSleep_mS(20);                        //延时等待
}
```

表 4-15　LM358 芯片输出短路电流测试 ParameterList. xlsx 文件的内容

参数名称	单位	最小值	最大值	失效数（编辑无效）	当前值（编辑无效）
ISC_PIN1	mA	−60	60	0	0

5. 输出短路电流测试实操演示

利用 LK8820 测试平台进行 LM358 芯片输出短路电流测试的测试结果如图 4-15 所示。

输出短路电流测试案例分析

参数名称 ⓘ	单位	最小值	最大值	异常值数量	⇅ Sitel
☐ ISC_PIN1	mA	-60	60	0	-0.009

自动更新数据 C I ⚙

第1-1条/总共1条 ‹ 1 ›

图 4-15　LM358 芯片输出短路电流测试的测试结果

扫描右侧的二维码可获取 LM358 芯片输出短路电流测试的整个实操过程教学视频。读者注意同步专用测试机的最新资料。

4.4 共模抑制比测试

共模抑制比测试的原理分析在 4.1.3 小节中已说明，本节将以专用测试机（LK8820）为测试平台实施 OP07 芯片共模抑制比测试，读者可以扫描右侧的二维码查看教学视频。

共模抑制比测试
案例分析

4.4.1 共模抑制比测试任务描述

1. 共模抑制比测试具体测试要求

利用 LK8820 上位机软件和 OP07 芯片测试电路，完成共模抑制比测试。测试结果参数名命名为"CMRR"。若测量结果大于 94 dB，则为良品。典型值为 106 dB，但实际测试时因购买芯片出厂差异，测量值与参数表的值会有些许出入。

1）测试前先仔细阅读芯片数据手册，确定待测试芯片的功能，利用 EDA 软件仿真验证待测试芯片的应用电路。

2）根据仿真电路焊接、调试完成测试工装。

3）再根据待测芯片接线表，进行 DUT 板接线设计。

4）利用 LK8820 上位机软件完成测试程序项目文档的创建，要求项目文档的储存路径为"D:\exercise"，并以"OP07_XXX"（其中"XXX"为学号末尾 3 位）命名。

5）测试前先仔细阅读资料，了解创建集成电路测试工程文件的操作步骤。

6）编写测试程序，并加载代码，记录测试结果。

7）测试结果参数名按照"CMRR"格式编写，见表 4-16。测量结果大于 94 dB 则为良品，典型值为 106 dB。

表 4-16　OP07 芯片共模抑制比测试结果记录

参　　数	单　位	最　小　值	最　大　值	测　试　值
CMRR	dB	94		

2. 共模抑制比测试任务分析

共模抑制比（CMRR）是衡量运算放大器抑制共模信号能力的重要指标，反映了运放抑制共模干扰、放大差模信号的性能。CMRR 值越高，运放的共模抑制能力越强。本测试任务旨在让读者掌握 CMRR 参数的测试方法。为完成本任务，读者需重点掌握以下内容。

1）运用 LK8820 软件创建测试项目文档的操作步骤。

2）查阅数据手册了解 CMRR 参数的定义、测试条件及典型值。

3）根据运放引脚功能及测试要求设计 DUT 板接线。

4）编写测试程序，注意测试程序中的待测引脚与测试结果输出表格中一一对应，实现 CMRR 测试。

5）掌握_on_vpt（）、MSleep_mS（）、_read_pin_voltage（）、ParameterNameToData（）、para. Format（）、cy->_off_vpt（）等函数的正确使用。

6）注意在测试过程中不要按下急停按钮。

通过本节的学习，读者将掌握运算放大器 CMRR 参数的测试原理和方法，并能熟练操作 LK8820 平台开展相关测试，这对今后从事运算放大器的应用及性能评估工作具有重要意义。

4.4.2　共模抑制比测试任务实施

1. OP07 芯片共模抑制比测试的测试工装准备

本项目将以 OP07 芯片共模抑制比测试为例，为读者具体讲解，因此本书测试工装为 OP07 芯片的共模抑制比测试工装。

OP07 芯片共模抑制比测试的电路仿真图如图 4-16 所示，接线见表 4-17，测试工装实物图如图 4-17 所示。

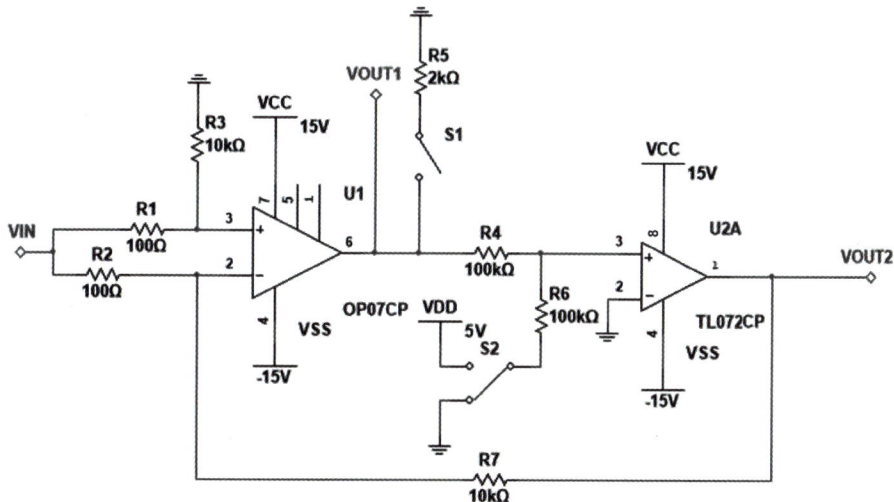

图 4-16　OP07 芯片的共模抑制比测试电路仿真图

表 4-17　OP07 芯片的共模抑制比测试接线表

测 试 电 路		LK8820 测试接口	
引　脚　号	引 脚 符 号	引 脚 符 号	功　　能
1	VCC	FORCE1	正电源
2	VSS	FORCE2	负电源
3	VIN	FORCE3	输入电压

（续）

测试电路		LK8820 测试接口	
引　脚　号	引　脚　符　号	引　脚　符　号	功　　能
5	VOUT1	PIN1	PIN1 输出
6	VOUT2	PIN2	PIN2 输出
7	S2	GND	接地

图 4-17　OP07 芯片的共模抑制比测试工装实物图

2. OP07 芯片共模抑制比测试的测试步骤

以 OP07 芯片为例，结合测试原理及测试条件可得具体测试步骤如下。

1）断开 S1 开关，切换 S2 开关闭合至接地。

2）短接 VIN+ 和 VIN-，通过函数_on_vpt( )选择 FORCE3 通道给 VIN+ 提供 12 V 的共模电压。

3）通过函数_read_pin_voltage( )读取 PIN2 脚的输出电压 V_{o2}。

4）通过函数_on_vpt( )选择 FORCE3 通道给 VIN-、VIN+ 提供 -12 V 的共模电压。

5）通过函数_read_pin_voltage( )读取 PIN2 脚的输出电压 V_{o3}。

6）通过共模抑制比计算公式 $CMRR = 20 \times \log((1 + R_3/R_2) \times (V_+ - V_-)/(V_{o2} - V_{o3}))$ 得到 CMRR 的值。

3. OP07 芯片共模抑制比测试程序实现分析

在 4.1.3 小节中已经详细介绍了共模抑制比测试方法，可以进行测试工程文件的创建、代码的编写。

具体的程序实现步骤如下。

（1）主测试程序 J8820_luntek. cpp 编写

1）首先复位，然后通过函数_on_vpt( )选择 FORCE1 给 OP07 芯片提供 15 V 电源，通过函数_on_vpt( )选择 FORCE2 给 OP07 芯片提供 -15 V 电源。

2）通过函数_on_vpt（）选择 FORCE3 通道给 VIN+、VIN−提供 12 V 的共模电压。

3）通过函数_read_pin_voltage（）读取 PIN2 脚的输出电压 V_{o2}。

4）通过函数_on_vpt（）选择 FORCE3 通道给 VIN+、VIN−提供−12 V 的共模电压。

5）通过函数_read_pin_voltage（）读取 PIN2 脚的输出电压 V_{o3}。

6）通过共模抑制比计算公式 $CMRR = 20 \times \log\left(\left(1 + R_3/R_2\right) \times \left(V_+ - V_-\right)/\left(V_{o2} - V_{o3}\right)\right)$ 得到 CMRR 的值。

7）输出测试结果。

8）测试结果若在 94 dB 以上则为良品，否则为非良品。

（2）编辑 ParameterList. xlsx 文件

该 ".xlsx" 文件包含了用户进行共模抑制比测试时所要修改和配置的文件，主要对相关参数进行编写，编写格式比较严格规整，不能随便篡改。

4. OP07 芯片共模抑制比测试程序设计

由于测试案例的工程文件中包括很多文件，限于篇幅，书中只给出一些关键代码的说明。读者可以从本书配套资源中获取完整的测试工程文件。ParameterList. xlsx 文件的具体内容见表 4-18。

表 4-18　OP07 芯片共模抑制比测试 ParameterList. xlsx 文件的内容

参数名称	单位	最小值	最大值	失效数（编辑无效）	当前值（编辑无效）
Vo2	mV	−2	2	0	
Vo3	mV	−2	2	0	
CMRR	dB	94	120	0	

（1）初始化代码编写

PASCAL J8820_luntek（）是一个主测试程序函数，主要包括测试程序初始化、共模抑制比程序等，这些代码都需要用户编写。

根据 OP07 芯片测试接口配接表（见表 4-17），初始化代码如下。

```
void CMRR( CCyApiDll * cy) ;
//主测试入口程序
void PASCAL J8820_luntek( CCyApiDll * cy)
{
  cy->_reset( ) ;
  cy->_on_vpt( 1, 2, 15) ;           //运放电源供电±15 V
  cy->MSleep_mS( 5) ;
  cy->_on_vpt( 2, 2, -15) ;
  cy->MSleep_mS( 5) ;
  CMRR( cy) ;
}
```

（2）共模抑制比测试程序编写

根据 OP07 芯片共模抑制比测试的条件要求，其测试函数代码如下：

```
void CMRR(CCyApiDll * cy)
{
/* 共模抑制比测试 */
    cy->_on_vpt(3, 2, 12);
    cy->MSleep_mS(5);
    cy->_read_pin_voltage(_T("Vo2"), 2, 4, 3, 1);
    cy->_off_vpt(3);
    cy->_on_vpt(3, 2, -12);
    cy->MSleep_mS(5);
    cy->_read_pin_voltage(_T("Vo3"), 2, 4, 3, 1);
    cy->_off_vpt(3);
}
//分析程序入口
void PASCAL J8820_luntek_2(CCyApiDll * cy)
{
    float V2, V3, CMRR1, CMRR2;
    cy->MathCaculateTotal();
    V2 = cy->ParameterNameToData(_T("Vo2"));
    V3 = cy->ParameterNameToData(_T("Vo3"));
    CMRR1 = 24 * 101 / (v2 - v3);
    CMRR2 = 20 * log10(abs(CMRR1));          //单位换算成 dB
    cy->MyPrintfExcel(_T("CMRR"), CMRR2);
    cy->ExcelDataShow();
}
```

5. OP07 芯片共模抑制比测试实操演示

利用 LK8820 测试平台进行 OP07 芯片共模抑制比测试的测试结果如图 4-18 所示。

共模抑制比测试
实操演示

参数名称 ⓘ	单位	最小值	最大值	异常值数量	Sitel
Vo2	mV	-2	2	0	-1.678
Vo3	mV	-2	2	0	-1.868
CMRR	dB	94	120	0	82.124

第 1-3 条/总共 3 条 ‹ 1 ›

图 4-18　OP07 芯片共模抑制比测试结果

扫描右侧的二维码可获取 OP07 芯片共模抑制比测试的整个实操过程教学视频。由于测试机一直在迭代更新中，读者注意同步专用测试机的最新资料。

4.5 开环增益测试

开环增益测试的原理分析在 4.1.4 小节中已说明，本节将以专用测试机（LK8820）为测试平台实施开环增益测试，读者可以扫描右侧的二维码查看教学视频。

> 开环增益测试案例分析

4.5.1 开环增益测试任务描述

本节将以 OP07 芯片的开环增益测试为例，为读者讲解如何利用教学版的集成电路测试设备进行测试，并创建集成电路测试工程文件。

1. 开环增益测试具体测试要求

1）要求对 OP07 芯片进行开环增益测试，其测量结果大于 100 dB 则为良品，典型值为 400 dB。

2）请利用 LK8820 上位机软件完成测试程序项目文档的创建，要求项目文档的储存路径为 "D:\exercise"，并以 "OP07_XXX"（其中 "XXX" 为学号末尾 3 位）命名。

3）测试前先仔细阅读芯片数据手册，确认待测试参数的测试条件。

4）测试前先仔细阅读资料，了解创建集成电路测试工程文件的操作步骤。

5）请根据待测芯片引脚特性及测试机接口特性进行 DUT 板接线设计。

6）根据开环增益测试电路原理图，选择合适的元器件焊接测试电路，并完成测试工装的搭建。

7）编写测试程序，并加载代码，记录测试结果。测试结果参数名按照 "AVD" 格式编写，见表 4-19。

表 4-19 OP07 开环增益测试结果记录

参 数	单 位	最 小 值	最 大 值	测 试 值
AVD	dB	100		

2. 开环增益测试任务分析

开环增益测试的原理分析在 4.1.4 小节中已经充分说明，本节的测试任务重点是了解如何进行运算放大器的开环增益测试，以及如何使用教学版的集成电路测试设备。因此，对于本次测试任务，读者需掌握以下几点：

1）如何获取 OP07 芯片数据手册。

2）如何阅读芯片数据手册，重点是芯片的开环增益特性参数及测试条件。

3）熟练操作 LK8820 测试平台，注意正确使用测试函数。

4）注意测试程序中的待测引脚与测试结果输出表格中一一对应。

5）掌握_on_vpt( )、MSleep_mS( )、_read_pin_voltage( )、_turn_switch( )、ParameterNameToData( )、para.Format( )、cy->_off_vpt( )等函数的正确使用。

6）注意在测试过程中不要按下急停按钮。

上面这些问题将在后续小节中做详细说明，请读者仔细阅读并跟练，然后完成对应的实训任务。

4.5.2 开环增益测试任务实施

1. 开环增益测试工装准备

本项目将以 OP07 芯片的开环增益测试为例，为读者具体讲解，因此本书测试工装为 OP07 芯片的开环增益测试工装。

OP07 芯片开环增益测试的电路仿真图如图 4-19 所示，接线见表 4-20，测试工装实物图如图 4-20 所示。

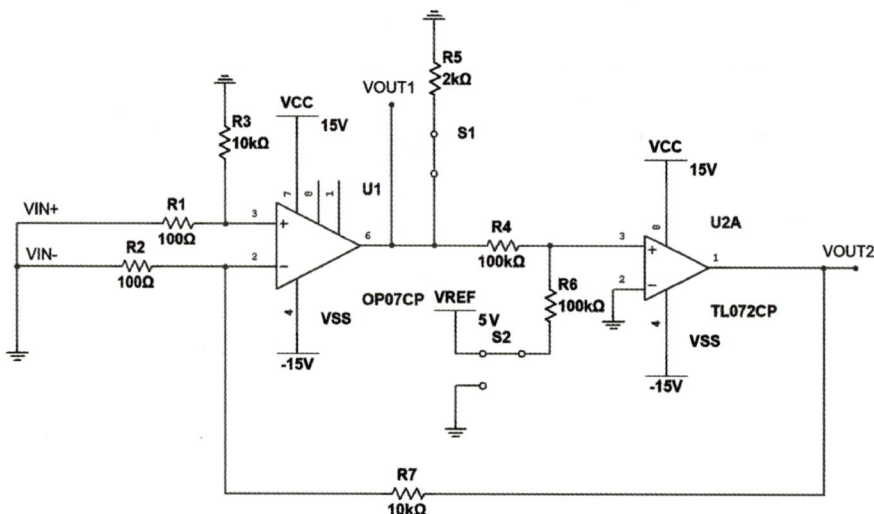

图 4-19　OP07 芯片的开环增益测试电路仿真图

表 4-20　OP07 芯片的开环增益测试接线表

测试电路		LK8820 测试接口	
引 脚 号	引 脚 符 号	引 脚 符 号	功　能
1	VCC	FORCE1	正电源
2	VSS	FORCE2	负电源
3	VIN+	GND	接地
4	VIN-	GND	接地
5	VOUT1	PIN1	PIN1 输出
6	VOUT2	PIN2	PIN2 输出
7	S2	FORCE3	参考电压 V_{REF}
8	S1	SW1_ 1/2	继电器开关

2. 开环增益测试步骤

结合 4.1.4 小节中说明的开环增益测试的原理，梳理 OP07 芯片开环增益测试的具体测试步骤如下。

1）通过函数 _turn_switch( ) 闭合 S1 开关，切换 S2 开关闭合至 FORCE3。

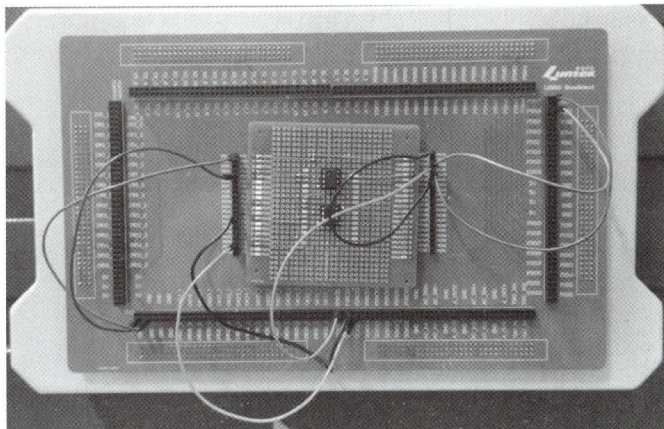

图 4-20　OP07 芯片的开环增益测试工装实物图

2）通过函数_on_vpt（）选择 FORCE3 通道给 VREF 提供 10 V 的直流电压。

3）通过函数_read_pin_voltage（）读取 PIN2 脚的输出电压 V_{o4}。

4）通过函数_on_vpt（）选择 FORCE3 通道给 VREF 提供−10 V 的直流电压。

5）通过函数_read_pin_voltage（）读取 PIN2 脚的输出电压 V_{o5}。

6）通过开环增益计算公式 $A_{VD} = 20 \times \log((R_3/R_2) \times (V_{REF+} - V_{REF-})/(V_{o5} - V_{o4}))$ 得到 AVD 的值。

3. 开环增益测试程序实现分析

具体的程序实现步骤如下。

（1）主测试程序 J8820_luntek.cpp 编写

1）首先是全局变量声明。

2）在主测试入口程序中定义芯片引脚。

3）在主测试入口程序中编写开环增益测试程序。

4）输出测试结果。

（2）编辑 ParameterList.xlsx 文件

该".xlsx"文件包含了用户进行开环增益测试时所要修改和配置的文件，主要对相关参数进行编写，编写格式比较严格规整，不能随便篡改。

4. 开环增益测试程序设计

由于测试案例的工程文件中包括很多文件，限于篇幅，书中只给出一些关键代码的说明。读者可以从本书配套资源中获取完整的测试工程文件。ParameterList.xlsx 文件的具体内容见表 4-21。

表 4-21　OP07 芯片的开环增益测试的 ParameterList.xlsx 文件

参数名称	单位	最小值	最大值	失效数（编辑无效）	当前值（编辑无效）
AVD	dB	100	400	0	
Vo2	mV	−15	15	0	
Vo3	mV	−15	15	0	

PASCAL J8820_luntek( )是一个主测试程序函数，主要包括测试程序初始化、开环增益程序等，这些代码都需要用户编写。

根据 OP07 芯片测试接口配接表（见表 4-20），初始化代码如下。

```
void AVD(CCyApiDll * cy);
//主测试入口程序
void PASCAL J8820_luntek(CCyApiDll * cy)
{
    cy->_reset( );
    cy->_on_vpt(1, 2, 15);              //运放电源供电±15 V
    cy->MSleep_mS(5);
    cy->_on_vpt(2, 2, -15);
    cy->MSleep_mS(5);
    AVD(cy);
}
```

根据 OP07 芯片开环增益测试的条件要求，其测试函数代码如下。

```
//开环增益测试程序编写
void AVD(CCyApiDll * cy)
{
/* 开环增益测试 */
    cy->_turn_switch("on", 1, 0);
    cy->_on_vpt(3, 2, 10);
    cy->MSleep_mS(5);
    cy->_read_pin_voltage(_T("Vo4"), 2, 4, 3, 1);
    cy->_off_vpt(3);
    cy->_on_vpt(3, 2, -10);
    cy->MSleep_mS(5);
    cy->_read_pin_voltage(_T("Vo5"), 2, 4, 3, 1);
    cy->_off_vpt(3);
    cy->_turn_switch("off", 1, 0);
}
//分析程序入口
void PASCAL J8820_luntek_2(CCyApiDll * cy)
{
    float V4,V5,Avd1,Avd2;
    cy->MathCaculateTotal( );
    V4 = cy->ParameterNameToData(_T("Vo4"));
    V5 = cy->ParameterNameToData(_T("Vo5"));
    Avd1 = 20 * 101 / (v5 - v4);
    Avd2 = 20 * log10(abs(Avd1));
    cy->MyPrintfExcel(_T("AVD"), Avd2);
```

```
        cy->ExcelDataShow( );
    }
```

5. 开环增益测试实操演示

利用 LK8820 测试平台进行 OP07 芯片的开环增益测试的测试结果如图 4-21 所示。

图 4-21　OP07 芯片的开环增益测试结果

扫描右侧的二维码可获取开环增益测试的整个实操过程教学视频，读者注意同步专用测试机的最新资料。

开环增益测试实操演示

4.6　模拟芯片典型参数测试常见错误

错误 1：程序名称使用汉字，导致编译过程中发生未知错误，如图 4-22 所示。

错误 2：电路焊接错误，导致无法测得正确结果。

错误 3：使用函数_read_pin_voltage( )时，电源通道选择不正确。函数_on_vpt( )中，已经使用的电源通道，不可以重复使用，如电源通道 1 和电源通道 2 已经给芯片的正负引脚供电，则：函数_read_pin_voltage( )中应该使用电源通道 3 或电源通道 4，如图 4-23 所示。

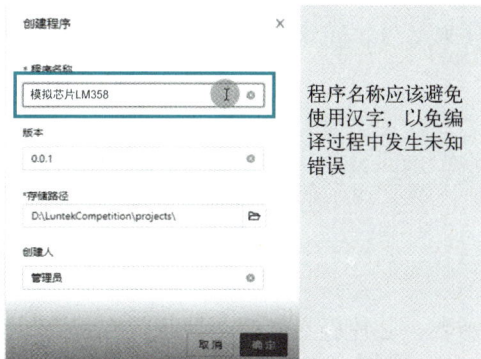

程序名称应该避免使用汉字，以免编译过程中发生未知错误

图 4-22　程序名称使用汉字导致错误

```
CString para;
cy->_on_vpt(1, 3, -15);
cy->MSleep_mS(20);
cy->_on_vpt(2, 3, 15);
cy->MSleep_mS(20);
cy->_read_pin_voltage(1, 1, 2, 3, 2);
cy->MSleep_mS(20);
```
电源通道选择有误

图 4-23　电源通道有误

错误 4：芯片位置插错，没有和电路焊接时的引脚相对应，如图 4-24 所示。

错误 5：杜邦线连接错误，没有和背部芯片所对应的引脚走线相统一，如图 4-25 所示。

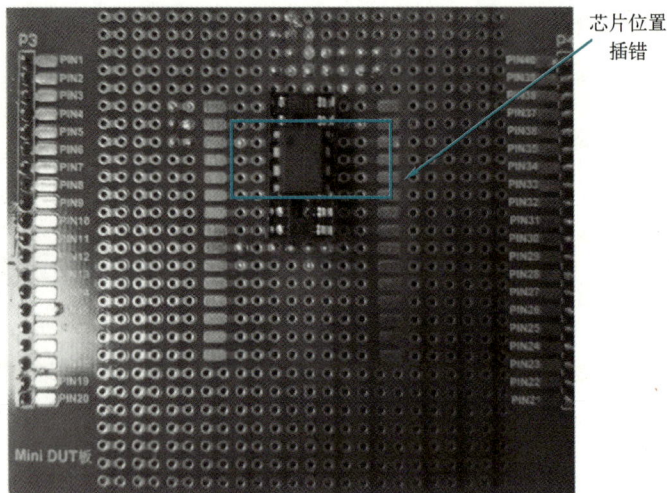

图 4-24　芯片位置插错

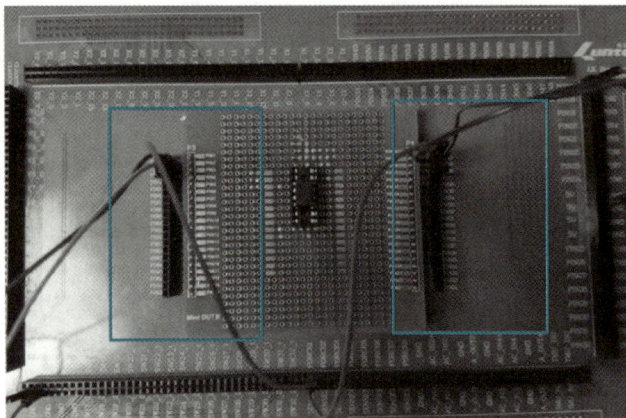

图 4-25　杜邦线连接错误

错误 6：在编写主测试程序时，误删主测试程序大括号，导致编译结果报错，如图 4-26 所示。

图 4-26　主测试程序误删大括号

错误 7：进行短路电流测试时遗漏断开电源的函数，芯片极易烧坏。要记得在程序最后加上断开电源的函数，如图 4-27 所示。

图 4-27　遗漏断开电源函数，容易烧毁芯片

错误 8：代码中芯片供电引脚号错误，没有和实际电路搭建所连接的 Force 引脚一一对应，导致芯片供电出错，如图 4-28 所示。

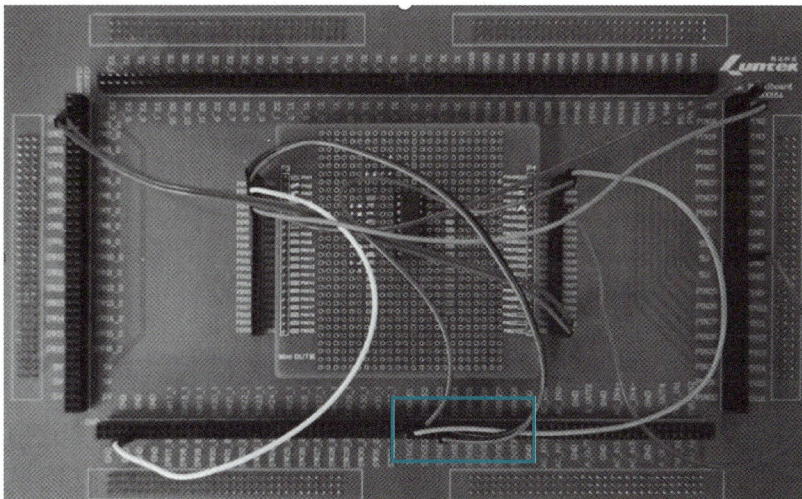

图 4-28　芯片供电引脚号错误

错误 9：代码中出现的参数名和 Excel 表格中出现的参数名不一致，导致测试结果无法正常显示，如图 4-29 所示。

```
cy->MyPrintfExcel(_T("AVD"), Avd2);
```

参数名称	单位	最小值	最大值	失效数（编辑无效）	当前值（编辑无效）
AVO	dB	80			

图 4-29　代码中的参数名与 Excel 中的不一致

4.7　练一练

1. 输入失调电压测试练习

输入失调电压是评估运算放大器性能的重要指标。**对 TL074 等芯片进行输入失调电压测试练习**。在测试练习过程中，要牢记"科技兴则民族兴，科技强则国家强"的理念，以高度的责任感和使命感投入到测试工作中。

2. 输出短路电流测试练习

输出短路保护是模拟芯片的一项关键特性。**通过对 TL072 等芯片进行输出短路电流测试练习**，发扬严谨细致的科学态度，严格遵循测试流程和操作规范，准确评估芯片的输出短路保护能力。作为新时代的青年，要勇于创新，敢于挑战，在测试中不断优化方案、完善技术，以创新的思路破解测试难题。

3. 共模抑制比测试练习

共模抑制比是衡量运算放大器抑制共模干扰能力的重要参数。**在对 TL072、LF353 等芯**

片进行共模抑制比测试练习中，要秉持严谨求实的工匠精神，认真地对待每个测试细节。

4. 开环增益测试练习

开环增益是评估运算放大器性能的另一项关键指标。**通过对 TL072、LF353 等芯片进行开环增益测试练习**，牢记习近平总书记"自主创新是我们攀登世界科技高峰的必由之路"的教导，立足中国实际，着眼世界前沿，在测试实践中勇攀高峰、追求卓越。

4.8 拓展知识——线性稳压器测试

本节以 LD1117 芯片的输出电压测试和负载调整率测试为例，拓展读者了解模拟芯片线性稳压器的测试原理及方法。

4.8.1 测试工装准备

LD1117 芯片是一个输出电流达到 1 A 的三端输出低压差线性稳压器芯片，适用于许多低功率电子应用，如嵌入式系统、传感器电路、单片机等，以提供稳定的电源供应。然而，在高功率和高效率要求的场景下，可能需要考虑其他类型的稳压器。对于特定的应用，用户应仔细阅读 LD1117 芯片的数据手册和技术规格，以了解其详细参数和工作条件，并根据实际需求做出合适的选择和设计。LD1117 芯片的引脚图如图 4-30 所示，其引脚具体的引脚功能说明见表 4-22。

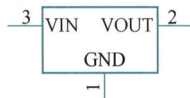

图 4-30　LD1117 芯片引脚图

表 4-22　LD1117 芯片引脚功能说明表

引 脚 序 号	引 脚 名 称	引 脚 功 能
1	GND	接地
2	VOUT	输出
3	VIN	输入

1. LD1117 直流特性

在输出为 2.5 V 参数时，LD1117 芯片的直流特性，见表 4-23。

表 4-23　LD1117 芯片的直流特性

符　号	参　数	测试条件	最小	典型	最大	单位
V_O	输出电压	$V_{in} = 4.5\,V$，$I_O = 10\,mA$，$T_J = 25℃$	2.475	2.5	2.525	V
ΔV_O	负载调整率	$V_{in} = 3.9\,V$，$I_O = 0 \sim 800\,mA$		1	10	mV

2. 测试电路设计与搭建

根据 LD1117 芯片的典型应用电路，LD1117 芯片测试电路需要同时满足输出电压测试和负载调整率测试等。

（1）测试接口

LD1117 芯片引脚与 LK8820 的芯片测试接口，是 LD1117 芯片测试电路设计的基本依据。LD1117 芯片引脚与 LK8820 测试接口的接线，见表 4-24。

表 4-24 LD1117 芯片测试接口接线表

序 号	LD1117 引脚	测试机端口	说 明
1	VIN	FORCE	电源供电
2		PIN1	测试端口 1
3	VOUT	PIN2	测试端口 2
4		PIN3	测试端口 3
5	GND	GND	地

（2）测试电路设计

根据表 3-2 所示，LD1117 芯片的测试电路如图 4-31 所示。

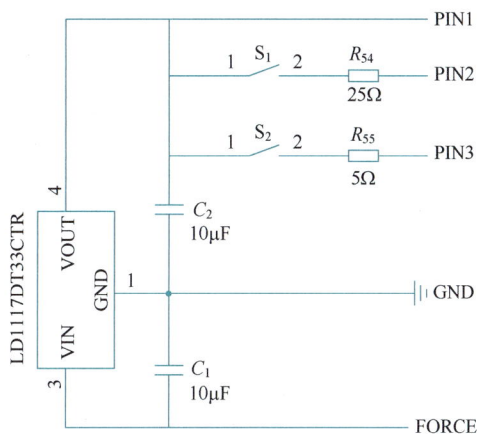

图 4-31 LD1117 芯片测试电路

（3）LD1117 芯片测试电路搭建

1）根据图 4-31 所示的 LD1117 芯片测试电路，完成 LD1117 芯片外部电路搭建，焊接完成的 MiniDUT 测试板，如图 4-32 所示。

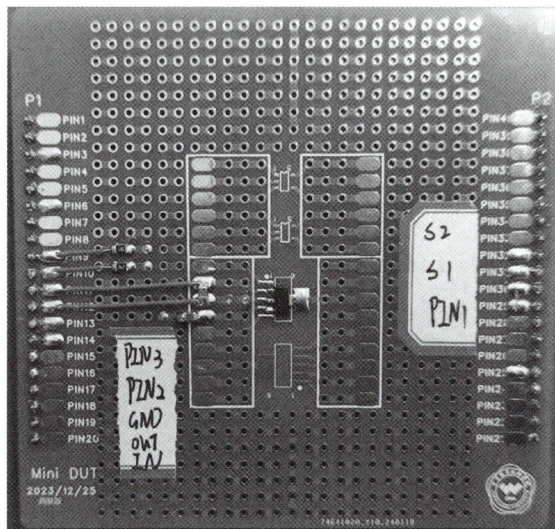

图 4-32 LD1117 芯片 MiniDUT 测试板

2）将 LD1117 芯片 MiniDUT 测试板正面朝上，插接到测试转接板上。

3）参考图 4-31 和表 4-24 的 LD1117 芯片引脚与 LK8820 测试接口的配接，用杜邦线将 LD1117 芯片的引脚依次对应连接到测试转接板上的 PIN 脚接口上，如图 4-33 所示。

图 4-33　转接板测试电路搭建

4）LD1117 芯片测试板插接到 LK8820 外挂盒的芯片测试接口上，LD1117 芯片测试电路搭建完成。

4.8.2　LD1117 芯片输出电压测试

稳压器的主要功能就是对输入的电源电压进行调整以输出一个恒定的目标电压。这个恒定的输出电压不因负载的变化而变化。

1. 任务描述

利用 LK8820 集成电路测试平台和 LD1117 芯片测试电路，通过对 LD1117 芯片的输出引脚施加适当电流，并测其引脚电压，完成 LD1117 芯片输出电压测试。测试结果要求如下：测得输出的电压若大于 2.475 V，并小于 2.525 V，则为良品，否则为非良品。

2. 输出电压测试程序实现分析

（1）输出电压测试实现方法

根据原理图和芯片手册 FORCE 供 4.5 V 电压，PIN1 拉 10 mA 电流测电压。用 PMU 测量输出端的电压得到输出电压。根据芯片手册输出电压的值大于 2.475 V，小于 2.525 V。

（2）输出电压测试关键函数

在 LD1117 芯片输出电压测试程序中，主要使用了 _on_vpt( )、Msleep_mS( )、_pmu_test_iv( ) 等关键函数来进行输出电压测试。这些函数前面都已经介绍过，不再赘述。

（3）输出电压测试流程

LD1117 芯片输出电压测试流程如下。

1）FORCE1 通道供 4.5 V 电压。

2）用 PMU 拉 10 mA 电流测量输出端的电压得到输出电压。

3. 输出电压测试程序设计

（1）输出电压测试程序编写

PASCAL_J8820_luntek（）是一个主测试程序函数，主要包括输出电压测试、负载调整率测试等，这些代码都需要用户自己编写。

根据 LD1117 芯片输出电压测试的条件要求，其测试函数代码如下。

```
//输出电压
cy->_reset( );
cy->_on_vpt( 1,4,4.5 );                          //通道供 4.5 V 电压
cy->Msleep_mS( 10 );
cy->_pmu_test_iv( _T（"VOUT"）,1,3,-10000,2,1,0 );   //PMU 供 10 mA 电流测电压
```

（2）ParameterList. xlsx 文件

LD1117 芯片输出电压测试程序的 ParameterList. xlsx 文件见表 4-25。

表 4-25　LD1117 芯片输出电压测试程序的 ParameterList. xlsx 文件

参数名称	单位	最小值	最大值	失效数（编辑无效）	当前值（编辑无效）
VOUT	V	2.475	2.525	0	

（3）输出电压测试程序编译

编写完 LD1117 芯片输出电压测试程序后，进行编译。若编译发生错误，要进行分析检查，直至编译成功。

（4）输出电压测试程序载入与运行

载入 LD1117 芯片的输出电压测试程序后，单击"单次运行测试"，即可显示 LD1117 芯片输出电压测试结果，如图 4-34 所示。

图 4-34　LD1117 芯片输出电压测试结果

观察 LD1117 芯片输出电压测试程序运行结果是否符合任务要求。若运行结果不能满足任务的要求，要对测试程序进行分析检查修改，直至运行结果满足要求。

4.8.3　LD1117 芯片负载调整率测试

负载调整率（Load Regulation）：是指负载电流发生变化时，稳压器输出电压的变化程度。它通常以百分比表示，计算公式为：负载调整率 $= \dfrac{\Delta V_{OUT}}{V_O} \times 100\%$ 。

负载调整率是衡量电源好坏的指标。好的电源输出接负载时电压降较小。电源负载的变化会引起电源输出的变化，负载增大，输出降低，相反负载减小，输出升高。好的电源负载变化引起的输出变化较小，通常指标为 3%～5%。

1.　任务描述

利用 LK8820 集成电路测试平台和 LD1117 芯片测试电路，通过对继电器的控制，使输出端接在不同的负载下测量其输出电压并进行计算，完成 LD1117 芯片负载调整率测试。测试结果要求如下：测试计算出负载调整率小于 5%，则为良品，否则为非良品。

2.　负载调整率测试程序实现分析

（1）负载调整率测试实现方法

根据负载调整率的概念，通过输出端接不同的负载，分别测量两次输出端的电压，根据公式计算出负载调整率。

（2）负载调整率测试关键函数

在 LD1117 芯片输出电压测试程序中，主要使用了_on_vpt（）、Msleep_mS（）、_pmu_test_iv（）、MyprintExcel（）、_turn_switch（）等关键函数来进行负载调整率测试。以上函数前面都有介绍，不再赘述。

（3）负载调整率测试流程

LD1117 芯片负载调整率测试流程如下：

1）LD1117 芯片在正常输出状态下拉 10 mA 电流测输出电压。

2）闭合 S2 继电器输出串联 5 Ω 的电阻，测量输出端电压。

3）根据测量的两个值计算负载调整率，结果在 5% 以下都算正常，计算公式为

负载调整率（%）=［（V_no_load-V_full_load）/V_no_load］×100

式中，V_no_load 为无负载时的输出电压；V_full_load 为满负载时的输出电压。

3.　负载调整率测试程序设计

（1）负载调整率测试程序编写

根据 LD1117 芯片负载调整率测试的条件要求，其测试函数代码如下。

```
//负载调整率
cy->_reset();
float VO = 0;
cy->_on_vpt(1, 4, 4);
cy->MSleep_mS(10);
VO = cy->_pmu_test_iv(1, 3, -10000, 2, 0);
```

```
cy->MSleep_mS(10);
cy->_turn_switch("on", 2, 0);        //闭合 S2 继电器使输出串联一个 5 Ω 电阻
cy->MSleep_mS(10);
float VO1 = cy->_pmu_test_iv(3, 3, 0, 2, 0);    //读取输出电压
cy->MSleep_mS(10);
float V = abs(VO) - abs(VO1);
V = V / 2.5 * 100;                   //计算负载调整率
cy->MyPrintfExcel(_T("VLOAD"), abs(V));
```

（2）ParameterList. xlsx 文件

LD1117 芯片负载调整率测试程序的 ParameterList. xlsx 文件见表 4-26。

表 4-26　LD1117 芯片负载调整率测试程序的 ParameterList. xlsx 文件

参数名称	单位	最小值	最大值	失效数（编辑无效）	当前值（编辑无效）
VLOAD	%	0	10	0	

（3）负载调整率测试程序编译

编写完 LD1117 芯片负载调整率测试程序后，进行编译。若编译发生错误，要进行分析检查，直至编译成功。

（4）负载调整率测试程序载入与运行

载入 LD1117 芯片的负载调整率测试程序后，单击"单次运行测试"，即可显示 LD1117芯片负载调整率测试结果，如图 4-35 所示。

图 4-35　LD1117 芯片负载调整率测试结果

观察 LD1117 芯片负载调整率测试程序运行结果，是否符合任务要求。若运行结果不能满足任务的要求，要对测试程序进行分析检查修改，直至运行结果满足任务要求。

项目5 运放典型功能测试

项目导读

面对复杂严峻的外部环境，我国的集成电路产业要坚定不移地走自力更生之路，把发展立足点放在自己的力量上，依靠创新来推动发展。站在历史交汇点上，中国"芯"正驶入高质量发展的快车道。

运放（Operational Amplifier，Op-Amp）作为一种集成电路广泛应用于各种电子设备和系统中。运放具有高增益、高输入阻抗、低输出阻抗等特性，在信号处理和测量、自动控制和通信等领域发挥着重要作用。

本项目聚焦运放芯片的典型功能测试，旨在通过对运放电路的理论剖析、关键技术攻关、测试方案优化等，解决运放芯片测试的难题。

作为芯片测试领域的开拓者和奋斗者，需立足新发展阶段，贯彻新发展理念，紧扣高质量发展主题，在运放典型功能测试项目的攻关实践中锤炼"工匠精神"，发扬"严谨务实、精益求精"的科学作风，在"爱国、创新、求实、奉献"的价值追求中坚定理想信念、厚植家国情怀。

知识目标	1. 掌握同相放大电路测试原理 2. 掌握反相放大电路测试原理 3. 掌握加法运算电路测试原理
技能目标	1. 能正确对运放典型功能电路进行测试电路设计 2. 能正确对运放典型功能电路进行程序编写 3. 能正确对运放典型功能测试电路进行调试
素质目标	1. 恪守科学求实的职业操守，力求在运放芯片测试的每个环节做到精准严谨，追求卓越 2. 保持开放包容的心态，主动学习集成电路领域前沿新知，借鉴吸收国内外先进测试技术，坚持学以致用、学用相长 3. 协同创新的团队意识和组织协调能力，具备跨学科、跨领域协同攻关的意识
教学重点	1. 运放典型功能测试电路的设计 2. 运放典型功能测试程序的设计 3. 专用测试机与通用仪器的使用
教学难点	1. 运放典型功能测试程序的设计 2. 运放典型功能测试电路的调试
建议学时	9~12学时

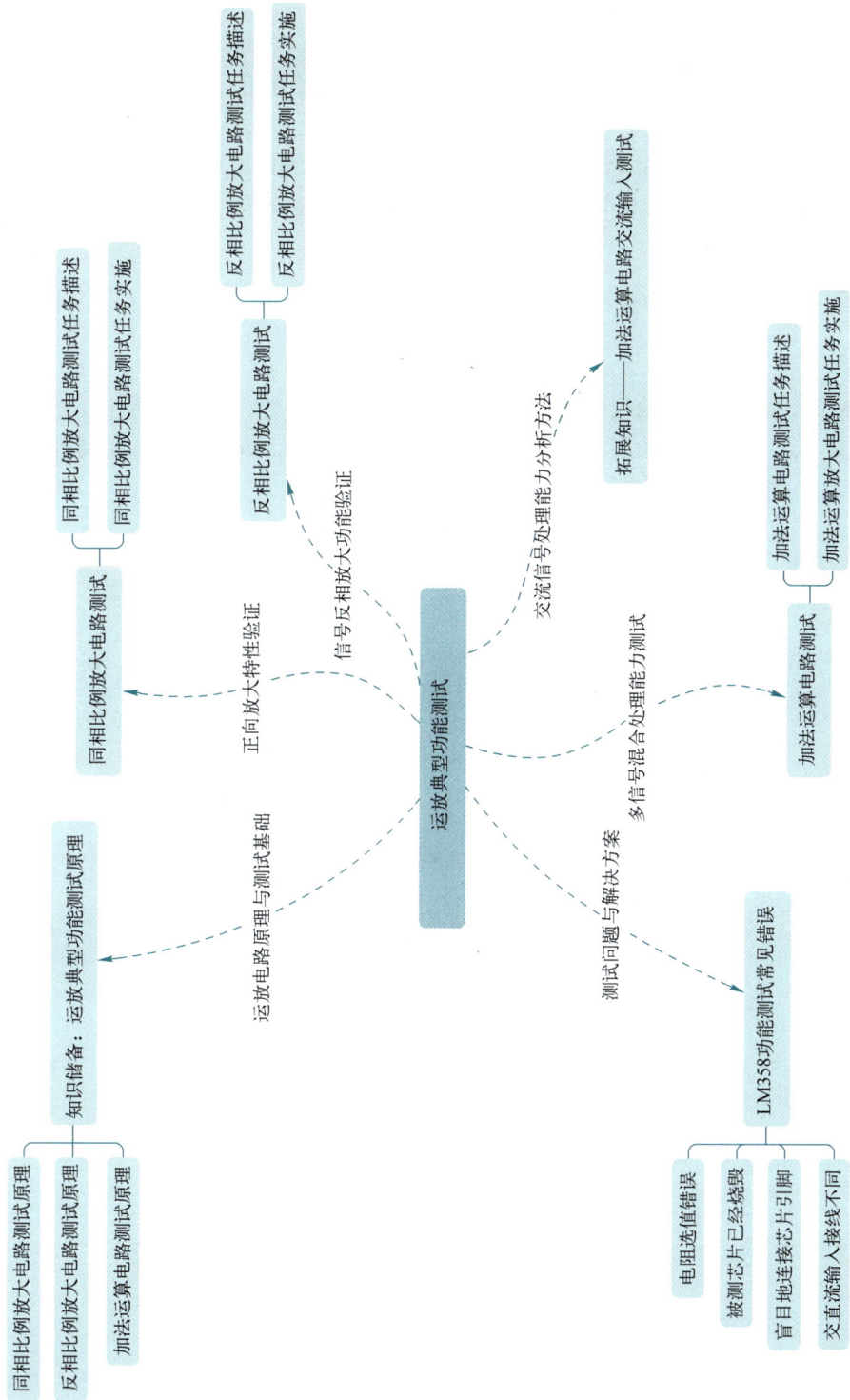

运放典型功能测试

知识储备：运放典型功能测试原理
- 同相比例放大电路测试原理
- 反相比例放大电路测试原理
- 加法运算电路测试原理

运放电路原理与测试基础

同相比例放大电路测试
- 同相比例放大电路测试任务描述
- 同相比例放大电路测试任务实施

正向放大特性验证

反相比例放大电路测试
- 反相比例放大电路测试任务描述
- 反相比例放大电路测试任务实施

信号反相放大功能验证

拓展知识——加法运算电路交流输入测试

交流信号处理能力分析方法

加法运算电路测试
- 加法运算电路测试任务描述
- 加法运算放大电路测试任务实施

多信号混合处理能力测试

LM358功能测试常见错误
- 电阻选值错误
- 被测芯片已经烧毁
- 盲目地连接芯片引脚
- 交直流输入接线不同

测试问题与解决方案

5.1 知识储备：运放典型功能测试原理

　　LM358 芯片是一个双运算放大器组成的运算放大器。LM358 芯片功能测试是测试相关的放大电路，本项目将选取典型运放芯片 LM358，为读者介绍一些运放典型功能测试的案例，包括同相比例放大测试、反相比例放大测试、加法运算放大测试。针对不同的功能测试，有不同的测试方法和测试要求，主要结合放大电路的测试原理进行。

　　LM358 芯片功能测试的目的是验证 LM358 芯片的功能是否符合设计要求，同时可以筛选出功能异常的芯片。

5.1.1 同相比例放大电路测试原理

　　LM358 芯片同相比例放大电路测试的测试原理如图 5-1 所示。输入信号 u_1 经 R_2 加到集成运放 LM358 芯片的同相输入端，反相输入端经电阻 R_1 接地，在输出端与反相输入端之间有反馈电阻 R_F，引入电压串联负反馈。R_2 为平衡电阻（$R_2 = R_1 // R_F$）。集成运放工作在线性区，满足"虚短"和"虚断"的特性。

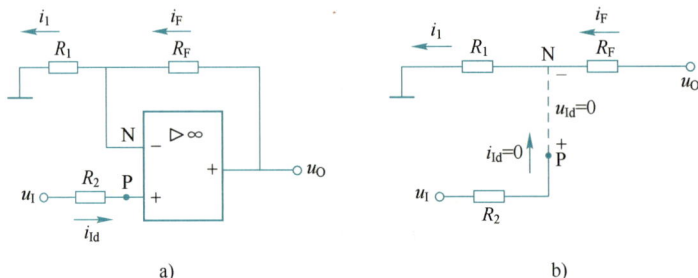

图 5-1　同相比例放大电路测试原理图
a）同相比例放大电路图　b）等效电路图

　　由"虚短"可得：$u_P = u_N = u_1$，说明在运放的两端引入了共模电压。等效电路如图 5-1b 所示。

　　由"虚断"$i_N = 0$，则根据节点电流定律得 $i_1 = i_F$，即

$$\frac{u_N - 0}{R_1} = \frac{u_O - u_N}{R_F}$$

整理得

$$u_O = \frac{R_1 + R_F}{R_1} u_N$$

由于 $u_1 = u_N$，有

$$u_O = \left(1 + \frac{R_F}{R_1}\right) u_1$$

则闭环电压放大倍数为

$$A_{uf} = \frac{u_O}{u_N} = \frac{R_1 + R_F}{R_1} = 1 + \frac{R_F}{R_1}$$

5.1.2　反相比例放大电路测试原理

LM358 芯片反相比例放大电路测试原理图如图 5-2 所示。输入信号 u_I 经 R_1 加到集成运放 LM358 芯片的反相输入端，同相输入端经电阻 R_2 接地，在输出端与反相输入端之间有反馈电阻 R_F，构成深度电压并联负反馈。R_2 为平衡电阻（$R_2=R_1//R_F$）。

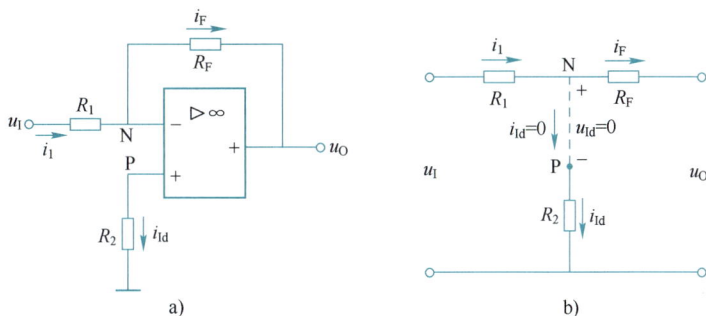

图 5-2　反相比例放大电路测试原理图
a）反相比例放大电路图　b）等效电路图

同理，该集成运放工作在线性区，满足"虚短"和"虚断"的特性，电路等效图如图 5-2b 所示。

因为"虚断" $i_P=0$，所以 $u_P=0$；又因为 $u_P=u_N$，所以 $u_N=0$。

因为 $i_N=0$，则根据节点电流定律得 $i_1=i_F$，即

$$\frac{u_I-u_N}{R_1}=\frac{u_N-u_O}{R_F}$$

整理得

$$u_O=-\frac{R_F}{R_1}u_I$$

则闭环电压放大倍数为

$$A_{uf}=-\frac{R_F}{R_1}$$

5.1.3　加法运算电路测试原理

LM358 芯片加法运算电路测试可以分为同相加法运算电路测试和反相加法运算电路测试。

同相加法运算电路测试原理图如图 5-3 所示，两个输入信号 u_{I1}、u_{I2} 分别通过电阻 R_2、R_3 加到运算放大器的同相输入端。运算放大器的反相输入端通过电阻 R_1 接地。在输出端与反相输入端之间有反馈电阻 R_F，将输出信号反馈到输入端。所引入的反馈为深度负反馈，在深度负反馈的作用下，集成运放工作在线性区，满足"虚短"和"虚断"的特性。

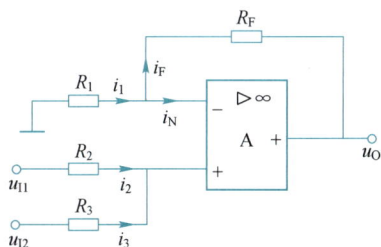

图 5-3　同相加法运算电路测试原理图

由"虚断" $i_N = 0$，则根据节点电流定律得 $i_1 = i_F$，即

$$\frac{0 - u_N}{R_1} = \frac{u_N - u_O}{R_F}$$

整理得

$$u_N = \frac{R_1}{R_1 + R_F} u_O$$

由"虚断" $i_P = 0$，得节点 P 的电流方程为 $i_2 + i_3 = 0$，即

$$\frac{u_{I1} - u_P}{R_2} + \frac{u_{I2} - u_P}{R_3} = 0$$

整理得

$$u_P = \left(\frac{R_2 R_3}{R_2 + R_3}\right)\left(\frac{u_{I1}}{R_2} + \frac{u_{I2}}{R_3}\right)$$

$$= \left(\frac{R_3}{R_2 + R_3}\right) u_{I1} + \left(\frac{R_2}{R_2 + R_3}\right) u_{I2}$$

由"虚短"特性 $u_P = u_N$，并结合前面整理可得

$$\frac{R_1}{R_1 + R_F} u_O = \left(\frac{R_3}{R_2 + R_3}\right) u_{I1} + \left(\frac{R_2}{R_2 + R_3}\right) u_{I2}$$

$$u_O = \left(1 + \frac{R_F}{R_1}\right)\left[\left(\frac{R_3}{R_2 + R_3}\right) u_{I1} + \left(\frac{R_2}{R_2 + R_3}\right) u_{I2}\right]$$

若 $R_1 = R_F = R_2 = R_3$，则 $u_O = u_{I1} + u_{I2}$。

反相加法运算电路测试原理图如图 5-4 所示，3 个输入信号 u_{I1}、u_{I2}、u_{I3} 分别通过电阻 R_1、R_2、R_3 加到运算放大器的反相输入端。运算放大器的同相输入端通过电阻 R 接地，R 为平衡电阻（$R = R_1 // R_2 // R_3 // R_F$）。

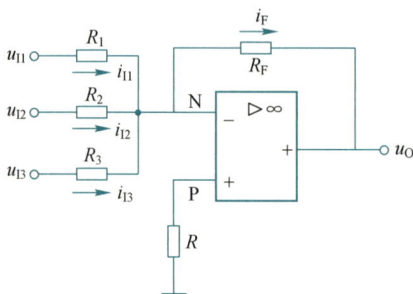

图 5-4　反相加法运算电路测试原理图

在输出端与反相输入端之间有反馈电阻 R_F，将输出信号反馈到输入端。同理在深度负反馈的作用下，集成运放工作在线性区，满足"虚短"和"虚断"的特性，所以 $u_P = u_N = 0$。

由"虚断" $i_N = 0$，得节点 N 的电流方程为 $i_{I1} + i_{I2} + i_{I3} = i_F$，即

$$\frac{u_{I1} - u_N}{R_1} + \frac{u_{I2} - u_N}{R_2} + \frac{u_{I3} - u_N}{R_3} = \frac{u_N - u_O}{R_F}$$

整理得

$$u_O = -R_F \left(\frac{u_{I1}}{R_1} + \frac{u_{I2}}{R_2} + \frac{u_{I3}}{R_3} \right)$$

当 $R_1 = R_2 = R_3 = R_F$ 时，得

$$u_O = -(u_{I1} + u_{I2} + u_{I3})$$

5.2　同相比例放大电路测试

同相比例放大电路测试的原理分析在 5.1.1 小节中已说明，本节将以通用仪器仪表为测试平台实施同相比例放大电路测试。读者可以扫描右侧的二维码查看教学视频。

5.2.1　同相比例放大电路测试任务描述

本节将介绍如何对 LM358 运算放大器芯片进行同相比例放大电路的放大倍数测试。同相比例放大电路是运算放大器最基本的应用电路之一，对其放大倍数进行测试，可以验证运算放大器的线性放大特性，并了解电阻值对放大倍数的影响。

1. 同相比例放大电路具体测试要求

要求进行同相比例放大电路放大倍数测试，即根据电路原理图焊接电路，焊接完成后利用仪器仪表测得输出端电压大小，并与理论电压值进行比较。

1）准备仪器仪表进行测试。

2）测试前先仔细阅读芯片数据手册，学习同相比例放大电路放大倍数测试原理，选择合适元器件焊接电路。

3）阅读资料，了解仪器仪表操作步骤。

4）熟练操作通用仪器仪表（稳压电源、数字万用表）完成 LM358 芯片同相比例放大电路测试，注意正确使用仪器仪表。测试结果参数名按照"VOUT"格式编写，并记录于表 5-1 中。

表 5-1　同相比例放大电路测试结果记录

参　　数	单　　位	测　量　值	理　论　值
VOUT	V		

此处的理论值需要结合测试原理，按照所选的电阻阻值，结合推导出的公式进行计算。

2. 同相比例放大电路任务分析

同相比例放大电路的放大倍数由电路中的电阻值决定，理论放大倍数可通过分析电路结构推导出计算公式。本测试任务的重点是让读者掌握同相比例放大电路的工作原理，并能根据公式计算理论放大倍数，通过搭建实际电路，测试电路的实际放大倍数，最后比较理论值与测试值，分析误差原因。为顺利完成该任务，读者需着重掌握以下内容。

1）运算放大器中同相比例放大电路的组成结构及工作原理。

2）根据电路结构推导出放大倍数计算公式的方法。

3）合理选取反馈电阻和输入电阻的阻值，并准确焊接电路。

4）使用直流稳压电源提供电路工作电压，用万用表测量输入和输出电压值。

5）比较测试结果与理论计算结果，分析误差来源。

通过本节的学习，读者将掌握运算放大器同相比例放大电路的设计方法和测试方法，加深对运算放大器线性放大特性的理解，这些知识和技能都是模拟电路设计与测试的基础，对相关领域的学习和工作都有重要意义。

5.2.2 同相比例放大电路测试任务实施

1. 同相比例放大电路测试工装准备

本项目将以 LM358 芯片的功能测试为例，为读者具体讲解，因此本书测试工装为 LM358 芯片的测试工装。

LM358 的具体功能、引脚图、真值表和电性参数可查阅 4.1.5 小节中的内容。

LM358 同相比例放大功能测试接线原理仿真图如图 5-5 所示，测试工装 MiniDUT 板实物图如图 5-6 所示。

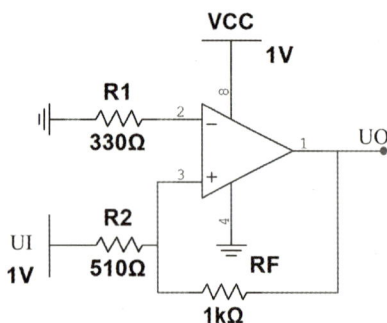

图 5-5　同相比例放大功能测试
接线原理仿真图

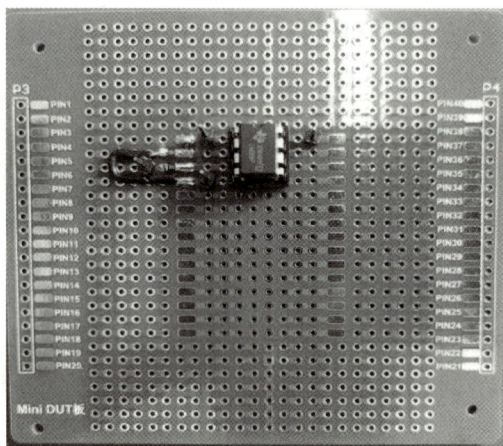

图 5-6　同相比例放大电路测试
工装 MiniDUT 板实物图

2. 同相比例放大电路测试步骤

一般来说，模拟芯片的功能测试需要结合相关的测试原理，根据不同的功能测试要求，有不同的测试方法，同时，还需要根据测试原理图焊接测试电路，再结合通用仪器仪表进行相关内容的测试。也就是说，针对模拟芯片不同的功能测试要求，有不同的测试步骤。

要进行 LM358 芯片同相比例放大电路测试，首先需要结合同相比例放大电路的测试原理，选择合适的电阻搭建电路，开始测试。由 5.1.1 同相比例放大电路测试原理可得 $A_{uf}=1+\dfrac{R_F}{R_1}$，输出电压为 $u_0=\left(1+\dfrac{R_F}{R_1}\right)u_1$，根据电路原理，同相输入端需要输入合适的电压信号，反相输入端连接电阻后接地，LM358 芯片的 8 号引脚提供正电压，4 号引脚提供负电压，然后测量输出引脚的电压 u_0，与理论推导值比较。注意电阻的取值，R_2 为平衡电阻，一般取

值为 $R_1//R_F$ 后的阻值。由此梳理同相比例放大电路测试的具体测试步骤如下。

1）数字电源通道 1 提供 5 V 直流电压，将待测芯片的 VCC 引脚（电源引脚）连接数字电源正向输出端，待测芯片的 GND 引脚连接数字电源通道 1 负向输出端（地）。

2）对待测芯片 3 号引脚由数字电源通道 2 输入高电平 1 V 直流电压，数字电源通道 2 负向输出端接地。将待测芯片 2 号引脚经电阻与芯片的 GND 引脚连接。

3）在待测芯片待测引脚（1 号脚）输出端连接万用表（XMM1）红表笔，万用表（XMM1）的黑表笔连接地，测量待测引脚的电压并读出电压值。

4）判断万用表（XMM1）读出的电压数据：若测得输出引脚的电压与同相比例放大电路推导出的计算公式一致，则为良品，否则为非良品。

3. 同相比例放大电路测试实操演示

读者扫描右侧的二维码可获取 LM358 芯片的同相比例放大电路测试的整个实操过程教学视频。不同品牌的仪器仪表在操作上会略有差异，但测试原理和测试方法是一样的，所以读者要注意掌握测试案例的本质内容。

同相比例放大电路测试实操

5.3　反相比例放大电路测试

反相比例放大电路测试的原理分析在 5.1.2 小节中已说明，本节将以专用测试机（LK8820）为测试平台实施反相比例放大电路测试。

5.3.1　反相比例放大电路测试任务描述

本节将以 LM358 芯片的反相比例放大电路测试为例，为读者讲解如何利用教学版的集成电路测试设备进行测试，并创建集成电路测试工程文件。这个测试将帮助读者更好地理解运算放大器的实际应用。

1. 反相比例放大电路具体测试要求

1）要求对 LM358 芯片进行反相比例放大电路测试，通过搭建适当的电路来验证芯片的功能。

2）测试前先仔细阅读芯片数据手册和反相比例放大电路测试原理，选择合适的元器件焊接电路。

3）根据待测芯片引脚特性及测试机接口特性进行 DUT 板接线设计。

4）仔细阅读资料，了解创建集成电路测试工程文件的操作步骤。

5）利用 LK8820 上位机软件完成测试程序项目文档的创建，要求项目文档的储存路径为"D：\exercise"，并以"LM358_XXX"（其中"XXX"为学号末尾 3 位）命名。

6）编写测试程序，并加载代码，记录测试结果。测试结果参数名按照"VOUT"格式编写，见表 5-2。

表 5-2　LM358 反相比例放大电路测试结果记录

参　　数	单　　位	测　量　值	理　论　值
VOUT	V		

最大值和最小值需要结合测试原理，按照所选的电阻阻值，结合反相比例放大电路推导出的公式进行计算。表格中的测试结果只是给出了样例，请读者自行完善测试结果的记录表格。

2. 反相比例放大电路任务分析

本节的测试任务重点是了解如何进行反相比例放大电路的测试，以及如何使用教学版的集成电路测试设备。因此，对于本次测试任务，读者需掌握以下几点。

1）阅读 LM358 芯片数据手册，重点是芯片的电气特性参数及测试条件。

2）理解反相比例放大电路的工作原理和特性，选择合适的电阻值以实现所需的放大倍数。

3）设计和搭建反相比例放大测试电路。

4）熟练操作 LK8820 测试平台，创建集成电路测试工程文件，编辑测试程序。

5）加载测试可执行文件，并进行测试，判断测试结果的有效性。

6）根据测试结果验证电路的放大倍数是否符合预期。

通过这个任务，读者将加深对运算放大器实际应用的理解，并提高电路设计和测试的实践能力。请读者仔细阅读并跟练，然后完成对应的实训任务。

5.3.2 反相比例放大电路测试任务实施

1. 反相比例放大电路测试工装准备

要测试 LM358 芯片反相比例放大电路，首先需要结合反相比例放大电路的测试原理，选择合适的电阻搭建电路，连接测试机开始测试。由图 5-7 反相比例放大电路测试原理可得 $A_{uf} = -\dfrac{R_F}{R_1}$，输出电压为 $u_O = -\dfrac{R_F}{R_1}u_I$。根据电路原理，同相输入端连接电阻后接地，反相输入端需要提供合适的电信号。若单电源供电，需要 LM358 芯片的 8 号引脚接地，4 号引脚提供负电源（最高可提供 -30 V），然后测量输出引脚的电压 u_O，与理论推导值比较。注意电阻取值，R_2 为平衡电阻，一般取值为 $R_1 // R_F$ 后的阻值。

LM358 反相比例放大功能测试接线原理图如图 5-7 所示，测试接线见表 5-3。

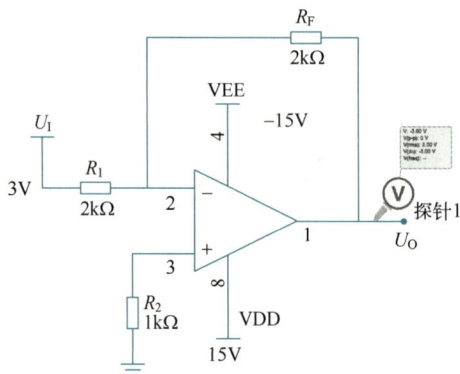

图 5-7　反相比例放大电路测试接线原理图

表 5-3　反相比例放大电路测试接线表

LM358 芯片		LK8820 测试接口		
引　脚　号	引　脚　符　号	引　脚　符　号	功　　能	
1	OUT1	PIN1	输出引脚	
2	IN1-	FORCE1	反相输入	
3	IN1+	GND	接地	结合反相比例放大测试原
4	V-	FORCE2	提供负电源	理图（本次测试只用到一个
5	IN2+	—	—	运放通道）
6	IN2-	—	—	
7	OUT2	—	—	
8	V+	FORCE3	提供正电源	

反相比例放大电路测试工装 MiniDUT 板实物图如图 5-8 和图 5-9 所示。

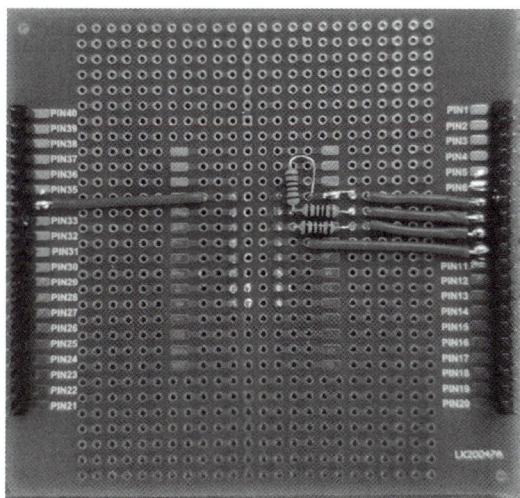

图 5-8　反相比例放大电路测试工装 MiniDUT 板背面实物图

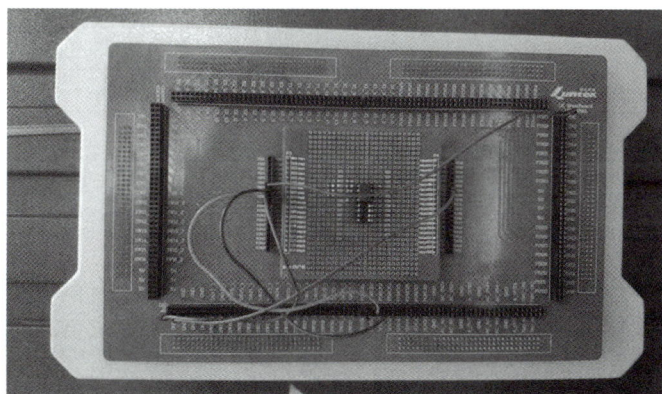

图 5-9　反相比例放大电路测试工装 MiniDUT 板正面实物图

2. 反相比例放大电路测试步骤

结合 5.1.2 小节中详细介绍的反相比例放大电路测试原理，可以梳理反相比例放大电路测试步骤如下。

1）根据反相比例放大电路测试原理图，选择合适的电路元器件焊接电路，制作 miniDUT 板。

2）根据测试原理图搭建电路，进行相关引脚的接线。

3）给芯片的 4 号引脚提供−15V 电压，8 号引脚提供 15 V 电压。

4）反相输入端输入合适的电压信号，同相输入端接地。

5）测量输出引脚的电压值，结合反相比例放大电路原理推导出的公式，判断所测的电压值是否在正常的范围内。

6）判断电压数据：若测得的值和理论推导值基本相等，则芯片为良品，否则为非良品。

3. 反相比例放大电路测试程序实现分析

进行测试工程文件的创建、代码的编写。具体的程序实现步骤如下。

（1）主测试程序 J8820_luntek.cpp 编写

1）全局变量声明。

2）在主测试入口程序中定义芯片引脚。

3）在主测试入口程序中编写反相比例放大测试程序。

4）输出测试结果。

（2）编辑 ParameterList.xlsx 文件

该".xlsx"文件包含了用户进行反相比例放大测试时所要修改和配置的文件，主要对相关参数进行编写，编写格式比较严格规整，不能随便篡改。

4. 反相比例放大电路测试程序设计

由于测试案例的工程文件中包括很多文件，限于篇幅，书中只给出一些关键代码的说明。读者可以从本书配套资源中获取完整的测试工程文件。ParameterList.xlsx 文件的具体内容见表 5-4。

表 5-4　反相比例放大电路测试 ParameterList.xlsx 文件的内容

参数名称	单位	最小值	最大值	失效数（编辑无效）	当前值（编辑无效）
VOUT	V	−3	0	0	

```
/ ************* 反相比例放大电路测试 *************/
void PASCAL J8820_luntek(CCyApiDll * cy)
{
//测试程序
    CStringpara;
    cy->_on_vpt(1, 3, 3);              //设置输出电压源通道及电压值
    cy->MSleep_mS(20);                 //延时等待
    cy->_on_vpt(2, 3, 15);             //设置输出电压源通道及电压值
```

```
cy->MSleep_mS(20);                      //延时等待
cy->_on_vpt(3, 3, -15);                 //设置输出电压源通道及电压值
cy->MSleep_mS(20);                      //延时等待
cy->_read_pin_voltage(1, 1, 4, 2, 1);   //测试被测引脚电压
cy->MSleep_mS(20);                      //延时等待
cy->Excel_Temp_Show(_T("Vout"), 1);     //显示输出结果
cy->_off_vpt(1);                        //关闭电源通道1
cy->_off_vpt(2);                        //关闭电源通道2
cy->_off_vpt(3);                        //关闭电源通道3
cy->MSleep_mS(20);                      //延时等待
}
```

5. 反相比例放大电路测试实操演示

利用 LK8820 测试平台进行 LM358 芯片的反相比例放大电路测试的测试结果，如图 5-10 所示。

测试结果						自动更新数据 C I ⚙
☐ 参数名称 ①	单位	最小值	最大值	异常值数量		Sitel
☐ VOUT	v	-3	0	0		-2.998

第 1-1 条/总共 1 条　＜ 1 ＞

图 5-10　LM358 芯片反相比例放大电路测试的测试结果

读者扫描右侧的二维码可获取 LM358 芯片的反相比例放大电路测试的整个实操过程教学视频，由于测试机一直在迭代更新中，读者注意同步专用测试机的最新资料。

反相比例放大电路测试案例分析

5.4　加法运算电路测试

加法运算电路测试的原理分析在 5.1.3 小节中已说明，本节将以通用仪器仪表为测试平台实施加法运算电路测试，读者可以扫描右侧的二维码查看教学视频。

加法运算电路测试案例分析

5.4.1　加法运算电路测试任务描述

本节将以 LM358 芯片的同相加法运算电路测试为例，为读者讲解如何利用仪器仪表进行测试。这个测试将帮助读者深入理解运算放大器在模拟计算中的应用，特别是加法运算的实现。

1. 加法运算电路具体测试要求

1）要求对 LM358 芯片进行同相加法运算电路测试，通过搭建适当的电路来验证芯片的功能。

2）准备所需的仪器仪表，包括直流稳压电源、万用表和信号发生器，并记录所使用设备的编号。

3）仔细阅读芯片数据手册，确认待测试参数的测试条件。然后仔细阅读同相加法运算放大电路的原理，并选择合适的元器件焊接电路。

4）仔细阅读资料，了解各种仪器仪表的操作步骤。

5）根据电路原理图焊接电路。焊接完成后，利用仪器仪表测得输出端电压大小，并与理论电压值进行比较。测试结果参数名按照"VOUT"格式编写，见表5-5。

表 5-5　LM358 同相加法运算电路测试结果记录

参 数	单 位	测 试 值	理 论 值
VOUT	V		

6）如果测试结果与计算公式推导出的理论值基本相等，则判定为良品，否则为非良品。

> 理论值需要结合测试原理，按照所选的电阻阻值，结合推导出的公式进行计算。表5-5只是样例，请读者自行完善测试结果的记录表格。

2. 加法运算电路任务分析

本节的测试任务重点是了解如何进行同相加法运算电路的测试，以及如何使用各种仪器仪表。因此，对于本次测试任务，读者需掌握以下几点。

1）理解同相加法运算电路的工作原理和特性。

2）选择合适的电阻值以实现所需的加法运算。

3）正确使用直流稳压电源、万用表和信号发生器，包括开机、设置和测量方法。

4）设计和搭建同相加法运算测试电路。

5）根据电路原理推导出理论计算公式。

6）进行测量并记录数据，比较测试结果与理论值，并判断芯片是否合格。

7）了解测试结果可能出现误差的原因，如元器件误差、测量误差等。

通过这个任务，读者将加深对运算放大器在模拟计算中应用的理解，提高电路设计、搭建和测试的实践能力，并熟悉各种常用仪器仪表的使用方法。这些技能对于未来从事电子工程相关工作都是非常重要的。请读者仔细阅读并跟练，然后完成对应的实训任务。

5.4.2　加法运算放大电路测试任务实施

1. 加法运算放大电路测试工装准备

LM358 直流输入加法运算放大电路测试原理图如图 5-11 所示，测试工装 MiniDUT 板实物如图 5-12 所示。

2. 加法运算电路测试步骤

要测试 LM358 芯片加法运算电路，首先需要结合加法运算电路的测试原理选择合适的电阻搭建电路，之后连接测试机开始测试。本项目拟对加法运算电路测量直流输入情况，故选择同相加法电路分别测量直流输入的加法运算情况。直流输入加法运算测试电路如图 5-11 所示。根据 5.1.3 小节给出的同相加法电路的原理，先测量直流输入情况，之后测量输出端的直流电压是否与理论值基本相等，即

$$u_O = \left(1 + \frac{R_F}{R_1}\right)\left[\left(\frac{R_3}{R_2 + R_3}\right)u_{I1} + \left(\frac{R_2}{R_2 + R_3}\right)u_{I2}\right]。$$

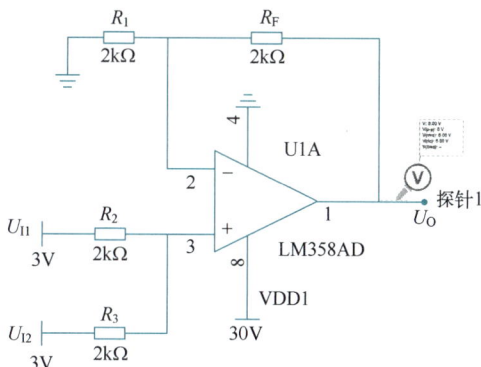

图 5-11　直流输入加法运算放大电路测试原理图

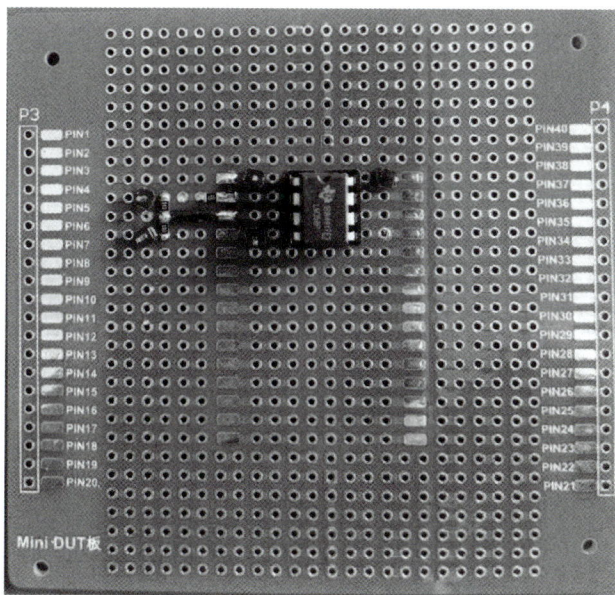

图 5-12　直流输入加法运算放大电路测试工装 MiniDUT 板实物图

3. 加法运算电路测试实操演示

读者扫描右侧的二维码可获取 LM358 芯片的加法运算电路测试的整个实操过程教学视频。不同品牌的仪器仪表在操作上会略有差异，但测试原理和测试方法是一样的，所以读者要注意掌握测试案例的本质内容。

加法运算电路测试实操演示（直流）

5.5 LM358 功能测试常见错误

错误 1：焊接电路时，所选电阻的阻值与电路设计时的理论电阻值不相符，导致测试结果出错。

错误 2：反复测试的过程中，被测芯片已经烧毁，导致无法测得正常结果。

错误 3：接线过程中，没有结合 MiniDUT 板背部实际走线情况，盲目地连接芯片引脚，导致错误，如图 5-13 所示。

错误 4：进行加法运算放大测试时，直流输入和交流输入的接线方式不同，但使用了同一个接线电路进行测试，导致出错。

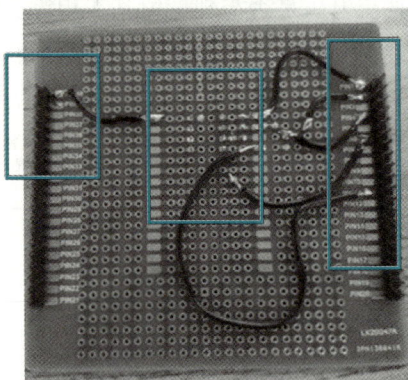

图 5-13　接线错误

5.6 练一练

请参考 LM358 功能测试案例完成对 TL072、LF353 等芯片功能测试练习。在进行 TL072、LF353 等运放芯片功能测试练习的过程中，我们要以习近平新时代中国特色社会主义思想为指导，立足新发展阶段，贯彻新发展理念，在"干一行、爱一行、精一行"中践行初心使命、涵养家国情怀。

5.7 拓展知识——加法运算电路交流输入测试

在前面的案例中均是使用直流信号作为运放功能测试的输入信号，如果希望采用交流信号作为输入信号，在测试运放功能时，处理方法是相同的。

交流输入电路原理图和直流输入的一样，只是输入端的信号改为交流信号，如：可以选择输入正弦波信号，之后测量输出端输出的正弦波信号是否符合测试原理给出的输出电压值。

1. 加法运算电路交流输入测试任务描述

利用 LK8820 集成电路测试平台和 LM358 测试电路，利用 LM358 搭建加法运算放大电路，并施加交流输入信号，完成加法运算电路波形观测。测试结果要求如下：测得输出波形的峰峰值为 2.475 V，则为良品，否则为非良品。

2. 加法运算电路交流输入测试原理分析

交流输入加法运算电路测试仿真图如图 5-14 所示，接线见表 5-6，测试 MiniDUT 板实物图和测试工装实物图如图 5-15 和图 5-16 所示。

3. 加法运算电路交流输入测试程序实现分析

（1）加法运算电路交流输入测试实现方法

根据原理图和芯片手册 FORCE1 供 15 V 电压，FORCE2 供 -15 V 电压，Wave1 输出 1 个峰峰值 1 V，频率为 1 kHz 的正弦波，Wave2 输出 1 个峰峰值 2 V，频率为 1 kHz 的正弦波。用 ACM_Set_LMeasure（）设置测量参数，用 ACM_LMeasure（）测量输出波形。

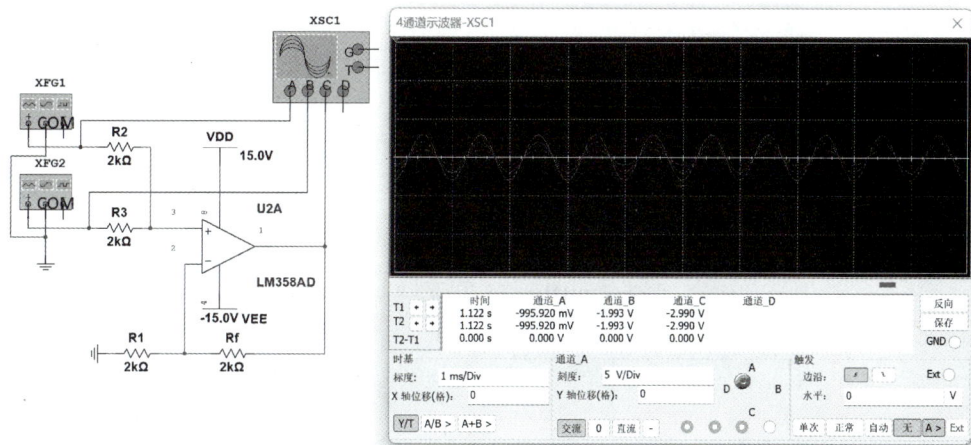

图 5-14 交流输入加法运算电路测试仿真图

表 5-6 交流输入加法运算放大电路测试接线

LM358 芯片		LK8820 测试接口		
引脚号	引脚符号	引脚符号	功能	
1	OUT1	AC_IN1+	输出引脚	
		AC_IN1−	GND	
2	IN1−	GND	接地	
3	IN1+	A_OUT1	第一路交流信号输入 Wave1	结合加法运算放大测试原理图（交流信号输入）及 MiniDUT 板背部实际走线
		A_OUT2	第二路交流信号输入 Wave2	
4	V−	FORCE2	提供负电源	
5	IN2+	—	—	
6	IN2−	—	—	
7	OUT2	—	—	
8	V+	FORCE1	提供正电源	

图 5-15 交流输入加法运算放大电路测试 MiniDUT 板实物图

图 5-16　交流输入加法运算放大电路测试工装实物图

（2）加法运算电路交流输入测试关键函数

在加法运算电路交流输入测试程序中，主要使用了_on_vpt( )、Msleep_mS( )、_set_wave( )、_wave_on( )、ACM_Set_LMeasure( )、ACM_LMeasure( )等关键函数来进行加法运算电路交流输入测试。这些函数前面都已经介绍过，此处就不再详细介绍。

4. 加法运算电路交流输入测试程序设计

（1）加法运算电路交流输入测试程序编写

PASCAL_J8820_luntek( )是一个主测试程序函数，这些代码都需要用户自己编写，其测试函数代码如下。

```
//输出电压
cy->_reset( );
cy->_on_vpt(1, 3, 15);
cy->MSleep_mS(20);
cy->_on_vpt(2, 3, -15);
cy->MSleep_mS(20);
cy->_set_wave(1, 1, 4, 0, 1000, 1, 1);
cy->MSleep_mS(20);
cy->_wave_on(1);
cy->MSleep_mS(1000);
cy->_set_wave(2, 1, 4, 0, 1000, 1, 1);
cy->MSleep_mS(20);
cy->_wave_on(2);
cy->ACM_Set_LMeasure(1, 2, 4, 0, 1);
cy->MSleep_mS(20);
cy->ACM_LMeasure(1, 1, 1024, 4);
cy->MSleep_mS(1000);
```

（2）加法运算电路交流输入测试程序编译

编写完 LM358 芯片加法运算电路交流输入测试程序后，进行编译。若编译发生错误，要进行分析检查，直至编译成功。

（3）输出电压测试程序载入与运行

载入 LM358 芯片的加法运算电路交流输入测试程序后，单击"单次运行测试"，然后选择波形分析，即可查看输出波形的数据，如图 5-17 所示。

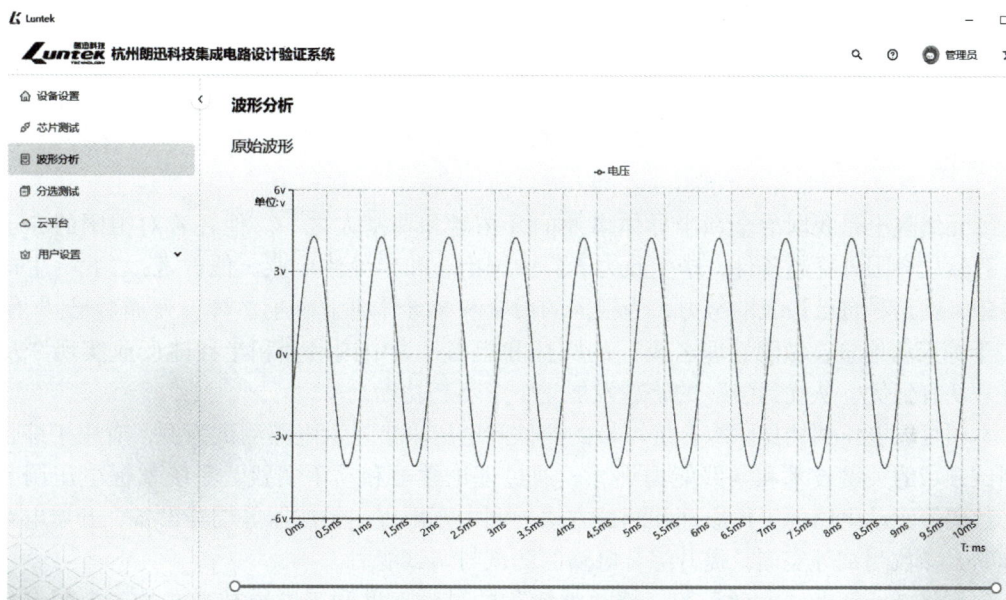

图 5-17　LM358 芯片的加法运算电路交流输入测试

观察 LM358 芯片的加法运算电路交流输入测试波形，读取数据，检查其是否符合任务要求。若运行结果不能满足任务要求，要对测试程序进行检查修改，直至满足任务要求。

项目6 综合电路测试

项目导读

邹元燨院士是我国冶金和半导体事业的开拓者和奠基人之一。他怀着对祖国的赤子之心，毅然放弃国外优越条件，毕生致力于新中国冶金和半导体事业。他曾言："我一生最大的愿望，就是尽自己最大的努力，为祖国的冶金和半导体事业鞠躬尽瘁，死而后已。"邹老以"干惊天动地事，做隐姓埋名人"的胸怀和担当，为中国冶金和半导体产业实现"从无到有、从有到优、从优到强"的跨越发展立下了不朽功勋。

本项目以电压调档显示综合练习板的测试和电压采集显示电路测试为例，着眼于综合电路测试领域的关键技术和实践能力训练。通过理论学习和动手实践，系统掌握电压调节电路、数码管驱动电路的工作原理和测试方法。利用万用表、示波器等仪器设备，开展电路故障诊断、参数测试等实训，提升综合电路的测试与调试能力。

项目将传承邹老"一丝不苟、精益求精"的科学态度和工匠精神，在每一个焊点、每一次测试中落实"严慎细实"的要求。同时发扬邹老勇于创新、敢为人先的品格，探索创新性的电路优化方案和智能化测试手段，在解决实际问题中提升创新实践能力。

知识目标	1. 了解什么是综合电路 2. 了解什么是综合电路测试 3. 掌握综合电路工作原理分析方法 4. 掌握综合电路测试工装的准备方法
技能目标	能应用一种集成电路开发教学平台完成综合电路测试
素质目标	1. 吃苦耐劳、迎难而上的意志品质，继承和发扬老一辈科研工作者艰苦奋斗、默默奉献的优秀品质 2. 高度的社会责任感和职业道德，牢固树立产品质量的责任意识，时刻紧绷质量安全这根弦 3. 严格遵循测试规范和操作流程，精细操作每一个测试环节，力求测试数据真实准确，测试结果客观可靠
教学重点	1. 综合电路工装设计与制作 2. 综合电路程序设计
教学难点	综合电路程序设计
建议学时	3~4 学时

知识储备：识读综合电路 ← 电压调档显示综合练习板测试 → 电压调档显示综合练习板测试任务描述

电压调档显示综合练习板测试任务实施

测试基础与前提基本测试应用

综合电路测试

进阶测试应用

专业测试系统学习

拓展知识——LK8300测试系统

电压采集显示电路测试 → 电压采集显示电路测试任务描述

电压采集显示电路测试任务实施

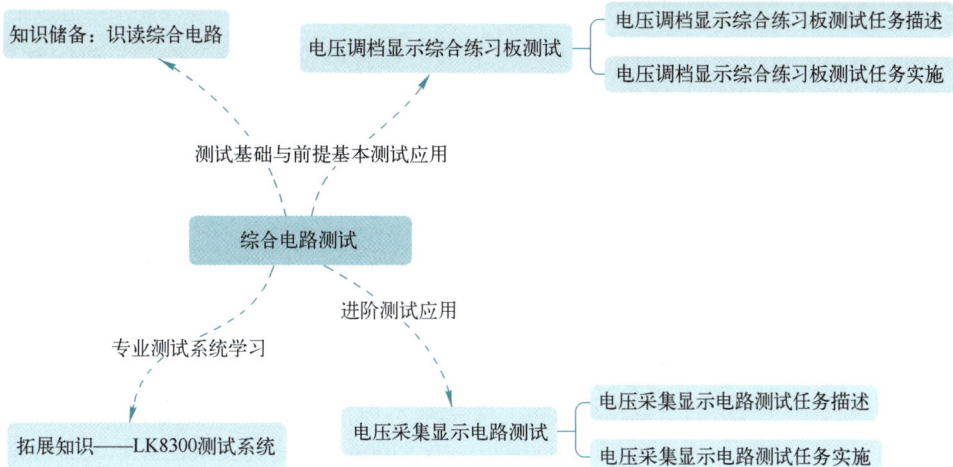

6.1　知识储备：识读综合电路

综合电路：又称为组合电路，一般将由多个元器件构成的电路称为综合电路，如将运放、数码管、AD 芯片等组成电压显示综合电路。

综合电路测试知识储备

综合电路测试：一般根据测试说明和给定测试条件，测量给定点的信号，测试大多为输出信号。

综合电路测试的目的：通过对综合电路的测试分析，学会把测试好的芯片进行组合应用。通过测试综合电路，可以同时测试多块芯片的功能。

1. 综合电路工作原理分析

综合电路的工作原理分析要基于对元器件工作原理的掌握。元器件是组成电子电路的最小单位，是分析综合电路工作原理的基础，要了解和掌握元器件的外形特征、结构、工作原理、主要特性、检测方法，对综合电路划分功能模块，让每个功能模块形成一个具体功能的元器件组合，如基本放大电路、波形变换电路等，找出信号流向，最后整理出综合电路的功能。分析电路的时候，如果不知道功能模块电路的作用，可先分析此模块电路的输入和输出信号之间的关系，如信号变化规律及它们之间的关系，相位问题是同相位或反相位等。

常见的电路分析方法有四种。

1）交流等效电路分析法：首先画出交流等效电路，再分析电路的交流状态，即电路有信号输入时，电路中各环节的电压和电流是否按输入信号的规律变化，是放大、振荡，还是限幅削波、整形、鉴相等。

2）直流等效电路分析法：画出直流等效电路图，分析电路的直流系统参数，分析出晶体管静态工作点、偏置性质和级间耦合方式等。分析有关元器件在电路中所处状态及其作用。例如：三极管的工作状态，如饱和、放大、截止区；二极管处于导通或截止等。

3）频率特性分析法：主要看电路本身所具有的频率是否与它所处理信号的频谱相适应。粗略估算一下它的中心频率，上、下限频率和频带宽度等，例如：各种滤波、陷波、谐

振和选频等电路。

4）时间常数分析法：主要分析由 R、L、C 及二极管组成的电路、性质。时间常数是反映储能元器件上能量积累和消耗快慢的一个参数。若时间常数不同，尽管电路的形式和接法相似，但所起的作用还是不同。常见的有耦合电路、微分电路、积分电路、退耦电路和峰值检波电路等。

2. 综合应用电路测试步骤

综合应用电路的测试主要是功能测试，类似数字芯片的功能测试。测试前需要根据元器件清单和装配位号图完成装配，分析电路的功能、信号流程，根据要求给定电源、输入信号。主要测试步骤如下。

1）按测试要求给测试电路板接通电源、提供输入信号。

2）判断综合电路板功能：测试机运行程序，综合电路板能进行正确的显示或者灯指示。

6.2 电压调档显示综合练习板测试

电压调档显示综合练习板是与 LK8820 测试机配套的练习测试板卡，此板卡的测试电路主要由运放、A/D 转换器、数码管显示电路组成。读者可以扫描右侧的二维码查看教学视频。

电压调档综合电路测试案例分析

6.2.1 电压调档显示综合练习板测试任务描述

本节将介绍电压调档显示综合练习板的测试任务。这个综合性实验将帮助读者深入理解多个集成电路的协同工作原理，以及如何进行复杂电路的测试和数据采集。

1. 电压调档显示具体测试要求

1）要求对电压调档显示综合练习板进行全面测试，验证其在不同档位下的电压调节和显示功能。

2）请利用 LK8820 上位机软件完成测试程序项目文档的创建，要求项目文档的储存路径为"D：\exercise"，并以"ZH_XXX"（其中"XXX"为学号末尾 3 位）命名。

3）仔细阅读各芯片数据手册，分析综合电路工作原理，确认待测试参数的测试条件。

4）仔细阅读资料，了解创建集成电路测试工程文件的操作步骤。

5）根据元器件清单和装配位号图完成综合应用电路的装配、测试接线设计。

6）编写测试程序，实现对练习板的全面测试。

7）通过切换跳线帽选择不同的放大倍数档位（共 4 档），分别记录各档位测试机输出的电压值和电压调档显示综合练习板上数码管显示的值。

记录测试结果时，注意以下要求：

1）DS1、DS2 显示输出信号的电压值，按照四舍五入的原则保留小数点后 1 位。

2）DS1 显示高位，DS2 显示低位。

3）DP 点为小数点。

使用表 6-1 记录测试结果。

表 6-1   综合电路测试任务单

档位选择	测试机输出个位值	测试机输出十分位值	DS1 显示	DS2 显示	DS1 的 DP 状态	DS2 的 DP 状态
1 档						
2 档						
3 档						
4 档						

2. 电压调档显示任务分析

本节的测试任务重点是了解如何进行复杂的综合电路测试，以及如何准确记录和分析测试数据。因此，对于本次测试任务，读者需掌握以下几点。

1）如何获取并阅读多个芯片的数据手册，理解它们在综合电路中的作用。

2）理解电压调档显示综合练习板的整体工作原理，特别是不同档位的功能。

3）如何根据元器件清单和装配位号图正确装配电路。

4）如何设计测试接线，确保测试的准确性。

5）如何使用 LK8820 上位机软件创建测试程序项目文档。

6）如何编写测试程序，实现对多个参数的自动测试。

7）理解跳线帽的作用，以及如何正确使用它来切换档位。

8）如何准确读取和记录测试机输出的电压值和数码管显示的值。

9）理解数码管显示的规则，包括小数点的位置和四舍五入的应用。

10）如何分析测试结果，判断电路是否正常工作。

11）了解可能影响测试结果的因素，如元器件误差、测量误差等。

上面这些问题将在后续小节中做详细说明，请读者仔细阅读并跟练，然后完成对应的实训任务。通过本任务，加深读者对复杂电路系统的理解，提高电路设计、装配、测试和数据分析的综合实践能力。这些技能对于未来从事电子工程相关工作，特别是在处理复杂系统时，都是非常重要的。

6.2.2   电压调档显示综合练习板测试任务实施

1. 电压调档显示综合练习板测试工装准备

本项目以电压调档显示综合应用电路为例，为读者具体讲解。电压调档显示综合应用电路测试板实物如图 6-1 所示，主要由电压采集、档位选择、电压放大、A/D 转换、测试机及数码管显示等模块组成。该综合电路的功能是先将采集到的电压放大，再经 A/D 转换后由数码管显示结果。

电压调档显示综合应用电路框图如图 6-2 所示。

其中，电压采集、档位选择、电压放大、A/D 转换以及数码显示等模块，是集成在一个电路板上，称为电压调档显示电路板。

根据图 6-2 所示，电压调档显示测试工作过程如下：

1）电压采集模块从测试机提供的 5 V 电压中，采集 1 V 电压给电压放大模块。

2）档位选择模块通过改变运算放大器的反馈电阻值，来选择电压放大模块的放大倍数，共有 4 个档位，可以选择放大 1~4 倍。

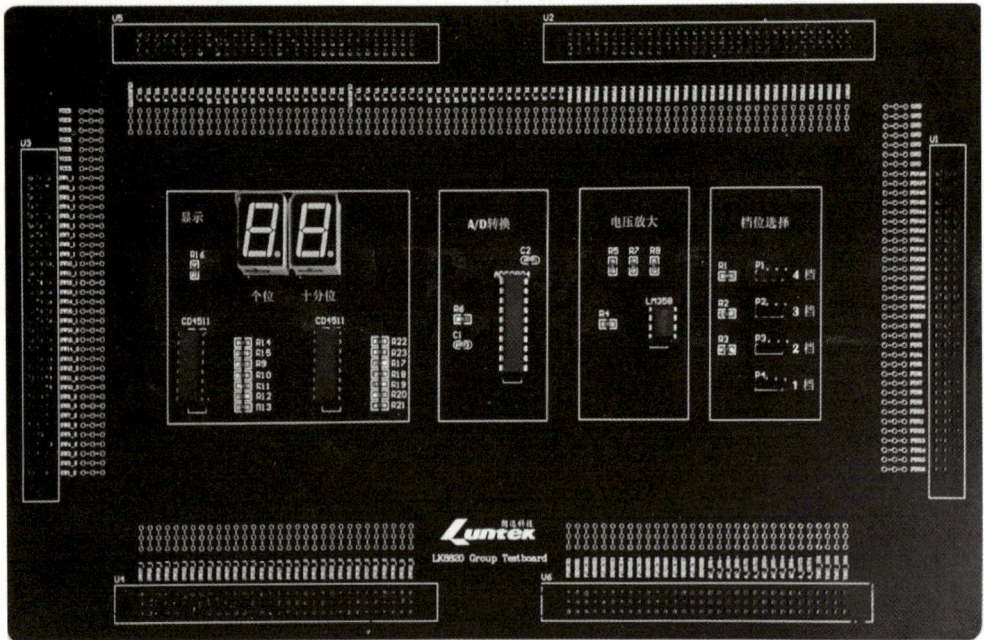

图 6-1　电压调档显示综合应用电路测试板实物

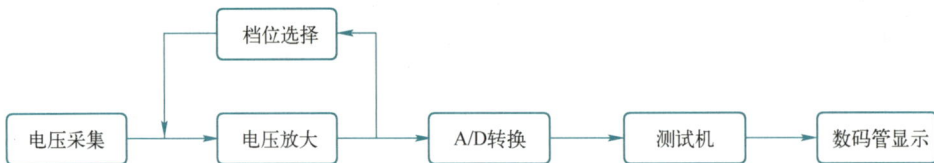

图 6-2　电压调档显示综合应用电路框图

3）经过电压放大模块的电压信号送至 A/D 转换模块。

4）A/D 转换完成后，数字信号送至测试机。

5）测试机运行测试程序，对 A/D 转换模块送来的数字信号进行处理，处理完成后送至数码管显示采集的电压值。

电压调档显示综合应用电路测试板的电路主要由 LM358、ADC0804、CD4511 芯片等元器件组合构成，LM358、CD4511 芯片的简要介绍和引脚图参考请分别参考 4.1.5 和 1.2.2 小节的内容。ADC0804 芯片的简要介绍和引脚图如图 6-3 所示，详细内容可以通过获取 LM358、ADC0804、CD4511 芯片的数据手册了解。

ADC0804 是一款 8 位、单通道、低价格模/数转换器，简称 A/D 转换器，其引脚如图 6-3 所示。其中第 1 脚为片选信号输入端，低电平有效；第 2 脚为读信号输入端，低电平有效；第 3 脚为写信号输入端，低电平启动 A/D 转换；第 4 脚为时钟信号输入端；第 5 脚为转换完毕中断提供端，

图 6-3　ADC0804 芯片的引脚图
（#表示逻辑非）

A/D 转换结束后，低电平表示本次转换已完成；第 6、7 脚为两个模拟信号输入端，可以接收单极性、双极性和差模输入信号；第 8 脚为模拟电源地线；第 9 脚为参考电平输入，决定量化单位；第 10 脚为数字电源地线；第 11~18 脚为具有三态特性数字信号输出端，输出结果为八位二进制结果；第 19 脚为内部时钟发生器的外接电阻端，与 CLK IN 端配合使用可由芯片自身产生时钟脉冲；第 20 脚为芯片电源 5 V 输入端。

ADC0804 的主要特点是：A/D 转换时间大约为 100 μs；方便 TTL 或 CMOS 标准接口；可以满足差分电压输入；具有参考电压输入端；内含时钟发生器；单电源工作时，输入电压范围是 0~5 V；不需要调零等。ADC0804 是一款早期的 A/D 转换器，因其价格低廉而在要求不高的场合得到广泛应用。

综合电路划分为 4 个功能模块，分别为电压采集和放大模块、档位选择模块、A/D 转换模块、显示模块。

（1）电压采集和放大模块

电压采集和放大模块包括电压采集电路和电压放大电路，电压采集电路是测试机输入的 5 V 电压，经 2 个 2 kΩ 和 1 个 1 kΩ 电阻分压得到 1 V 的电压，采集到的 1 V 电压提供给 LM358 运算放大器，此 1 V 电压送至 LM358 运放电路进行放大，如图 6-4a 所示。

电压放大电路是 1 V 电压的输入信号加到 LM358 的同相输入端，反相输入端通过 R_4 电阻接地，输出端通过反馈电阻连接到反相输入端构成同相比例放大电路，如图 6-4b 所示。

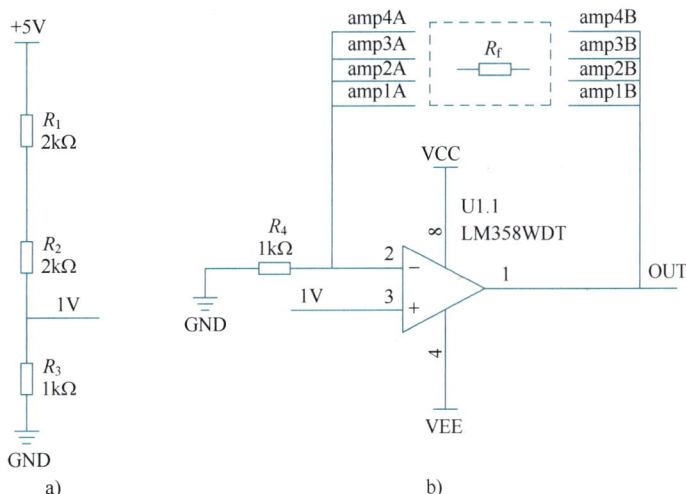

图 6-4　电压采集和放大模块电路图

（2）档位选择模块

档位选择模块由电阻、排针跳线帽组成，如图 6-5 所示，与 LM358 共同构成同相比例放大电路，在运放电路中固定 R_4 为 1 kΩ，通过档位选择可以调节反馈电阻的阻值，实现对放大倍数的调节，根据公式 $A_V = 1 + \dfrac{R_f}{R_4}$，可得当 $R_4 = 1\,\mathrm{k\Omega}$ 时，R_f 取 0 Ω、1 kΩ、2 kΩ、3 kΩ 对应的放大倍数为 1 倍、2 倍、3 倍和 4 倍。

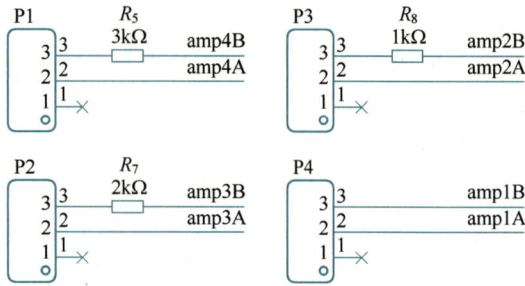

图 6-5　档位选择模块电路图

（3）A/D 转换模块

A/D 转换模块是对电压采集，把采集出来的码值发送给测试机，此模块中 A/D 芯片采用 ADC0804，如图 6-6 所示，把转换后的高 5 位发给测试机，低 3 位默认为 0，所以码值是有微小误差的。

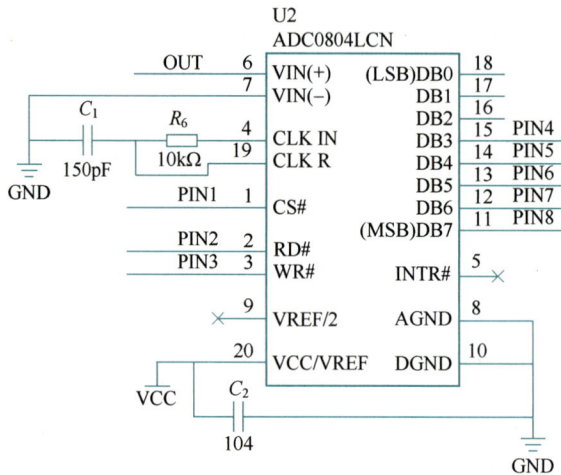

图 6-6　A/D 转换模块电路图

（4）显示模块

显示模块的功能是显示电压值，要显示个位和一位小数位主要由两块 CD4511 芯片、两块共阴极数码管构成，其原理图如图 6-7 所示。

表 6-2 为电压调档显示综合电路测试模块与测试机端口的接线表。

表 6-2　测试模块与测试机端口接线表

序　号	测试机接口引脚	电压调档显示测试板接口引脚	芯片引脚
1	PIN1	$\overline{CS}$	ADC0804 控制信号
2	PIN2	$\overline{RD}$	$\overline{CS}$：芯片使能 $\overline{RD}$：读转换数据
3	PIN3	$\overline{WR}$	$\overline{WR}$：开始转换

（续）

序　　号	测试机接口引脚	电压调档显示测试板接口引脚	芯片引脚
4	PIN4	DB3	ADC0804 模/数转换后，取高 5 位，低 3 位默认为 0，DB[7] 为最高位
5	PIN5	DB4	
6	PIN6	DB5	
7	PIN7	DB6	
8	PIN8	DB7	
9	PIN9	A	控制显示电压值个位数的 CD4511：A0、A1、A2、A3
10	PIN10	B	
11	PIN11	C	
12	PIN12	D	
13	PIN13	A	控制显示电压值十分位数的 CD4511：A0、A1、A2、A3
14	PIN14	B	
15	PIN15	C	
16	PIN16	D	
17	FORCE2	VCC	LM358 正电源端
18	FORCE1	VEE	LM358 负电源端

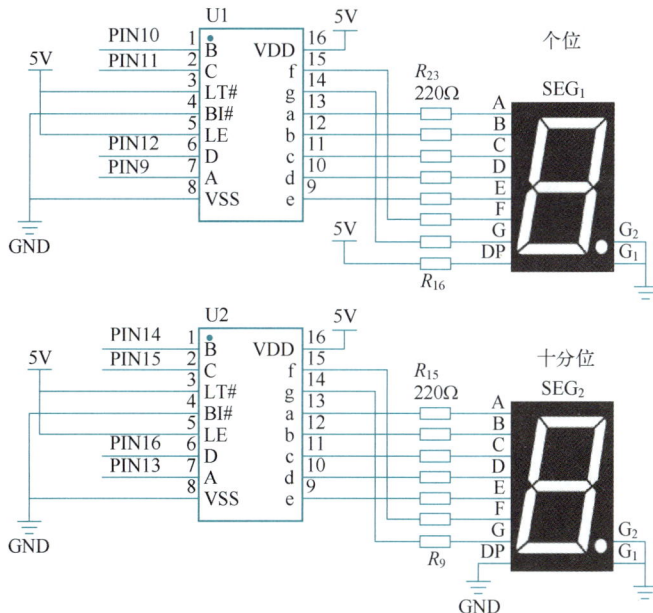

图 6-7　显示模块电路图

2. 电压调档显示综合练习板测试步骤

在 6.1 节中已经详细介绍了电压调档显示综合电路的工作原理，测试步骤可以整理如下：

1）初始化，包括引脚定义、设置参考电压等。

2）使$\overline{RD}$、$\overline{CS}$和$\overline{WR}$控制信号无效，即设置为高电平。

3）设置$\overline{CS}$和$\overline{WR}$为低电平，ADC0804 开始转换。

4）ADC0804 转换结束，要将$\overline{CS}$和$\overline{WR}$设置为高电平。

5）将$\overline{CS}$和$\overline{RD}$设置为低电平，允许输出转换结果。

6）测试机读取 ADC0804 输出引脚的逻辑值后将每位逻辑值对应的数值相加获取采样值，并将采样值转换为对应电压值。

7）将得到的个位和小数位转换为 8421BCD 码驱动显示电路显示。

3. 电压调档显示综合练习板测试程序实现分析

测试工程文件的创建、代码的编写，具体的程序实现步骤如下。

（1）主测试程序 J8820_luntek. cpp 编写

1）全局变量声明。

2）在主测试入口程序中定义芯片引脚。

3）在主测试入口程序中编写反相比例放大电路测试程序。

4）输出测试结果。

（2）编辑 ParameterList. xlsx 文件

该". xlsx"文件包含了用户进行反相比例放大测试时所要修改和配置的文件，主要对相关参数进行编写，编写格式比较严格规整，不能随便篡改。

4. 电压调档显示综合练习板测试程序设计

由于测试案例的工程文件中包括很多文件，限于篇幅，书中只给出一些关键代码的说明。读者可以从本书配套资源中获取完整的测试工程文件。ParameterList. xlsx 文件的具体内容见表 6-3。

表 6-3 电压调档显示综合练习板测试 ParameterList. xlsx 文件的内容

参 数 名 称	单 位	最 小 值	最 大 值	失效数（编辑无效）	当前值（编辑无效）
最终电压	V	0	10	0	

（1）初始化

初始化主要包括引脚定义、设置参考电压等。

```
unsigned int cs = 1;              //声明存放片选所接引脚号的变量 cs
unsigned int rd = 2;              //声明存放允许输出转换结果所接引脚号的变量 rd
unsigned int wr = 3;              //声明存放启动转换开始所接引脚号的变量 wr
unsigned int DB[8] = {0, 0, 0, 4, 5, 6, 7, 8};
//声明无符号整型数组 DB，存放 ADC0804 输出引脚接到测试机接口的引脚号
unsigned int A[4] = {9, 10, 11, 12};
//声明数组 A[]，存放显示个位 CD4511 的 A0、A1、A2、A3 所接引脚号
unsigned int B[4] = {13, 14, 15, 16};
//声明数组 B[]，存放显示十分位 CD4511 的 A0、A1、A2、A3 所接引脚号
int ADvalue = 0;                  //声明变量 ADvalue 存放的 ADC0804 输出数据初值为 0
float V;                          //声明存放转换为电压值的浮点型变量 V
```

```
int gaowei = 0;                              //声明存放显示电压值个位的整型变量 gaowei, 初值为 0
int diwei = 0;                               //声明存放显示电压值十分位的整型变量 diwei, 初值为 0

//测试程序
cy->_reset( );
cy->_on_vpt(1, 3, -8);                       //运放供电±8 V
cy->_on_vpt(2, 3, 8);                        //注意上电顺序, 否则将烧毁 LM358P
cy->MSleep_mS(10);
cy->_set_logic_level(5, 0, 4, 1);            //设置驱动电平
cy->_sel_drv_pin(cs, wr, rd, A[0], A[1], A[2], A[3], B[0], B[1], B[2], B[3], 0);
cy->_sel_comp_pin(DB[3], DB[4], DB[5], DB[6], DB[7], 0);

cy->_on_vpt(1, 3, -15);
cy->_on_vpt(2, 3, 15);
cy->_set_logic_level(4, 0.5, 3, 1);
cy->_sel_drv_pin(cs, rd, wr, A0_1, A1_1, A2_1, A3_1, A0_2, A1_2, A2_2, A3_2, 0);
//设置驱动引脚
cy->_sel_comp_pin(DB3, DB4, DB5, DB6, DB7, 0);
```

（2）ADC0804 转换时序

```
cy->_set_drvpin("H", rd, cs, wr, 0);
cy->MSleep_mS(10);
cy->_set_drvpin("L", cs, 0);                 //使能 ADC0804
cy->_set_drvpin("L", wr, 0);
cy->MSleep_mS(10);
cy->_set_drvpin("H", wr, 0);                 //开启转换
cy->_set_drvpin("H", cs, 0);
cy->MSleep_mS(10);                           //延时 10 ms
cy->_set_drvpin("L", cs, 0);
cy->_set_drvpin("L", rd, 0);                 //输出结果
```

（3）读取 ADC0804 输出结果

CS和RD为低电平时转换后的码值输出到 ADC0804 输出引脚。使用函数 _read_comppin( ) 来读取 A/D 转换的结果, 函数原型为

```
DWORD _read_comppin(unsigned int module);
```

函数 _read_comppin( ) 的功能是读取输出（比较）引脚的逻辑状态, 函数的返回值为 DWORD 类型, 用于获取 16 个 PIN 脚同一时刻的逻辑值。例如返回 0x0021 即 PIN1、PIN3、 PIN5 为高电平其余为低电平, 使用此函数读取 ADC0804 的 DB 输出代码如下:

```
ADvalue = cy->_read_comppin(1);   //读取此时 PIN 脚的逻辑值
```

（4）电压值换算

在读取 A/D 转换结果时，还需要对这个数据进行处理，获得采集的电压值。首先要判断取得的高 5 位数据在变量 ADvalue 中各位对应的权值是否正确。程序中设定的比较管脚为 PIN4 接 DB3、PIN5 接 DB4、PIN6 接 DB5、PIN7 接 DB6、PIN8 接 DB7。如果在函数_read_comppin( )的返回值中对应的数据位是低 8 位中的高 5 位权值正确，那么接下来就需要将需要的 5 位有效值从 ADvalue 中提取出来，代码如下：

```
ADvalue = ADvalue & 0xf8;        //获取 DB 输出的高 5 位
```

最后一步需要根据 ADC0804 的电压转换公式计算电压值：

$$V_{IN} = V_{out} \times V_{ref}/255$$

式中，V_{out} 为 ADC0804 输出；V_{IN} 为 ADC0804 输入电压，V_{ref} 为基准电压。根据公式代入测试条件 $V_{ref} = 5\,V$。

通过以上分析，采集到的 5 位数据转换成电压的代码如下：

```
V = (((float)ADvalue * 5.0) / 255);          //计算电压值
gaowei = (int)V;                             //CD4511 显示结果处理
diwei = (int)((V - gaowei) * 10);
```

（5）数码管显示码值转换

将得到的个位和小数位转换为 8421BCD 码驱动显示电路显示。这里编写了显示函数 Display( )，具体代码如下：

```
void Display(CCyApiDll * cy, int gaowei, int diwie, unsigned int A[4], unsigned int B[4])
{
    /* 个位显示 */
    //根据显示的个位值，来选择 CD4511 的 A0、A1、A2、A3 不同组合值
    switch (gaowei)
    {
        case 0:
        cy->_set_drvpin("L", A[0], A[1], A[2], A[3], 0); break;      //显示 "0"
        case 1:
        cy->_set_drvpin("L", A[1], A[2], A[3], 0);                   //显示 "1"
        cy->_set_drvpin("H", A[0], 0); break;
        case 2:
        cy->_set_drvpin("L", A[0], A[2], A[3], 0);                   //显示 "2"
        cy->_set_drvpin("H", A[1], 0); break;
        case 3:
        cy->_set_drvpin("L", A[2], A[3], 0);                         //显示 "3"
        cy->_set_drvpin("H", A[0], A[1], 0); break;
        case 4:
        cy->_set_drvpin("L", A[0], A[1], A[3], 0);                   //显示 "4"
```

```
        cy->_set_drvpin("H", A[2], 0); break;
    case 5:
        cy->_set_drvpin("L", A[1], A[3], 0);              //显示"5"
        cy->_set_drvpin("H", A[0], A[2], 0); break;
    case 6:
        cy->_set_drvpin("L", A[1], A[2], 0);              //显示"6"
        cy->_set_drvpin("H", A[0], A[3], 0); break;
    case 7:
        cy->_set_drvpin("L", A[3], 0);                    //显示"7"
        cy->_set_drvpin("H", A[0], A[1], A[2], 0); break;
    case 8:
        cy->_set_drvpin("L", A[0], A[1], A[2], 0);        //显示"8"
        cy->_set_drvpin("H", A[3], 0); break;
    case 9:
        cy->_set_drvpin("L", A[1], A[2], 0);              //显示"9"
        cy->_set_drvpin("H", A[0], A[3], 0); break;
    default: break;
}
/* 十分位显示 */
//根据显示的十分位值，来选择 CD4511 的 A0、A1、A2、A3 不同组合值
switch (diwei)
{
    case 0:
        cy->_set_drvpin("L", B[0], B[1], B[2], B[3], 0); break;   //显示"0"
    case 1:
        cy->_set_drvpin("L", B[1], B[2], B[3], 0);       //显示"1"
        cy->_set_drvpin("H", B[0], 0); break;
    case 2:
        cy->_set_drvpin("L", B[0], B[2], B[3], 0);       //显示"2"
        cy->_set_drvpin("H", B[1], 0); break;
    case 3:
        cy->_set_drvpin("L", B[2], B[3], 0);             //显示"3"
        cy->_set_drvpin("H", B[0], B[1], 0); break;
    case 4:
        cy->_set_drvpin("L", B[0], B[1], B[3], 0);       //显示"4"
        cy->_set_drvpin("H", B[2], 0); break;
    case 5:
        cy->_set_drvpin("L", B[1], B[3], 0);             //显示"5"
        cy->_set_drvpin("H", B[0], B[2], 0); break;
    case 6:
        cy->_set_drvpin("L", B[1], B[2], 0);             //显示"6"
        cy->_set_drvpin("H", B[0], B[3], 0); break;
```

```
        case 7:
        cy->_set_drvpin("L", B[3], 0);                              //显示"7"
        cy->_set_drvpin("H", B[0], B[1], B[2], 0); break;
        case 8:
        cy->_set_drvpin("L", B[0], B[1], B[2], 0);                  //显示"8"
        cy->_set_drvpin("H", B[3], 0); break;
        case 9:
        cy->_set_drvpin("L", B[1], B[2], 0);                        //显示"9"
        cy->_set_drvpin("H", B[0], B[3], 0); break;
        default: break;
    }
}
```

5. 电压调档显示综合练习板测试实操演示

利用 LK8820 测试平台进行电压调档显示综合练习板测试的测试结果如图 6-8 所示。

电压调档显示综合练习板测试实操演示

读者扫描右侧的二维码可获取电压调档显示综合练习板测试过程中常见错误和完整的实操演示的教学视频，由于测试机一直在迭代更新中，读者注意同步专用测试机的最新资料。

测试结果					自动更新数据 C I ⚙
参数名称 ①	单位	最小值	最大值	异常值数量	Sitel
最终电压	V	0	10	0	4.863

第 1-1 条/总共 1 条 ‹ 1 ›

图 6-8　电压调档显示综合练习板测试的测试结果

6.3　电压采集显示电路测试

电压采集显示电路测试是利用 LK8820 测试平台，结合串行 A/D 芯片进行电压采集，并将电压值显示在数码管上的一个综合测试案例。

6.3.1　电压采集显示电路测试任务描述

本节将介绍电压采集显示电路的测试任务。这个综合实验将帮助读者深入理解模拟信号采集、A/D 转换以及数字显示的整个过程，培养读者进行复杂电路测试和数据分析的能力。

1. 电压采集显示电路具体测试要求

1）要求对电压采集显示电路进行全面测试，验证其在不同输入电压下的采集和显示功能。

2）测试前先仔细阅读各芯片数据手册，分析电压采集显示电路工作原理，确认待测试参数的测试条件。

3）根据测试要求及元器件清单完成电压采集显示电路的装配、测试接线设计。

4）测试前先仔细阅读资料，了解创建集成电路测试工程文件的操作步骤。

5）利用 LK8820 上位机软件完成测试程序项目文档的创建，要求项目文档的储存路径为"D：\exercise"，并以"ZH2_XXX"（其中"XXX"为学号末尾 3 位）命名。

6）编写测试程序，实现对电路的全面测试。

分别设置模拟输入电压为 1 V 和 4 V，记录以下数据。

1）经 A/D 转换后测试机输出的实际电压值 VALUE。

2）综合板上数码管显示的值。

记录测试结果时，注意以下要求。

1）DS1、DS2 显示输出信号的电压值，按照四舍五入的原则保留小数点后 1 位。

2）DS1 显示个位，DS2 显示十分位。

使用表 6-4 记录测试结果。

表 6-4　电压采集显示电路测试结果记录

模拟输入电压值	测试机实际输出值 VALUE	DS1 显示	DS2 显示
1 V			
4 V			

2. 电压采集显示电路任务分析

本节的测试任务重点是了解如何进行电压采集和显示的综合电路测试，以及如何准确记录和分析测试数据。因此，对于本次测试任务，读者需掌握以下几点。

1）如何获取并阅读相关芯片的数据手册，理解它们在电压采集显示电路中的作用。

2）理解电压采集显示电路的整体工作原理，特别是 A/D 转换和数字显示的过程。

3）如何使用 LK8820 上位机软件创建测试程序项目文档。

4）如何根据元器件清单和装配位号图正确装配电路。

5）如何设计测试接线，确保测试的准确性。

6）如何编写测试程序，实现对电压采集和显示过程的自动测试。

7）理解模拟电压输入、A/D 转换和数字显示之间的关系。

8）如何准确读取和记录测试机输出的实际电压值和数码管显示的值。

9）理解数码管显示的规则，包括小数点的位置和四舍五入的应用。

10）如何分析测试结果，判断电路是否正常工作，特别是 A/D 转换的精度。

11）了解可能影响测试结果的因素，如 A/D 转换误差、显示误差等。

上面这些问题将在后续小节中做详细说明，请读者仔细阅读并跟练，然后完成对应的实训任务。通过本任务，加深读者对模拟信号采集、数字转换和显示系统的理解，提高电路设计、装配、测试和数据分析的综合实践能力。这些技能对于未来从事电子工程相关工作，特别是在处理模拟-数字混合系统时，都是非常重要的。

6.3.2　电压采集显示电路测试任务实施

1. 电压采集显示电路测试工装准备

本任务以电压采集显示电路为例，进一步讲解综合电路的测试。电压采集显示电路主要由电压采集、A/D 转换及数码显示等模块组成。该电路的功能是将采集到的电压值送入 A/D 转换芯片，经测试机处理后，将转换后的值由数码管显示出来。电压采集显示电路框图如图 6-9 所示。

图 6-9 电压采集显示电路框图

电压采集显示电路工作原理图如图 6-10 所示，实物工装图如图 6-11 所示，该电路主要由 TLC1549、74LS48 芯片等元器件组合构成。其中 74LS48 芯片的简要介绍和引脚图可参考 3.1.2 小节内容，TLC1549 芯片引脚图如图 6-12 所示，详细内容可以参考 TLC1549 芯片的数据手册。

TLC1549 是具有串行控制、连续逐次逼近型的 10 位 A/D 转换器，它采用 CMOS 工艺，具有两个数字输入端口和一个三态输出端口，具有内在的采样和保持功能，采用差分基准电压高阻输入，可按比例量程校准转换范围。其引脚图如图 6-12 所示。其中 1 脚 REF+ 为正向基准参考电压端，2 脚 ANALOG IN 为模拟信号输入引脚，3 脚 REF- 为负向基准参考电压，5 脚 $\overline{\text{CS}}$ 为片选位端，6 脚 DATA OUT 为数据输出引脚，7 脚 I/O CLOCK 为时钟 I/O 口，8 脚 VCC 为电源输入端口，4 脚 GND 为接地端。

TLC1549 的工作原理图如图 6-13 所示。

从图 6-13 所示的 TLC1549 工作时序图可以看出，其工作过程分为 3 个阶段：模拟量采样、模拟量转换和数字量传输。$\overline{\text{CS}}$ 在置低的情况下，CLOCK 时钟引脚在第 3 个下降沿，输入模拟量开始采样，持续 7 个时钟周期，在第 10 个时钟下降沿进行锁存。当片选 $\overline{\text{CS}}$ 由低电平变为高时，I/O CLOCK 禁止且 A/D 转换结果的三态串行输出 DATA OUT 处于高阻状态，当 $\overline{\text{CS}}$ 由高变为低时，$\overline{\text{CS}}$ 复位内部时钟，控制并使能 DATA OUT 和 I/O CLOCK，允许 I/O CLOCK 工作并使 DATA OUT 脱离高阻状态。串行接口把输入/输出时钟序列供给 I/O CLOCK 并接收上一次转换结果。首先移出上一次转换结果数字量对应的最高位，下一个 I/O CLOCK 的下降沿驱动 DATA OUT 输出上一次转换结果数字量对应的次高位，第 9 个 I/O CLOCK 的下降沿将按次序驱动 DATA OUT 输出上一次转换结果数字量的最低位，第 10 个 I/O CLOCK 的下降沿，DATA OUT 输出一个低电平，以便串行接口传输超过 10 个时钟周期。

电压采集电路划分为 3 个功能模块，分别为电压采集模块、A/D 转换模块和显示模块。

（1）电压采集模块

电压采集模块可参考 6.2.2 小节内容，采集外部电路上的电压值提供给 TLC1549 的模拟信号输入引脚 ANALOG IN，也可由测试机电源通道提供模拟输入电压值。本次测试案例采用 LK8820 测试机电源通道 FORCE2 提供模拟输入电压 1 V 或 4 V。

（2）A/D 转换模块

此模块中 A/D 芯片采用 TLC1549，是一款单通道 10 位 A/D 转换器。它采用逐次逼近型 A/D 转换技术，转换速度快，最大转换时间为 21 μs，误差为 ±1 LSB（大约 ±0.1%），采用串行通信，时钟频率最大可达 2.1 MHz，读取数据操作简单，是一款性价比较高的 A/D 转换芯片。A/D 转换模块电路如图 6-14 所示。

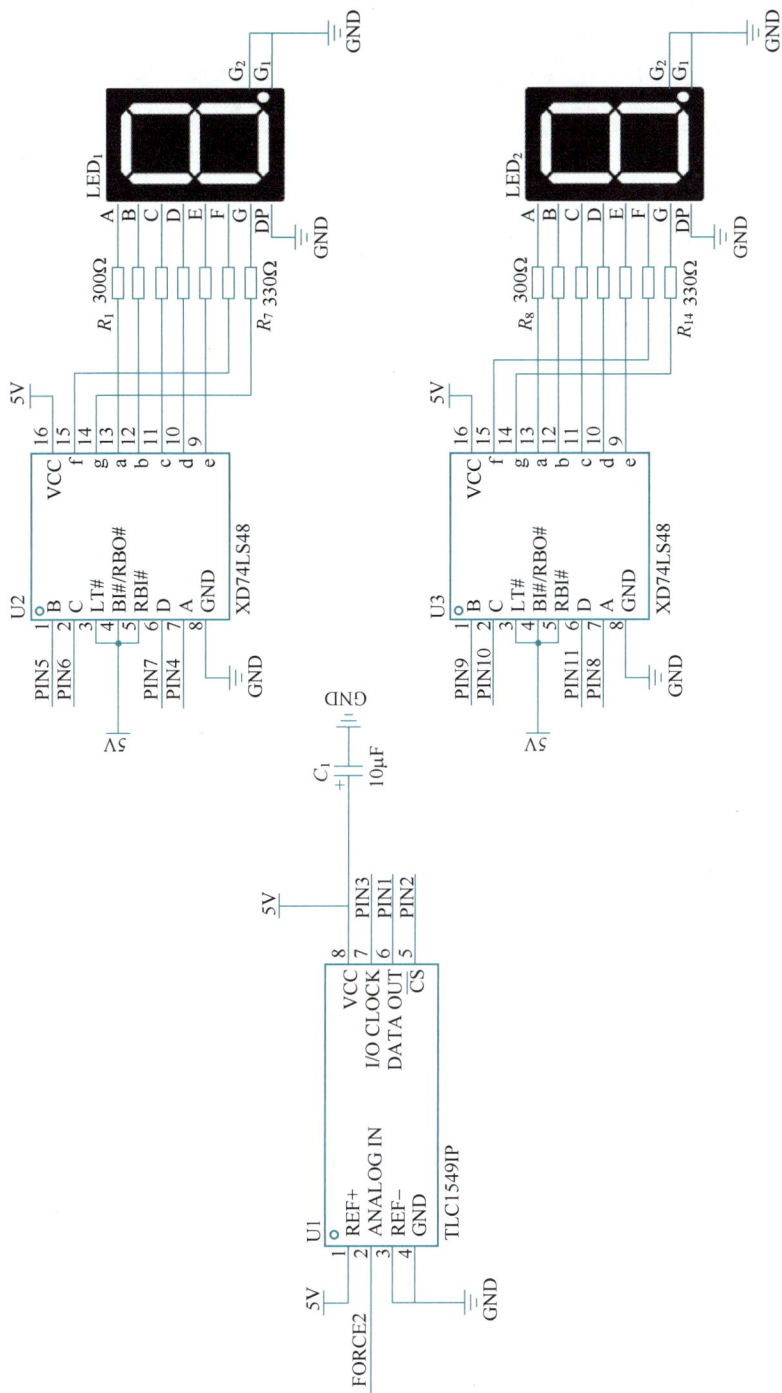

图 6-10　电压采集显示电路工作原理图

图 6-11　电压采集显示电路测试工装实物图

图 6-12　TLC1549 芯片的引脚图（#表示逻辑非）

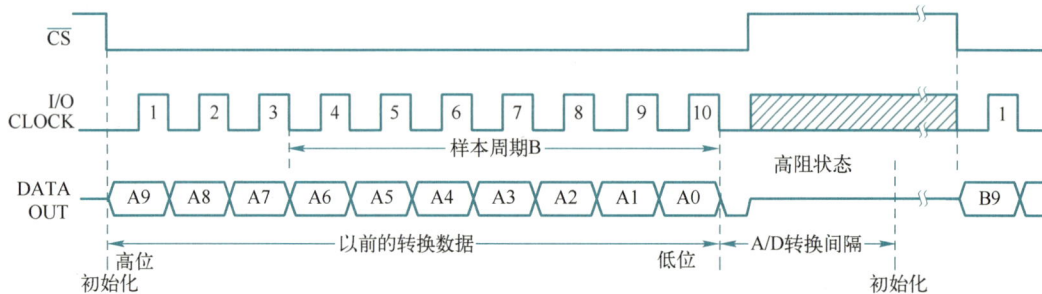

图 6-13　TLC1549 工作原理图

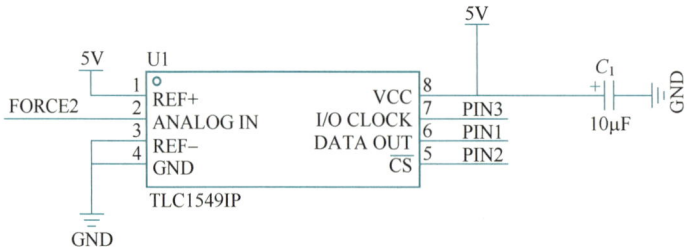

图 6-14　A/D 转换模块电路图

测试机电源通道 FORCE2 输出的 1 V 或 4 V 电压值提供给 TLC1549 芯片的 ANALOG IN 端口，通过设置 I/O CLOCK 和 $\overline{CS}$ 状态，A/D 转换器开始工作，对模拟量进行采样、转换。

转换后的数字量通过 DATA OUT 端口串行传输给测试机，测试机对 A/D 转换出的数字量进行计算并打印显示。

（3）显示模块

测试机对 A/D 转换后的数字量进行计算转换成电压值后，再经过显示模块电路将电压值用两位数码管显示，显示模块电路主要由两块 74LS48 芯片、两块共阴极数码管构成，其电路如图 6-15 所示。

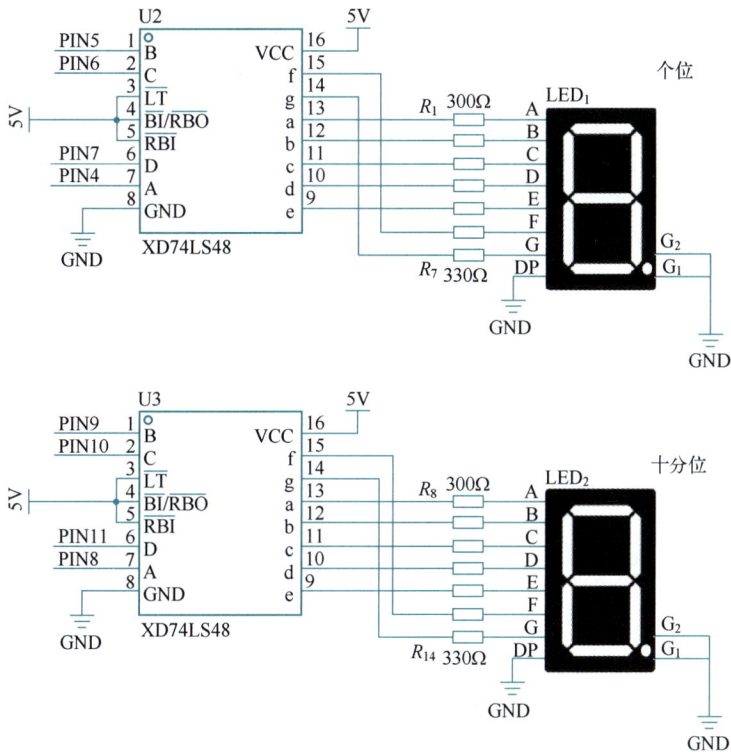

图 6-15　显示模块电路图

表 6-5 为电压采集显示电路测试模块与测试机端口接线表。

表 6-5　测试模块与测试机端口接线表

序　　号	测试机接口引脚	电压采集电路测试板接口引脚	芯片引脚
1	PIN1	DATA OUT	TLC1549 控制信号 DATA OUT：数据输出端 $\overline{\text{CS}}$：片选位端 I/O CLOCK：时钟 I/O 口
2	PIN2	$\overline{\text{CS}}$	
3	PIN3	I/O CLOCK	
4	FORCE2	ANALOG IN	ANALOG IN：模拟信号输入端
5	PIN4	A[1]	控制显示电压值个位数的 74LS48：A、B、C、D
6	PIN5	B[1]	
7	PIN6	C[1]	
8	PIN7	D[1]	

（续）

序　号	测试机接口引脚	电压采集电路测试板接口引脚	芯 片 引 脚
9	PIN8	A[2]	控制显示电压值十分位的 74LS48：A、B、C、D
10	PIN9	B[2]	
11	PIN10	C[2]	
12	PIN11	D[2]	

2. 电压采集显示电路测试步骤

前面已经详细介绍了电压采集显示电路的工作原理，具体测试步骤整理如下。

1）初始化，包括引脚定义、设置参考电压等。

2）测试机输入模拟电压值，A/D 芯片对电压值进行 A/D 转换。

3）测试机读取 A/D 芯片串行输出的数字量，并将数字量换算成对应的电压值。

4）将得到电压值的个位和小数位转换为 8421BCD 码驱动显示电路显示。

3. 电压采集显示电路测试程序实现分析

测试工程文件的创建、代码的编写程序实现步骤如下。

（1）主测试程序 J8820_luntek. cpp 编写

1）首先是全局变量声明。

2）在主测试入口程序中定义芯片引脚。

3）在主测试入口程序中编写反相比例放大电路测试程序。

4）输出测试结果。

（2）编辑 ParameterList. xlsx 文件

该".xlsx"文件包含了用户进行反相比例放大测试时所要修改和配置的文件，主要对相关参数进行编写，编写格式比较严格规整，不能随便篡改。

4. 电压采集显示电路测试程序设计

由于测试案例的工程文件中包括很多文件，限于篇幅，书中只给出一些关键代码的说明。读者可以从本书配套资源中获取完整的测试工程文件。ParameterList. xlsx 文件的具体内容见表 6-6。

表 6-6　电压采集显示电路测试 ParameterList. xlsx 文件的内容

参 数 名 称	单 位	最 小 值	最 大 值	失效数（编辑无效）	当前值（编辑无效）
VALUE1	V	0.9	1.1		
VALUE2	V	3.9	4.1		

1）初始化，包括引脚定义、设置参考电压等。

```
cy->_reset();
cy->_on_vpt(1,3,0);
int i,V[11], data;
float Value;
```

```
unsigned int A[4] = {4,5,6,7};                    //个位的 PIN 脚定义
unsigned int B[4] = {8, 9, 10, 11};               //十分位的 PIN 脚定义
int gewei = 0;
int xswei = 0;
int CS = 2, CLOCK = 3;                            //控制端口 PIN 脚定义
cy->_reset();
cy->_set_logic_level(4, 0, 4, 0.1f);              //设置驱动电平
cy->_sel_drv_pin(2, 3, 4, 5, 6, 7, 8, 9, 10, 11, 0);  //设置驱动引脚
cy->_sel_comp_pin(1, 0);                          //设置比较驱动引脚
```

2）TLC1549 模拟量采样。给 TLC1549、74LS48 芯片 VCC 引脚提供 5 V 供电，测试机给 TLC1549 芯片的 ANALOG IN 引脚提供 1 V 电压，$\overline{CS}$ 引脚置低，CLOCK 引脚置高、置低操作模拟 10 个时钟边沿，对输入的电压值进行模拟采样。

```
cy->_on_vpt(1, 1, 5);               //VCC 引脚供电 5 V
cy->MSleep_mS(10);

cy->_on_vpt(2, 3, 1);               //ANALOG IN 引脚输入 1 V 电压
cy->MSleep_mS(10);

cy->_set_drvpin("L", CS, 0);        //CS 引脚置低
//CLOCK 引脚置高、置低操作模拟 10 个时钟边沿，进行模拟采样
for (i = 0; i < 10; i++)
{
    cy->_set_drvpin("H", CLOCK, 0);
    cy->MSleep_mS(10);

    cy->_set_drvpin("L", CLOCK, 0);
    cy->MSleep_mS(10);
}
```

3）TLC1549 模拟量转换和数字量传输。$\overline{CS}$ 置高，延时，再置低，对采集到的模拟量进行转换，再对 CLOCK 引脚置高、置低操作模拟 10 个时钟边沿，每一次下降沿读取一次输出的数字信号。

```
cy->_set_drvpin("H", CS, 0);        //CS 置高，延时，再置低
cy->MSleep_mS(100);

cy->_set_drvpin("L", CS, 0);
cy->MSleep_mS(100);

V[0] = cy->_read_comppin(1) & 0x01;  //移出上一次转换结果数字量对应的最高位
//模拟 10 个时钟边沿，每一次下降沿读取一次输出的数字信号
for (i = 0; i < 10; i++)
{
    cy->_set_drvpin("H", CLOCK, 0);
    cy->MSleep_mS(10);

    cy->_set_drvpin("L", CLOCK, 0);
```

```
        cy->MSleep_mS(10);
        V[i + 1] = cy->_read_comppin(1) & 0x01;
    }
```

4）$\overline{CS}$置高，对输出的数字量换算成对应的电压值。

```
cy->_set_drvpin("H", CS, 0);
cy->MSleep_mS(100);
data = 512 * V[0] + 256 * V[1] + 128 * V[2] + 64 * V[3] + 32 * V[4] + 16 * V[5] +
8 * V[6] + 4 * V[7] + 2 * V[8] + 1 * V[9];
Value = data * 0.0048;              //将转换的数字量换算成对应的电压值
gewei = (int)Value;                 //个位结果
xswei = (int)((Value-gewei) * 10);  //十分位结果
```

5）将得到的个位和十分位数字转换为 8421BCD 码驱动显示电路显示，并将换算的值 VALUE 在 ParameterList. xlsx 文件里打印。

```
void Display(CCyApiDll * cy, int gewei, int xswei, unsigned int A[4], unsigned int B[4])
{
    switch (gewei)
    {
        case 0:
        cy->_set_drvpin("L", A[0], A[1], A[2], A[3], 0); break; //0
        case 1:
        cy->_set_drvpin("H", A[0], 0);
        cy->_set_drvpin("L", A[1], A[2], A[3], 0); break; //1
        case 2:
        cy->_set_drvpin("H", A[1], 0);
        cy->_set_drvpin("L", A[0], A[2], A[3], 0); break; //2
        case 3:
        cy->_set_drvpin("H", A[0], A[1], 0);
        cy->_set_drvpin("L", A[2], A[3], 0); break; //3
        case 4:
        cy->_set_drvpin("H", A[2], 0);
        cy->_set_drvpin("L", A[0], A[1], A[3], 0); break; //4
        case 5:
        cy->_set_drvpin("H", A[0], A[2], 0);
        cy->_set_drvpin("L", A[1], A[3], 0); break; //5
        case 6:
        cy->_set_drvpin("H", A[1], A[2], 0);
        cy->_set_drvpin("L", A[0], A[3], 0); break; //6
        case 7:
        cy->_set_drvpin("H", A[0], A[1], A[2], 0);
        cy->_set_drvpin("L",  A[3], 0); break; //7
        case 8:
```

```
          cy->_set_drvpin("H", A[3], 0);
          cy->_set_drvpin("L", A[0], A[1], A[2], 0); break; //8
      case 9:
          cy->_set_drvpin("H", A[0], A[3], 0);
          cy->_set_drvpin("L", A[1], A[2], 0); break; //9
      default:
      break;
  }
  switch (xswei)
  {
      case 0:
          cy->_set_drvpin("L", B[0], B[1], B[2], B[3], 0); break; //0
      case 1:
          cy->_set_drvpin("H", B[0], 0);
          cy->_set_drvpin("L", B[1], B[2], B[3], 0); break; //1
      case 2:
          cy->_set_drvpin("H", B[1], 0);
          cy->_set_drvpin("L", B[0], B[2], B[3], 0); break; //2
      case 3:
          cy->_set_drvpin("H", B[0], B[1], 0);
          cy->_set_drvpin("L", B[2], B[3], 0); break; //3
      case 4:
          cy->_set_drvpin("H", B[2], 0);
          cy->_set_drvpin("L", B[0], B[1], B[3], 0); break; //4
      case 5:
          cy->_set_drvpin("H", B[0], B[2], 0);
          cy->_set_drvpin("L", B[1], B[3], 0); break; //5
      case 6:
          cy->_set_drvpin("H", B[1], B[2], 0);
          cy->_set_drvpin("L", B[0], B[3], 0); break; //6
      case 7:
          cy->_set_drvpin("H", B[0], B[1], B[2], 0);
          cy->_set_drvpin("L", B[3], 0); break; //7
      case 8:
          cy->_set_drvpin("H", B[3], 0);
          cy->_set_drvpin("L", B[0], B[1], B[2], 0); break; //8
      case 9:
          cy->_set_drvpin("H", B[0], B[3], 0);
          cy->_set_drvpin("L", B[1], B[2], 0); break; //9
      default: break;
      }
  }
  cy->MyPrintfExcel(L"VALUE1", Value);
```

6) 测试机输入 4 V 模拟电压值给 TLC1549 芯片的 ANALOG IN 引脚, 用同样的方法对输入的模拟电压值进行采样, 转换成数字量, 并将数字量换算成对应的电压值。

```
cy->_off_vpt(1);
cy->_on_vpt(1, 1, 5);
cy->MSleep_mS(10);
cy->_on_vpt(2, 3, 4);
cy->MSleep_mS(10);
cy->_set_drvpin("L", CS, 0);
for (i = 0; i < 10; i++)
{
    cy->_set_drvpin("H", CLOCK, 0);
    cy->MSleep_mS(10);
    cy->_set_drvpin("L", CLOCK, 0);
    cy->MSleep_mS(10);
}
cy->_set_drvpin("H", CS, 0);
cy->MSleep_mS(100);
cy->_set_drvpin("L", CS, 0);
cy->MSleep_mS(100);
V[0] = cy->_read_comppin(1) & 0x01;
for (i = 0; i < 10; i++)
{
    cy->_set_drvpin("H", CLOCK, 0);
    cy->MSleep_mS(10);
    cy->_set_drvpin("L", CLOCK, 0);
    cy->MSleep_mS(10);
    V[i + 1] = cy->_read_comppin(1) & 0x01;
}
cy->_set_drvpin("H", CS, 0);
cy->MSleep_mS(100);
data = 512 * V[0] + 256 * V[1] + 128 * V[2] + 64 * V[3] + 32 * V[4] + 16 * V[5] + 8 * V[6] + 4 * V[7] + 2 * V[8] + 1 * V[9];
Value = data * 0.0048;
gewei = (int)Value;
xswei = (int)((Value - gewei) * 10);
Display(cy, gewei, xswei, A, B);
cy->MyPrintfExcel(L"VALUE2", Value);
```

5. 电压采集显示电路测试实操演示

利用 LK8820 测试平台进行电压采集显示电路测试的测试结果如图 6-16 所示。

读者扫描右侧的二维码可获取电压采集显示电路测试完整的
实操演示的教学视频，由于测试机一直在迭代更新中，读者注意同步专用测试机的最新资料。

电压采集显示电路测试实操演示

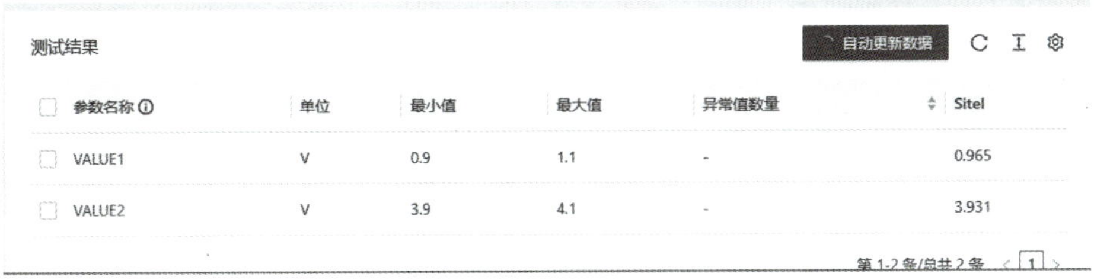

测试结果					自动更新数据　C　I　⚙
□ 参数名称 ①	单位	最小值	最大值	异常值数量	⇕ Sitel
□ VALUE1	V	0.9	1.1	-	0.965
□ VALUE2	V	3.9	4.1	-	3.931

第 1-2 条/总共 2 条　‹　1　›

图 6-16　电压采集显示电路测试的测试结果

6.4　练一练

请参考创建一个集成电路测试工程文件的案例完成 LK8820 测试机实体操作的练习。在完成 LK8820 测试机实体操作练习的过程中，我们要以习近平新时代中国特色社会主义思想为指导，立足新发展阶段，贯彻新发展理念，将社会主义核心价值观内化于心、外化于行，努力成长为担当民族复兴大任的时代新人。

我们要善于学习，勤于实践。LK8820 测试机实体操作只是一个起点，要把它作为成长的"加速度"，在学习中增长见识，在实践中提升能力，做到学以致用、知行合一，在攀登芯片测试技术高峰的征途中不断超越自我。在测试工程创建、芯片连接、数据分析的每个环节都严格要求自己，精准操作，细致观察，决不让任何疏漏影响测试质量。

我们要勇于创新，敢于突破。面对芯片测试领域的新挑战、新机遇，要充分发挥青年人敢闯敢试、敢为人先的锐气和朝气，积极尝试智能化测试、机器学习辅助测试等新技术新方法，在创新实践中锤炼过硬本领。

6.5　拓展知识——LK8300 测试系统

教材始终落后于技术的发展。在本教材正式出版前，新的测试平台又诞生了 LK8300。LK8300 测试系统平台是一台高度整合的测试机，是针对各式的集成电路测试所特别设计，适合想了解学习芯片测试的人员和学生使用。它具有低功耗设计，设备功耗为传统 ATE 的 1/5，使系统更加稳定。创新的 VVM 技术，理论上可以实现无限大的 VM，从而设备可以支持内存测试以及 SOC 芯片 SCAN 测试，具有 Per-site controller，更高的并行度以及测试效率，DPS 支持 Gang 模式，可以将多组 DPS 结合，以实现大电流的提供。用户可直接输入 WGL 文件进行 SCAN 测试，结果可直接输入 EDA 分析。系统自带在线校准功能，可保证测试精度以及稳定性（校准可在线进行）。

LK8300 测试系统的主要硬件包含测试机主部、测试机载台以及主机系统（Host Computer System）。此系统包含的功能为 CHANNEL、DPS、PPMU、Clock。测试系统软件由基于 Windows 的主机控制。操作台（包括主机、LCD 监视器、键盘和鼠标）可设置在相邻工作区上。更详细的内容可以扫描右侧的二维码获取。

参 考 文 献

［1］郭志勇，李征．集成电路测试项目教程：微课版［M］．北京：人民邮电出版社，2022.

［2］加速科技组．集成电路测试指南［M］．北京：机械工业出版社，2021.

［3］居水荣，戈益坚．集成电路芯片测试技术［M］．西安：西安电子科技大学出版社，2021.